用户体验度量

收集、分析与呈现

［美］Bill Albert Tom Tullis 著

周荣刚 译

第3版

Measuring the User Experience

Collecting, Analyzing, and Presenting UX Metrics（3rd Edition）

U0243077

电子工业出版社
Publishing House of Electronics Industry
北京·BEIJING

内 容 简 介

用户体验度量对有效提升产品质量至关重要。本书详尽地介绍如何有效且可靠地收集、分析和呈现典型的用户体验度量数据：操作绩效（正确率等）、可用性问题（频率和严重程度）、自我报告式的满意度及生理/行为数据（眼动追踪等）。相对第2版，本版不仅新增第8章"情感度量"，还引入许多新的度量指标，如AttrakDiff、Kano方法、Google的HEART框架、新的Bentley体验记分卡等，全面更新用户体验度量的相关案例。

本书内容翔实，是一本值得用户体验从业人员和数据分析及运营人员研读的参考书，也可以作为大中专院校相关专业的教材。

Measuring the User Experience: Collecting, Analyzing, and Presenting UX Metrics, 3rd Edition

Bill Albert, Tom Tullis

ISBN: 9780128180808

Copyright © 2023 Elsevier Inc. All rights reserved.

Authorized Chinese translation published by Publishing House of Electronics Industry.

《用户体验度量：收集、分析与呈现》（第3版）（周荣刚译）

ISBN: 9787121475290

Copyright © Elsevier Inc. and Publishing House of Electronics Industry. All rights reserved.

注 意

本书涉及领域的知识和实践标准在不断变化。新的研究和经验拓展我们的理解，因此须对研究方法、专业实践或医疗方法作出调整。从业者和研究人员必须始终依靠自身经验和知识来评估和使用本书中提到的所有信息、方法、化合物或本书中描述的实验。在使用这些信息或方法时，他们应注意自身和他人的安全，包括注意他们负有专业责任的当事人的安全。

在法律允许的最大范围内，爱思唯尔、译文的原文作者、原文编辑及原文内容提供者均不对因产品责任、疏忽或其他人身或财产伤害及/或损失承担责任，亦不对由于使用或操作文中提到的方法、产品、说明或思想而导致的人身或财产伤害及/或损失承担责任。

版权贸易合同登记号　图字：01-2024-1104

图书在版编目（CIP）数据

用户体验度量：收集、分析与呈现：第3版 / （美）比尔·艾博特（Bill Albert），（美）汤姆·图丽斯（Tom Tullis）著；周荣刚译. —北京：电子工业出版社，2024.4

书名原文：Measuring the User Experience: Collecting, Analyzing, and Presenting UX Metrics (3rd Edition)

ISBN 978-7-121-47529-0

Ⅰ.①用… Ⅱ.①比… ②汤… ③周… Ⅲ.①软件设计 Ⅳ.①TP311.5

中国国家版本馆CIP数据核字（2024）第056546号

责任编辑：孙学瑛

印　　刷：北京宝隆世纪印刷有限公司

装　　订：北京宝隆世纪印刷有限公司

出版发行：电子工业出版社

　　　　　北京市海淀区万寿路173信箱　邮编：100036

开　　本：787×980 1/16　印张：22.25　字数：444千字

版　　次：2015年12月第1版（原著第2版）

　　　　　2024年4月第2版（原著第3版）

印　　次：2024年4月第1次印刷

定　　价：138.00元

凡所购买电子工业出版社图书有缺损问题，请向购买书店调换。若书店售缺，请与本社发行部联系，联系及邮购电话：（010）88254888，88258888。

质量投诉请发邮件至zlts@phei.com.cn，盗版侵权举报请发邮件至dbqq@phei.com.cn。

本书咨询联系方式：sxy@phei.com.cn。

这本书献给我的导师、合著者和亲爱的朋友——Tom Tullis。

愿你的记忆永存。

前　言

欢迎来到《用户体验度量：收集、分析与呈现》（第 3 版）的世界！

我们非常兴奋地要在本书中与大家分享用户体验度量的最新、最先进的工具和技术。自 2008 年本书首次出版以来，用户体验行业发生了显著的变化。在 21 世纪初，许多大型组织认为，用户体验团队是奢侈品或新奇的事物，而小型组织通常没有用户体验团队。如今，几乎每一种类型的组织，无论大小，都拥有某种形式的用户体验团队，包括用户体验研究员和设计师。现在，用户体验被视为各种类型组织的产品和业务战略的关键差异化因素，进而推动设计和创新发展。

当 Tom 和我在 2006 年首次构思这本书时，用户体验研究几乎完全是定性的，主要集中于可用性测试。用户体验度量指标在数量和范围上非常有限，在数据收集、分析和呈现方面几乎没有一致性。但是自那时以来，大家对用户体验度量指标产生了巨大的兴趣。用户体验研究员现在正在挖掘更多的定量分析技能，以补充他们的定性研究经验。现在有许多新的可靠的用户体验度量指标，可以度量用户体验的方方面面。在过去的十年中，用户体验度量的工具和技术取得了巨大的进步，使我们几乎能够捕捉和分析用户体验的每个方面，跨越产品、平台和环境。用户体验领域正在迅速成熟，而度量指标的更新是该领域发展的关键部分。

在本书中，我们采用了一种非常全面的方法来研究用户体验。我们认为用户体验（User eXperience，UX）涵盖了用户与产品、应用程序或服务交互时所涉及的全部内容。许多人似乎认为用户体验具有一些不可被度量（metrics）和量化的特性，但我们并不这样认为，例如：

- 用户是否可以使用手机配合医生进行远程健康诊疗？
- 员工提交月度费用报告需要多长时间？
- 用户在尝试重置密码时会犯错吗？
- 人们在组装新家具时的挫败感有多严重？
- 当人们走近杂货店的货架时，第一眼会看到什么？
- 有多少用户是先进入了一个新的"目的地导向"（destination-based）的电梯，才发现电梯内没有楼层按钮的？

- 对于扫地机器人，哪些功能最重要？
- 人们使用大学费用计算器（college cost calculator）时，哪些情绪最值得关注？
- 人们想要熟练使用呼叫中心应用程序需要积累多少经验？

这些示例中的行为、态度和情感都是可以被度量的。虽然有些容易度量，有些困难，但都是可以通过用户体验度量得到结果的。任务成功率、任务时间、鼠标单击的次数、轻点或敲击键盘的次数、挫折或愉悦感的自我报告式评分、面部表情，甚至注视点个数都是用户体验度量指标。这些度量指标可以帮你提升洞察力，了解用户体验。

为什么你会需要度量用户体验呢？答案很简单：这有助于提升用户体验。对于大多数消费类产品、应用、网站和服务来说，如果不提升用户体验，就会落后。用户体验度量可以帮你确定相对于竞争对手所处的位置，并帮你准确定位应该集中力量改进的地方——最令用户困惑、受挫或低效的领域。

这是一本指导操作的图书，不是一本理论专著。我们主要针对实际应用中的问题提供一些建议，例如：在什么情景下收集哪些度量指标、如何收集这些度量指标、如何使用不同的分析方法对数据进行梳理，以及如何以一种最清晰、最吸引人的方式呈现结果等。我们也会与你分享实践中的一些教训，它们源于我们在该领域内 50 多年的经验总结。

这本书适用于任何对改进不同类型产品或服务的用户体验感兴趣的人，无论这些产品是消费类产品、计算机系统、应用程序、网站、服务，还是其他任何类型的物品，只要是人使用的产品，就可以度量与使用该产品有关的用户体验。来自不同专业和领域的关注如何提高用户体验的人将会从本书获益，包括可用性和用户体验专业人员、交互设计师、信息架构师、服务设计师、产品设计师、Web 设计师和开发人员、软件开发人员、平面设计师，以及市场营销和市场研究专业人员，还有项目和产品经理等。

与第 2 版相比，本书有哪些更新呢？下面是一些最关键的内容。

- 新增第 8 章，专注于度量情感，包括面部表情分析和 iMotions 平台。
- 引入了许多新的指标度量，例如 AttrakDiff、Kano 方法、Google 的 HEART 框架、新的 Bentley 体验记分卡，等等。
- 第 11 章是全新内容，5 个全新的案例研究重点展示了不同的用户体验团队度量用户体验的创意方法，以及如何利用用户体验度量指标推动组织内的变革。
- 用于收集和分析用户体验数据的新工具，例如 GuessTheTest、youXemotions 和

PremoTool。

- 本书还增加了许多新的示例，可用于指导你收集、分析和呈现用户体验指标。

希望你会发现，这本书对于改进产品和服务的用户体验非常有帮助。我们很想收到你的成功（和失败）的反馈。我们非常重视读者对第 2 版提出的反馈和建议，这些反馈和建议对于完善这一版起到了重要作用。

读者服务

微信扫码回复：47529

· 加入"体验/设计"读者交流群，与更多同道中人互动

· 获取【百场业界大咖直播合集】（持续更新），仅需1元

致　谢

首先，我要特别感谢我的合著者 Tom Tullis。Tom 于 2020 年 4 月因病去世。与 Tom 一起完成这本书，真的是我职业生涯中最精彩的时刻之一。多年来，我从他身上学到了很多，我无法表达我对他所做的一切的感激之情，他使我成为一名更好的研究人员、作家和教育工作者。Tom 在任何意义上都是一位教育家，这本书充分体现了他对培养下一代用户体验专业人士的关心。Tom 总是全身心地投入这本书中，不断探索新的用户体验度量指标、最新的工具和技术，以及一些小而有用的技巧，能够帮助每个人把工作变得更容易。当然，他还为我们分享了像 Rensis Likert（发音为 LICK-ert）这样著名研究人员的历史。他的精神将在这本书中永存，他的影响将在用户体验领域持续很多年。

我还要特别感谢 Tom 的女儿 Cheryl Tullis。在 Tom 去世后，Cheryl 非常乐意协助我，确保我拥有完成这本书所需的一切。没有你的帮助，我无法完成这件事！

我要感谢 Elsevier 团队的 Alice Grant 在出版过程中的支持。我非常感激你和 Elsevier 团队在 Tom 去世后允许我拥有所需的一切时间。非常感谢你的理解和耐心，这对我意义重大。

我还要感谢审稿人 Brian Traynor、Mike Duncan 和 Victor Manuel González。你们的反馈和对于第 3 版的建议非常有帮助，尤其是确保内容对学生和从业者都适用。

特别感谢所有案例研究贡献者：Netflix 的 Zach Schendel；Constant Contact 的 Sandra Teare、Linda Borghesani 和 Stuart Martinez；JD Usability 的 JD Buckley；UserZoom 的 Kuldeep Kalkar；以及 GoInvo 的 Eric Benoit、Sharon Lee 和 Juhan Sonin。你们的案例研究有助于生动展现用户体验指标，并突显了度量用户体验的创意方法。

除了我们的案例研究，我们非常幸运地获得了 Optimal Workshop 的 Karl Madsen、iMotions 的 Bryn Farnsworth、UE Group 的 Sarah Garcia、GuessTheTest 的 Deborah O'Malley、Human Factors in Context 的 Keith Karn、PremoTool 的 Pieter Desmet 以及 Modernizing Medicine 的 Andrew Schall 等专家的特别帮助。你们通过展示用户体验研究领域的一些新的工具和技术，为本书的编写做出了宝贵的贡献。

我要感谢本特利大学用户体验中心的所有优秀同事，特别是 Jessica Marriott 在 iMotions 虚拟试衣间案例研究中的工作，以及 Marissa Thompson 和 Heather Wright Karlson 对 Bentley Experience Scorecard 开发的突出贡献。同时，非常感谢 Ali-Jon Kret 在基于情感的用户体验度量方面提供的研究支持。

我要感谢 Ginko Bioworks 的 Darek Bittner 为封面设计做出的贡献。

最后但同样重要的是，我要感谢我的妻子 Monika Mitra 在整个过程中给予我的爱和支持，我的儿子 Arjun Albert 向我提供了源源不断的精彩问题和创意解决方案，以及我的女儿 Devika Albert 在参考文献方面的工作。这些都激发了我坚定不移的决心。

译者致谢

与本书前两个版本一样，我们在翻译第 3 版的过程中一如既往地得到了大家的支持。

特别要感谢屈剑虹、刘月、解煜彬、赫晓涵、李修凡、陈骁、王心童和杨文菁，是他们在学位论文和科研工作期间完成了第 3 版的翻译初稿。

同时也要感谢参与之前版本翻译的秦宪刚等，他们在以往版本上的工作积累为第 3 版的整理提供了基础。

最后还要感谢孙学瑛编辑及其同事们在第 3 版的出版过程中给予的支持。

翻译中的不妥之处，恳请读者包容和指正。

周荣刚

我的父亲 Tom Tullis（本书的合著者）以他广泛的兴趣而闻名：他的家庭、摄影、家谱、幽默的父亲笑话及教学。他曾从事过各种职业，但他最自豪的是自己作为一名教师和作家所产生的影响力。

在我成长的过程中，他教导我要谦虚、富有同情心、学会逻辑思考、具有好奇心和慷慨大方。当我开始自己的职业生涯，进入他参与建立的领域时，他教会我如何进行启发式评估，Fitt's，Hick's 和 Jakob's 定律的概念，收集定量和定性数据的重要性，如何计算和解释 SUS 分数，以及"Likert"单词的正确发音。

Bill Albert 和我父亲一样，是一位杰出的作家，他在撰写本版《用户体验度量》时表现出了对我父亲莫大的尊重。通过阅读这本书，你将学到大量有用的知识。我的愿望是，除了与用户体验领域相关的知识，你还将了解我父亲的一生——一个不仅愿意教授任何人他们想要学习的知识，而且愿意倾听并鼓励他们的富有激情的人。

关于作者

William (Bill) Albert 现任 Mach49 公司的高级副总裁兼全球客户发展总监。Mach49 公司是全球企业的增长孵化器。在加入 Mach49 公司之前，Bill 曾担任本特利大学（Bentley Universtiy）用户体验中心（UXC）的执行主任近 13 年。此外，他曾担任富达投资公司的用户体验主管、Lycos 的高级用户界面研究员，以及尼桑剑桥基础研究院（Nisson Cambridge Basic Research）的博士后研究员。他在用户体验研究院、设计和战略方面拥有超过 20 年的经验。

Bill 已在 50 多个国家和国际会议上发表并展示了他的研究成果，并在用户体验、可用性和人机交互领域的许多同行评议学术期刊上发表了文章。2010 年，他与 Tom Tullis 和 Donna Tedesco 合著了 *Beyond the Usability Lab: Conducting Large-Scale Online User Experience Studies* 一书（由 Elsevier/Morgan Kauffman 出版）。

自 2013 年以来，他一直担任 *Journal of User Experience*（原名 *Journal of Usability Studies*）的联合主编。Bill 凭借其在人因学和空间认知（spatial cognition）领域内的研究，获得了加利福尼亚大学（University of California）和日本政府授予的杰出奖学金。他获得了华盛顿大学（University of Washington）的学士和硕士学位（地理信息系统），并在波士顿大学（Boston Universtiy）获得博士学位（地理 – 空间认知）。他还在尼桑剑桥基础研究院完成了博士后研究。你可以在 Twitter 上关注 Bill，他的用户名为 @UXMetrics。

Thomas S. (Tom) Tullis 于 2017 年退休，此前他曾担任富达投资公司的用户体验部门副总裁。自 2004 年起，Tom 还担任本特利大学信息设计学院人因工程方向兼职教授。他于 1993 年加入富达投资公司，并在该公司的用户体验研究部门的发展中扮演了重要角色，此部门设有最先进的可用性实验室。在加入富达投资公司之前，Tom 曾在佳能信息系统（Canon Information Systems）、麦道（McDonnell Douglas）、优利系统公司（Unisys Corporation）和贝尔实验室（Bell Laboratories）任职。他和富达投资公司的可用性研究团队曾被多家媒体报道，包括《新闻周刊》（*Newsweek*）、*Business 2.0*、*Money*、《波士顿环球报》（*The Boston Globe*）、《华尔街日报》（*The Wall Street Journal*）和《纽约时报》（*The New York Times*）等。

Tom 获得了莱斯大学（Rice University）文学学士学位、新墨西哥州立大学实验心理学硕士学位和莱斯大学工程心理学博士学位。他在人机界面研究方面拥有超过 35 年经验，在技术期刊上发表了 50 多篇文章，并受邀在美国国内和国际会议上演讲。同时，Tom 拥有 8 项美国专利。他与 Bill Albert 和 Donna Tedesco 合著了 *Beyond the Usability Lab: Conducting Large-Scale Online User Experience Studies* 一 书，该 书 于 2010 年 由 Elsevier/Morgan Kauffman 出版。Tom 在 2011 年获得了用户体验行业协会（UXPA）颁发的终身成就奖，并在 2013 年被 ACM 人机交互特别兴趣小组（Special Interest Group on Computer-Human Interaction，SIGCHI）授予为人机交互学会（CHI）会士。

目录

第1章
引言

用户体验（User eXperience，UX）是人对产品或系统的全部体验，包括情绪反应、态度、高效达成的能力，以及许多其他方面的内容。用户体验度量（UX metrics）是度量体验的多种属性的方法，包括我们可以直接观察和测量的行为数据（如，用户在他们的智能手机上设置闹钟需要多长时间），以及那些我们必须通过询问才能获知的用户态度（如，他们向其他人推荐该产品的可能性有多大），甚至需要专门设备才能测得的内容（如，用眼动仪追踪相关数据）。

本书的主要目的是向读者介绍用户体验度量是如何被用来对产品进行有效的用户体验评估与提升的。在考虑用户体验度量时，有人往往会被复杂的公式、似是而非的研究结果和高级的统计方法所"吓倒"。我们希望能通过本书的介绍将很多研究"去神秘化"，并把重点集中在用户体验度量的实践应用上。因此，我们将通过逐步分解的方法引导读者了解如何收集、分析和呈现用户体验度量；帮助用户体验研究者掌握如何根据不同的具体情景和应用场景选择合适的度量，并在预算范围内使用这些度量获得可靠且可控的结果。同时，我们会介绍一些用来分析各种用户体验度量方法的准则和技巧，并通过许多不同类型的案例来说明如何以简洁、有效的方式呈现用户体验度量的结果。

我们致力于使这本书成为可应用于实践的工具书，以帮助读者掌握如何对产品的用户体验进行度量。我们不会介绍太多的公式，事实上，这个领域中的公式本来就不多。书中所涉及的统计知识也是相对有限的，相应的计算用 Excel 或其他常见的软件包 /Web 工具就可以轻松地完成。所以，我们的目的仅在于给读者提供一些评估产品用户体验的工具，而不是罗列那些令读者"望而生畏"的不必要的细节。

　　本书与产品无关，我们所阐述的用户体验度量在实践中可用于任何类型的产品，这是用户体验度量最显著的特性之一：无论你评估的是网站、智能手机还是烤箱，任务成功率（task success）和满意度都同样适用。

　　用户体验度量的"保质期"（shelf-life）比任何一个特定的设计或技术都要长得多。无论技术发生了多大的变化，这些度量本质上并没有随之变化。随着用于度量用户体验的新技术的发展，有些度量也会跟着变化，但被测现象的本质是没有变化的。眼动追踪就是很好的例子。许多用户体验研究者希望有一种方法能获知用户注视屏幕的精确位置。如今，随着眼动追踪技术的发展，度量变得越来越简单，也更准确。对情绪的度量同样如此。情感计算的新技术可以使我们通过非侵入式的皮肤电导监测仪及面部表情识别软件来度量情绪唤醒的水平。这让我们能够了解用户在与不同类型的产品交互过程中的情绪状态。毫无疑问，这些新的度量技术是非常有用的。然而，我们一直试图解决的根本问题并未发生改变。

　　我们为什么要写这本书呢？毕竟并不缺少人因学（Human Factors）、统计、实验设计和用户体验研究方法等方面的书籍，其中甚至包括了一些常用的用户体验度量。那么出版一本专门聚焦于用户体验度量的书有意义吗？显然，我们认为是有意义的。以我们（谦卑）的观点来看，这本书对丰富用户体验研究领域的出版物来说有如下五个方面的独特贡献：

- 我们以全面的视角来审视用户体验度量。目前，还没有其他类似的书能汇总这么多种不同的度量。对于读者可能用到的几乎所有类型的用户体验度量，我们在（数据）收集、分析和呈现等方面都进行了详细的介绍。
- 本书很实用。我们假设读者有兴趣把用户体验度量作为其工作的一部分。在行文时，我们不会纠缠于细节而浪费读者的时间。我们希望读者每天都能很轻松地使用这些度量。
- 对于用户体验度量的正确决策方面，我们会提供一些帮助。在用户体验专业的相关工作中最为困难的一个方面是决定是否需要收集度量的数据，如果是，那么需要收集哪些度量数据？我们会指引读者通过一个合适的决策过程找到适合研究情景的正确度量。
- 我们提供了不少实例，这有助于我们理解用户体验度量如何被应用于不同的组织，以及这些度量又如何被用来对特定的研究问题进行诠释。我们也提供了有一定深度的案例研究，以帮助读者确定如何更好地使用用户体验度量所揭示的结果。
- 我们阐述了可用于任何产品或技术的用户体验度量。这让我们在处理问题时有更广阔的视野，因此，这些用户体验度量也有助于读者的职业发展，即便是在技术和产品发生了变化的情况下，也同样如此。

本书主要由三个部分组成。

第一部分（第1~3章）介绍了了解用户体验度量所需要的背景知识。

- 第1章对用户体验和用户体验度量做了概述性的介绍。我们对用户体验进行了定义，对用户体验度量的价值进行了讨论，分享一些最新的发展趋势，还"铲除"了一些有关用户体验度量的常见"诟病"或误解，并介绍了用户体验度量的一些最新概念。
- 第2章包括了用户体验数据和一些基本统计概念方面的背景知识。我们也会介绍不同用户体验方法常用的统计流程。
- 第3章集中介绍如何规划一项涉及度量的用户体验研究，包括定义参与者目标和研究目标，以及为各种情景选择合适的度量。

第二部分（第4~10章）对通用的用户体验度量类型，以及一些专门的不属于任何某种单一类型的专题进行了介绍。对于每一类度量，我们阐述了应该度量什么、什么时候该用和什么时候不该用等问题。我们介绍了多种收集、分析和呈现这些数据的方法。还提供了一些例子来说明每类度量在实际用户体验研究中是如何被应用的。

- 第4章涵盖了多种绩效度量类型，包括任务成功率（task success）、任务时间（time on task）、错误（error）、效率（efficiency）和易学性（ease of learning）。这些度量由于度量的是用户行为的不同方面，因此都被放在了绩效度量的"伞下"。
- 第5章集中介绍了自我报告度量（self-reported metric），如满意度（satisfaction）、期望（expectation）、易用性（ease-of-use）、信任（confidence）、有用性（usefulness）和知晓度（awareness）。自我报告度量基于用户对体验的自身分享，而不是由用户体验专业人员来度量用户的真实行为。
- 第6章关注的是可用性问题的度量。通过度量频率、严重程度和问题类型，可用性问题也容易被量化。在本章中，对诸如多大的样本量才合适，以及如何可靠地获取可用性问题等这样一些有争议的问题，我们也进行了讨论。
- 第7章着眼于使用眼动追踪技术度量视觉注意力。在过去几年中，这项技术越来越准确，成本也越来越低，因此得到了更广泛的应用。我们介绍了眼动追踪的基础知识、可以从中获取的视觉注意力度量种类和视觉注意力模式，以及如何使用这些度量来改善用户体验。

- 第 8 章着眼于情感度量，包括用于度量情感反应（例如快乐、参与感，甚至压力）的各种技术。所有这些度量可以捕获用户与界面交互过程中身体（尤其是面部）是如何反应的，以用来说明用户体验。

- 第 9 章讨论如何合并不同类型的度量并组合成新的度量。有时，这有助于获得产品用户体验的总体性评价。总体性评价可以这样来操作：把不同类型的度量组合成一个单一的用户体验分数，或以用户体验记分卡的形式总结这些度量，或把这些度量结果和专家绩效进行比较。

- 第 10 章介绍的是专题，即我们认为重要但不能简单归为上述 5 类度量中任何一类的专题。这些专题包括针对在线网站所进行的 A/B 测试、卡片分类数据、可及性数据和投资收益率等。

第三部分（第11、12章）介绍了如何将用户体验度量用于实践。在这部分中，我们着重介绍的是：用户体验度量在不同类型的组织内是如何被实际应用的，以及如何在一个组织内提升和推广用户体验度量。

- 第 11 章介绍了5个具有特色的案例研究，均由受邀的其他专家撰写而成。每个案例研究都介绍了如何使用不同类型的用户体验度量、如何收集和分析数据，以及研究结果是什么。这些案例研究由来自不同行业的用户体验专业人士凝练而成。

- 第 12 章列举了 10 个可以帮助读者在组织内推广使用用户体验度量的关键点。在这一章中，我们讨论了：如何针对不同类型的组织挑选合适的用户体验度量，如何才能让用户体验度量在组织内发挥作用的实用技巧，以及一些迈向成功的"秘诀"。

1.1　什么是用户体验

在试图度量用户体验之前，我们应该弄清楚什么是用户体验和什么不是用户体验。尽管很多用户体验专业人士对什么是"用户体验"都有自己的看法，但我们认为在定义用户体验时需要考虑到下面三个主要的特征：

- 有用户的参与（广义上定义为人类）；
- 用户与产品、系统或者有界面的任何物品进行交互；
- 用户的体验是有趣的且可观察或可度量的。

如果用户什么也没做，那么我们可以只度量态度和喜好度，例如，选举投票或者调查用户最爱什么口味的冰激凌。在考虑用户体验是什么时，需要看用户的行为表现，或至少是潜在的或预期的行为。例如，我们或许会给用户呈现一张网站的截图，并询问用户：

如果这张图是可交互的，那么他们会点击什么。

读者可能也注意到了，我们并未将此讨论限制在任何特定类型的产品或系统上。我们认为，任何产品或系统都能从用户体验的角度予以评估，只要这种产品或系统与用户之间存在着某种形式的交互。我们难以想象会存在一种没有任何形式的人机交互的产品。我们认为这是一件好事，这意味着我们可以从用户体验的角度来研究几乎所有的产品或系统。

有人会区分可用性和用户体验这两个概念。可用性通常关注的是用户使用产品成功完成任务的能力；而用户体验则着眼于一个更宏观的视角，强调的是用户与产品之间的整体交互，以及用户在交互中形成的想法、感受和感知。

读者经常听到的另一个术语是客户体验。毫无疑问，客户体验和用户体验之间存在一些重叠。但客户体验的重点往往放在客户及其与公司或品牌的整体关系上。而用户体验更关注用户与产品或系统的全面交互。用户体验研究者会发现两个领域都使用了一些相同的度量。例如，净推荐值（Net Promoter Score，NPS）（第 5 章）经常被同时用于客户体验和用户体验。长话短说，还有一些其他"体验"是研究人员关注的焦点，例如，"患者体验"或"学生体验"。本书将使用术语"用户体验"来概括一种更为广泛的体验，这种体验适用于任何与产品或系统实际使用相关的个人或群体。

有时，用户体验会攸关生死，例如，可用性差的健康行业工具。可用性问题充斥于医疗设备、流程甚至诊断性的工具中。Jakob Nielsen（2005）引用了一项研究，该研究发现了 22 个不同的、可以导致病人获取错误药物的可用性问题。更麻烦的是，平均每年有 98 000 名美国人死于医疗错误（Kohn 等，2000）。尽管这个事实背后无疑存在着多种影响因素，但有些人推断可用性及人为因素至少需要承担一部分责任。

在一项令人印象深刻的研究中，Anthony Andre 详细研究了自动体外除颤器（Automated External Deregulator，AED）的设计（2003）。AED 装置主要用于急救心跳停止的病人。在很多公共场所，如购物中心、机场和运动场所，都放置了 AED 装置。它的设计初衷就是没有任何医疗知识背景或急救经验（比如心脏复苏，CPR）的普通人也可以使用。AED 的设计至关重要，真正使用 AED 的人在多数情况下都是在极大的压力下第一次使用它。因此，AED 的使用说明必须简单明了，用户能在很短的时间内就知道如何使用，即便操作出错也不会导致严重的后果。Andre 的研究对来自四家生产商的 AED 做了对比分析。他关心的问题是用户在特定的时间范围内，成功地进行一次撞击操作时不同 AED

的操作绩效，以及发现用户使用不同 AED 时影响操作绩效的特定可用性问题。

在 2003 年的研究中，Andre 招募了 64 名参与者测试这四款不同的 AED。参与者需要进入一个房间，使用指定的一款 AED 抢救一名病人（躺在地上的人体模特），实验结果令人震惊（这不是双关语）。有两款 AED 表现出了预期的水平（即 16 名参与者使用每款 AED 时一个错都没犯），另外两款 AED 则不尽如人意。例如，在使用其中某款 AED 的过程中，25% 的参与者都无法成功地给病人进行一次撞击操作。造成这一结果的原因有很多，例如，对如何去除撞击垫的包装以便将它固定到病人裸露的胸腔部位的相关操作说明，参与者看不明白；在何处放置电极的相关说明也令人困惑。在 Andre 将研究结果与他的客户分享后，客户承诺会在重新设计产品时解决这些问题。

类似的情况也会不定期或定期地发生在工作场所和家中。我们很容易就能想到很多与产品说明书相关的类似的操作案例，例如，打开炉子上的标示灯、安装一个新的照明设备或者填写纳税申报表格等。如果这些说明书被误解或误读，则很容易导致财产损失、经济损失、人员受伤甚至死亡。用户体验在我们生活中的作用远比人们想象的重要。用户体验并不仅仅是使用最新的科技：用户体验影响着每个人的每一天，跨越了文化、年龄、人种、性别和经济水平。

当然，对于好的用户体验而言，挽救生命不是唯一的动机。从商业的角度上看，维护用户体验往往会带来收入的增长和 / 或成本的降低。有不少企业由于新产品的用户体验差而造成了损失；而有的企业则将易用性作为他们区别于其他品牌的关键因素。

本特利大学用户体验中心曾经与一家大医院合作，为他们的慈善捐助网站进行再设计。他们想知道，访问网站的用户在找到并向他们医院的慈善基金捐款时是否存在困难。他们格外关注再次捐款次数，因为这是很好的与捐助者建立长久联系的方式。我们的研究将针对现有及潜在的捐助者进行一项综合的可用性评估。我们不仅着眼于如何优化导航，还简化了捐款表格，并强调了再次捐款的益处。新网站一经使用，我们的努力就取得了成功。总体上，捐款额度提升了 50%，再次捐款次数也从 2 次增至 19 次。这是一个可用性研究的成功案例，也成就了一项伟大的事业。

近年来，特别是在美国，投票设计的用户体验受到了很多关注，而且这方面做得不是很好。这或许要从2000年美国总统大选的"蝴蝶选票"说起。当时，乔治·W.布什和阿尔·戈尔是其中两位主要候选人。选举只剩下最后一个州：佛罗里达州。谁赢得了佛罗里达州的选票谁就当选总统。棕榈滩县曾使用臭名昭著的"蝴蝶选票"，如图

1.1 所示。人们需要通过在中心柱上打孔来投票。但是这些孔是从左边和右边进行同时标记的。因此，如果打出第二个孔，那么实际上是为右边的帕特·布坎南投票，而不是为左边的第二位候选人阿尔·戈尔（即布什的最大竞争者）投票。我们不知道有多少人在打算投票给戈尔时不小心把票投给了布坎南。最终，布什赢得了佛罗里达州的选举人票，从而赢得了总统职位，在 580 万票中仅以 984 票的优势获胜，只是多赢了0.02%的选票。

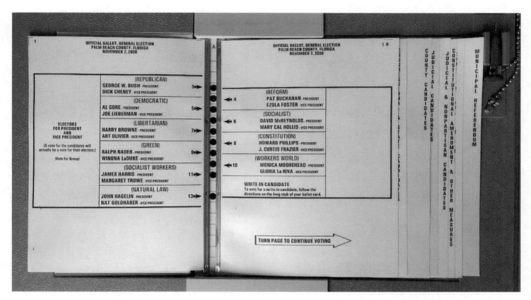

图 1.1　在 2000 年美国总统大选中，佛罗里达州棕榈滩县使用了臭名昭著的"蝴蝶选票"

加拿大一组研究人员（Sinclair 等，2000）在此次美国选举后立即进行了一项研究，认为"蝴蝶选票"影响了选举结果。他们为加拿大总理的选举制作了两种模拟选票：一种使用"蝴蝶选票"，另一种使用单栏选票。他们在一家购物中心进行了这项研究。参与者被随机分配到两种选票中的一种。投票后，参与者会被问到他们投票给了谁。

共有 63 人使用了单栏选票，没有出现错误。而在使用"蝴蝶选票"的 53 人中，有 4 位出现了错误。因此，在这种情况下，"蝴蝶选票"的错误率为 7.5%。如果在棕榈滩县使用"蝴蝶选票"的选民中也有 7.5% 的人犯了错误，那很容易导致整个美国总统选举出现不同的结果。

用户体验问题持续困扰着投票过程。2018 年，仍然在佛罗里达州，只不过这次是在布劳沃德县，他们在选票中使用了三栏设计。第一栏是一长串的投票说明，此说明被翻译成三种不同的语言。美国参议员竞选竞争最激烈，有两名候选人参选：Rick Scott（共和党）和 Bill Nelson（民主党）。而对美国参议员的投票是在第一栏的底部，在投票说明之下。据统计，布劳沃德县是佛罗里达州中最倾向于民主党的县之一。奇怪的是，他们报告说，参议员竞选的选票比州长竞选的少了大约 25 000 张，而州长竞选的选票被明显排在第二栏的顶部。这似乎说明有些选民在一长串投票说明的底部漏选了参议员投票。最终，共和党候选人 Rick Scott 仅以 10 000 票的优势赢得了全州的参议员竞选。本可以获胜的民主党候选人 Bill Nelson，只获得了一半的选票。

这些示例说明，即使是像纸质选票这样看似简单的投票方式，也可能存在严重的用户体验问题。这些问题会影响我们的政府甚至社会。

随着产品越来越复杂，用户体验在我们的生活中的作用越来越重要。随着技术的发展和成熟，使用的人群会越来越趋于多样化。但是技术的提升和革新并不一定意味着技术变得更容易被使用。事实上，除非我们密切关注技术所带来的用户体验问题，否则事情会朝着相反的方向发展。随着技术复杂性的提升，我们认为必须给予用户体验更多的关注和重视，在开发高效、易用和有吸引力的复杂产品的过程中，用户体验度量会成为其中的一个关键部分。

1.2　什么是用户体验度量

度量是一种测量或评价特定现象或事物的方法。我们可以说某个东西较远、较高或较快，那是因为我们能够测量或量化它的某些属性，比如距离、高度或速度。这一过程需要在如何测量这些事物方面保持一致，同时需要一个稳定可靠的测量方法。一英尺，不管由谁来测量，都是一样的长度；一秒钟，无论由什么计时器衡量，记录的都是相同的时间。此类测量标准在一个社会中会有整体的规定，并有标准的定义作为依据。

度量存在于我们生活的许多领域。我们熟悉很多度量，如时间、距离、重量、高度、速度、温度、体积等。每个行业、活动和文化都有自身的一系列度量。例如，汽车行业对汽车的马力、油耗和材料的成本等感兴趣，计算机行业则关心处理器速度、内存大小和功耗。在家里，我们对类似的测量也会感兴趣：我们的体重如何变化（当我们踩上放在浴室里的体重秤时），夜间恒温器应该设置成什么值，以及如何说明每个月的电费账单。

用户体验领域也不例外。我们有一系列特有的专业度量：任务成功、用户满意度、错误及其他。本书集中了所有的用户体验度量，并阐释了如何使用这些度量为你和你的组织带来最大的收益。

因此，什么是用户体验度量？又如何区别于其他类型的度量？与其他所有的度量一样，用户体验度量建立在一套可靠的测量体系上：在使用同一类的测量手段对事物进行测量时，得到的结果是可以相互比较的。所有用户体验度量都可以通过某种方式被观测到，无论是直接的观测还是间接的观测。这种观测可以只是一些简单记录，例如，某任务是否顺利完成，或者完成该任务所需要的时间。所有的用户体验度量必须是可量化的——它们必须能变成一个数字或能够以某种方式予以计算。用户体验度量也要求被测对象应能代表用户体验的某些方面，并以数字形式表示出来。例如，一个用户体验度量可以说明 90% 的用户能够在 1 分钟之内完成一组任务，或者 50% 的用户没有成功发现界面上的关键元素。

什么因素可以使用户体验度量区别于其他度量呢？用户体验度量揭示的是用户体验——人使用产品或系统时的个人体验。用户体验度量可揭示用户和物件之间的交互，即可揭示出有效性（effectiveness）（能否完成某个任务）、效率（efficiency）（完成任务时所需要付出的努力程度）或满意度（satisfaction）（操作任务时，用户体验满意的程度）。

用户体验度量和其他度量之间的另一个区别在于用户体验度量测量的内容与人及其行为或态度有关。因为人和人之间的差别是非常大的，而且人的适应能力也很强，所以在我们的用户体验度量中会碰到一些与此相关的困难。基于这个原因，对所涉及的大部分用户体验度量，我们会讨论置信区间（confidence interval）的问题，以体现数据的有效性。此外，我们还将讨论在特定的用户体验情景中哪种度量方法更（不）适用。

有些度量不能看作用户体验度量，例如，与使用产品时的真实体验不相关的总体偏好和态度。还有一些诸如总统支持率、消费者物价指数或购买特定物品的频率等标准性的度量。虽然这些度量都是可量化的，也能反映出某种行为，但是它们都不是根据使用物品的真实行为来反映数据变异性的。

用户体验度量的最终目标不在于度量本身，度量只是一种途径或方法，可以帮助用户体验研究者获得很多的信息，以便做出决策。用户体验度量可以回答那些对于用户体验研究者所在组织来说至关重要的问题，以及其他方法回答不了的问题。例如，用户体验度量可以回答以下关键性的问题：

- 用户用完产品后会推荐给其他人吗？
- 这款新产品的使用效率会高于当前产品吗？
- 与竞品相比，这款产品的用户体验如何？
- 用户使用产品之后，不管是对产品还是自己是否都感觉很好？
- 这款产品中最为明显的可用性问题是什么？
- 从前期的设计迭代中所汲取的经验有没有体现在后期的改进上？

1.3 用户体验度量的价值

我们认为用户体验度量非常奇妙，否则，我们为什么要写这本书？度量用户体验所能提供的信息要远远多于简单地观察所能提供的信息。度量使设计和评价过程更为结构化，对发现的结果能给予更加深入的洞察和理解，同时给决策者提供了重要的信息。如果缺少用户体验度量所提供的信息，决策者可能就要根据不正确的假设、直觉或预感做出重要的商业决策。这样做出的决策往往不是最好的。

在典型的可用性评估中，很容易就能发现很明显的可用性问题。但是很难估计这类问题的数量和严重级别。例如，如果一项研究中的 8 名参与者全都碰到了同样的一个问题，那么可以确信这确实是一个很常见的问题。但如果这 8 名参与者中只有 2 名或 3 名碰到了这个问题呢？对于比较大的用户群来说，这又意味着什么呢？用户体验度量提供了一种方法，用来估计可能碰到这个可用性问题的用户数量。要知道可用性问题的大小或严重程度意味着需要采用不同的处理方案：推迟某个重点产品的发布，或者只需要在问题列表中增加一个优先级较低的问题项。若没有用户体验度量，则可用性问题的多少或严重程度只能靠猜测。

用户体验度量可以说明设计者是否真正提升了从这个产品到下一个产品的用户体验。敏锐的管理者需要尽可能准确地知道新产品是否真的优于当前产品。要想明确知道所期望的提高是否得到了实现，用户体验度量是唯一的方法。通过新（也即"提升后"了的产品）旧产品之间的测量和比较，以及对可能提高程度的评估，你可以获得一个双赢的局面。用户体验度量会产生三种可能的结果。

- 新版本的测试要好于当前产品：获知取得了这样的提升后，每个人晚上都可以好好地睡一觉了。

- 新版本的测试比当前产品还要差：需要着手解决相应的问题或者实施修正计划。
- 新产品和当前产品的差别不明显：用户体验的影响没有造成新产品的成功或失败。但是产品其他方面的改进可以弥补用户体验提升上的缺失。

用户体验度量是计算总投资收益率（Return On Investment，ROI）的一个重要组成部分。作为商业计划的一部分，设计者可能被要求确定新产品的设计能节省多少钱或增加多少收入。没有用户体验度量，这样的任务是不可能完成的。有了用户体验度量，就可以确定内部网站中数据输入区域的一个简单改变可以：减少 75% 的数据输入错误，减少完成客户服务任务所需要的时间，增加每天处理的交易量，减少未完成的客户订单量，缩短客户货运时间上的延迟，提升客户满意度和增加订单，从而从总体上给企业带来收益。

用户体验度量有助于揭示一些很难或者甚至不可能看出来的问题。用一个非常小的样本（不收集任何度量）对产品所进行的评价通常会发现最明显的问题。但是，也有许多更细微的问题，需要借助度量才能发现。例如，有时很难觉察出一些小的低效操作，比如，某个交易无论何时呈现在一个新的屏幕上，都需要再次输入用户数据。用户可以完成他们的操作（或许甚至还会说他们喜欢这种方式），但是一堆小的低效操作汇集起来，最终会影响用户体验及拖慢进程。用户体验度量有助于设计者获得新的洞察，并更好地理解用户行为。

1.4 人人都能学会的用户体验度量方法

近十年间，我们一直在以不同的方式教授用户体验度量的课程。在这期间，我们遇到的很多用户体验专业或非用户体验专业人士，他们很少有甚至没有统计学相关的知识储备，其中有些人甚至对看起来像数字的东西都会感到胆怯。尽管如此，他们仍能在短时间内轻松地掌握了收集、分析和呈现用户体验度量的基本方法，我们对此印象深刻并深受鼓舞。用户体验度量是一种强大的工具，也很容易被所有人掌握，关键在于尝试，并不断从错误中学习。收集和分析的度量数据越多，就会越来越熟练地掌握用户体验度量。事实上，我们也见过很多人以本书为指导为他们的组织或者项目寻找合适的用户体验度量方法。因此，即使读者不想亲自参与用户体验度量的全部流程，仍可以将本书介绍的用户体验度量方法整合到工作中。

本书旨在以简单易懂的方式呈现给尽可能广泛的读者。我们在书中针对复杂的统计分析方法做了简化处理。我们觉得这能吸引尽可能多的用户体验从业者或者非从业者。

当然，我们非常鼓励读者基于本书创造出适合于各自组织、产品或者研究实践的新的度量方法。

1.5　用户体验度量的新技术

之前我们提到，用户体验度量广泛适用于各种产品、设计和技术。事实上，即使新技术层出不穷、日新月异，用户体验度量的指标仍是一脉相承的。不过，日益变化（而且非常迅速）的新技术本身也让我们能更好地收集和分析用户体验数据。在本书中，读者将会接触一些最新的技术，它们不仅能够简化工作，也一定会让工作更加有趣。这里，我们将会着重介绍几种近几年出现的新技术。

当前，眼动追踪技术取得了激动人心的进展。数十年来，眼动追踪技术一直局限于实验室研究。现在已经不是这样了，我们可以使用眼镜式眼动仪（Goggles）来跟踪实时的眼球活动。即使用户走在超市里，也可以收集相关的眼动数据（例如，他看向哪里，看了多久）。当然，当不同的物体出现在大致相同的位置但处于不同深度时，这就有点棘手了。但是，毫无疑问，眼镜式眼动仪在不断改进。甚至眼动追踪技术正在逐步地去硬件化。例如，有一种新技术可以通过参与者的网络摄像头收集眼动数据。因此，用户体验研究者不再局限于一定要使用专用的眼动追踪装置。

除此之外，情感计算技术的发展也同样鼓舞人心。数十年来，用户体验专业人员通过聆听和观察用户，并向用户提出问题，来了解用户的情绪状态。这些定性的数据当然是非常宝贵的，但是情感计算技术的出现给情绪度量带来了新的维度。我们现在能够将测量皮肤电位的传感器数据、用于分析不同面部表情的面部识别软件、眼动数据同步起来。这三项数据的结合有助于用户体验研究者获知用户情绪的唤醒水平、情绪效价（是积极情绪，还是消极情绪）和视觉注意力模式。

还有很多非引导式的用户体验度量工具能够简化数据收集的过程，降低测试成本。如通过 UserZoom 和 Loop11 都能有效并低成本地收集大量的用户体验数据；Usabilla 和 Userlytics 在整合定性与定量数据方面也非常出色，同时价格也非常合理；Usability Testing.com 提供便捷、快速的服务，用以进行定性的、自动式的可用性研究。此外，还有一些专业的工具能够追踪鼠标的移动和点击行为。令人兴奋的是，用户体验研究者可以运用的工具和技术如此丰富。

分析开放式用户反馈是一项非常辛苦且不太精确的工作，用户体验研究者最常用的做法是放弃逐字分析用户评论，随机选取其中一小部分样本进行引用。随着文本分析软件在过去几年中的发展，现在用户体验研究者也可以分析开放式的反馈结果。

1.6 十个关于用户体验度量的常见误解

人们对用户体验度量存在许多误解，其中有一部分是因为缺少度量使用方面的经验造成的，也有可能是由于负面体验（比如市场部门的人员对样本量提出了尖锐的质疑）引发的，或者甚至是其他用户体验专业人员就有关使用度量的争论和费用进行抱怨而引起的。我们无须对这些误解追根溯源，重要的是把真相与不实分开。我们列举了 10 个关于用户体验度量的常见误解，以及几个消除这些误解的例子。

误解 1：度量数据需要花太多的时间收集

在最理想的情况下，用户体验度量可以加速产品设计进程。在最坏的情况下，用户体验度量至少应该不会影响整个进度表。作为正常迭代式设计流程的组成部分，我们可以快速和轻松地收集度量指标。项目团队成员可能认为即便收集非常基础的用户体验度量数据也需要做一个充分的调查研究，或者做一个两周的实验室测试。事实上，项目团队成员可以在日常测试中加入一些非常简单的用户体验度量，例如，在每个可用性（测试）单元的开始或结尾，增加几个额外的问题就不会影响该单元的测试时长。作为典型背景问卷或测试后继活动安排的一部分，参与者可以很快回答几个重要的问题。

在每个任务或所有任务结束后，项目团队成员也可以要求参与者就易用性或满意度进行评价。如果项目团队成员有简单的途径可以联络到一大批目标用户或一个用户组，那么可以群发一封邮件请他们回答几个关键性的问题，这或许截屏即可完成。而有些数据没有用户参与也可以被快速收集。例如，项目团队成员可以简单快速地汇报每个新的设计迭代中特定问题的频率和严重程度。所以收集度量数据，不一定需要几天甚至几个星期，有时只需要额外的几小时甚至几分钟就可以完成。

误解 2：用户体验度量要花费太多的钱

有些人认为获得可靠的用户体验数据的唯一途径是外包给市场调研公司或用户体验 / 设计咨询机构。虽然在有些情况下这是有帮助的，但相应的成本也会很高。不过有不少可靠的度量，花费并不会太多。作为日常测试的组成部分，在不同的可用性问题的频率和严重程度方面，甚至可以收集到颇具价值的数据。通过向同事或一组目标用户发送简短的 E-mail 进行调查，也可能获得大量的定量数据。同时有一些好的分析工具在互联网上实际是免费的。虽然花钱在特定情况下可以起到作用，但它绝对不是获得一些重要度量的必要条件。

误解 3：当集中在细小的改进上时，用户体验度量是没有用的

项目团队成员在只想做一些相当细微的改进时就会质疑度量是否有用。他们会说最好的做法是集中精力改进一些小细节，不需要关注用户体验度量。他们可能也没有任何额外的时间或预算去进行任何类型的用户体验度量。他们还会说在快速迭代设计过程中根本来不及做度量。事实上，分析可用性问题的价值显而易见且不可估量。例如，关注可用性问题的严重程度和频率及其出现的原因是一个在设计过程中集中资源解决关键问题的极好途径。这种方法不仅可以节省项目的经费和时间，而且通过分析以往的研究，还可以轻松地获得一些用户体验度量数据，从而回答一些关键性的可用性问题。因此，不论项目大小，用户体验度量同样都是有用的。

误解 4：用户体验度量无助于我们理解问题发生的原因

有些人会说用户体验度量无助于我们理解问题发生的原因。他们认为（不正确的）度量只会过分强调问题的严重性。如果只关注任务成功或任务完成时间等数据，就能轻易地理解为什么这些人会有这种感觉了。但是，度量可以揭示很多糟糕的用户体验背后的原因，而且要比人们一开始所认为的多得多。通过逐句分析（用户的）评论，我们可以揭示问题的来源，以及有多少用户碰到该问题，发现用户在系统的什么地方会碰到问题，也可以使用度量来判断一些问题在哪里甚至为什么会出现。通过采用不同的数据编码与分析方法，我们可以获得大量数据来解释众多用户体验问题发生的原因。

误解 5：用户体验度量的数据噪声太多

对于用户体验度量的强烈批评之一是认为度量数据的“噪声”太多：太多的变量对追根溯源造成了阻碍。“噪声”数据的经典例子是：在一个自动化的可用性研究中，测试参与者已经出去喝咖啡或者回家过周末（更糟糕）了，程序还在继续测量任务完成时间。尽管有时的确会出现这种问题，但这不应该成为妨碍我们收集任务完成时间的数据或其他类型的可用性数据的理由。有一些简单可行的办法可以被用来减少甚至剔除噪声数据：通过对用户体验数据进行整理，将极端值从分析中去除；同时，根据数据的特点精心选

择对应的分析方法降低噪声数据带来的影响；严格规定的度量流程保证评估任务或可用性问题的一致性；或者采用一些已经被很多研究人员所广泛验证过的标准化问卷来开展研究。总之，通过慎重的思考并借助一些简单的技术方法，我们可以大大减少用户体验数据中的噪声，以还原真实的用户行为和态度。

误解 6：直觉就够用，不必度量

许多设计决策都是基于"直觉"而做出的。项目团队中总会有人声明"这个决定只是感觉起来是合适的"。度量的一个魅力之处就是在做设计决策时有可以参照的数据，从而避免了各种猜测混淆视听的情况。在设计方案定稿时会遇到一些难以抉择的情况，而决策的结果又很有可能实实在在地影响一大批用户。有时正确的设计方案是不符合直觉的。比如，某设计团队想使所有的信息在页面加载后的第一个窗口中都能呈现出来，这样页面就不需要滚动浏览。但这样的设计会使得不同的视觉元素之间没有足够的空白空间，反而需要更长的任务完成时间。直觉固然重要，但用数据说话更好。

误解 7：度量不适用于新产品

有的人在评估新产品时会避开度量。他们认为对新产品没有参照可言，因此度量就没有意义。我们的观点应恰恰相反。当评价某个新的产品时，建立一套基线度量是很重要的，这样在以后做迭代设计时就有了可以比较的参照基点。这是了解新设计是否真正有改进的唯一途径。另外，这也有助于为新的产品确定度量的目标。在某产品发布之前，它应该满足这个基本的用户体验度量（即度量目标），诸如任务成功率、满意度和效率。

误解 8：没有度量适用于我们正在处理的问题

有的人认为没有任何度量适用于他们正在进行的特定产品或项目。实际上，无论项目目标是什么，或多或少都会有度量可用。比如，有人说他们感兴趣的仅仅是用户的情感反应，而不是实际的任务操作。在这种情况下，有几个已建立起来的度量情感反应的方法是可用的。在其他情况下，有人可能只关心用户对产品的知晓度，也有几种度量知晓度的简单方法可以利用，甚至无须购置眼动追踪设备。还有的人会说他们只关注用户更为细微的反应，如受挫程度。同样，有办法不通过询问用户就可以度量他们的压力水平。在我们多年的用户体验研究中，还没有遇到过一个无法被度量的商业目标或用户目标。在收集数据时，可能需要做一些前人没做过的事，但总会找到解决方案。

误解 9：度量不被管理层所理解或赞赏

有的管理者认为用户体验研究只提供了关于某设计或产品的定性反馈，然而以我们的经验，大多数管理者已看到了度量的价值。用户体验度量不但能被上层管理所理解，还深受他们赞赏。他们能理解度量。度量可以给产品设计的团队、产品和设计过程提供真实的情况。度量可以被用来计算总投资收益率。大多数管理者喜欢用户体验度量，他们很快就能接受并会注重起来。例如，在线结账过程有问题是一件事情，但是有 52% 的用户一旦碰到这个问题就不能成功地在线购买产品就是另一件完全不同的事情了。

误解 10：用小样本很难收集到可靠的数据

人们普遍认为大样本是收集任何可靠的用户体验度量所必需的。许多人认为研究需要至少 30 名参与者才能开始对用户体验数据进行分析。虽然大样本肯定有助于提高置信区间，但是 8 个或 10 个这样稍小一点的样本容量依然是有价值的。我们会向读者介绍如何计算置信区间（confidence interval），其计算要考虑到样本大小，而且是做任何结论时都需要的。我们还会向读者展示如何确定所需要的样本量大小以发现可用性问题。本书中的大多数实例所基于的样本量都相当小（少于 20 名参与者）。因此，以很小的样本量来分析度量不但是可能的，而且是通常的做法！

第2章
背景知识

在本章中，我们将介绍适用于任何用户体验度量的数据、统计、图表等相关背景知识，尤其强调了如下几方面的内容：

- 用户体验研究的基本变量与数据类型，包括因变量与自变量、称名数据、顺序数据、等距数据和等比数据。
- 基本的描述性统计，如平均值、中数和标准差，以及置信区间，可用于说明你对诸如任务时间、任务成功率和主观评分等数据估计的准确程度。
- 用于比较平均值和分析各种变量之间的关系的简单统计检验。
- 有效进行数据视觉化呈现的小技巧。

本章所有的示例将使用 Microsoft Excel 计算（其实本书的大部分章节也是这样处理的），因为 Excel 是一个普及度非常高且常用的工具。当然，多数的分析也可以使用其他如 Google Docs 或 Open Office 等现成的电子数据工具来完成。或者，用户体验研究者也可以使用例如 R 或 SPSS 等统计软件。

Excel技巧

在这本书中，我们将使用一些简单的技巧，例如目前这种形式，来展示如何在 Excel 中做某些事情。请注意，我们已经使用 Windows 的 Excel 2016 测试了这些方法。旧版本的 Excel 和 Macintosh 的 Excel 可能有些不同。

2.1　自变量和因变量

从广义的角度来看，用户体验研究中有两个变量：自变量和因变量。自变量是由用户体验研究者操纵与控制的变量，例如需要测试的两种备选设计或测试参加者的年龄。而因变量指你要测量的东西，例如任务成功率、错误数、用户满意度、任务时间等。本书讨论的度量大多是因变量。

当设计一个可用性研究时，用户体验研究者必须清楚自己计划操控什么（自变量）和测量什么（因变量）。最有意思的研究结果是因变量与自变量的交互关系，如一个设计是否会比其他设计更容易带来更高的任务成功率。

2.2　数据类型

自变量与因变量都可以使用下列四种基本的数据类型中的任何一个进行测量：称名数据（nominal data）、顺序数据（ordinal data）、等距数据（interval data）和比率数据（ratio data）。每种数据类型都有独一无二的特性，更重要的是只能用特定的方法予以分析和统计。用户体验研究者应该知道所收集的可用性数据的数据类型是什么，以及每种类型的数据能使用和不能使用的处理方法。

2.2.1　称名数据

称名数据也叫类别数据，指一些简单无序的群组或者类别。因为类别间没有顺序，所以只能说它们是不同的，但不能说其中一个好于另一个。例如，苹果、橘子和香蕉是不同的水果，但不能说其中哪种水果本质上要好于其他水果。这些词语只是名称，并不表明优劣性。

在用户体验领域，称名数据可以用来表示不同类型用户的特征，例如，Windows用户还是 macOS 用户、不同地域的用户或者不同性别的用户。这些都是典型的自变量，我们可以依据不同的组别来区分这些数据。如果一项研究中包括代表不同角色的用户，这些角色就可以被视为称名数据。称名数据也包括一些常用的因变量，例如，点击链接 A 而非链接 B 的用户数量，或者选择使用网站，而不是移动 App 的用户数量。

称名数据的编码

处理称名数据时，需要考虑的一个重点就是如何表示这些数据，或如何对这些数据进行编码。在统计分析程序（如 Excel）中，通常使用数字表示个体的组别归属。例如，将男性编码为组"1"，将女性编码为组"2"，将非二元编码为组"3"。但请记住，这些数字是不能作为数值进行分析的：这些数字的平均值是没有意义的（只是可以简单地将它们编码为"男"和"女"）。软件不能把这些被严格地用于某种编码的数字和具有真正意义的数值区别开来。

适用于称名数据的统计方法是一些简单的描述统计，如计数和频率。例如，45%的参与者是女性，200名参与者的眼睛是蓝色的，95%的参与者点击了链接A。

2.2.2 顺序数据

顺序数据是一些有序的组别或者分类。正如其名字所表述的，数据是按照特定方式组织的。在一个称名量表中，其中的值只是标签。它们没有测量任何东西。但在一个顺序量表中，数值将数据排列成一个有意义的顺序。可以将顺序数据看作有等级的数据。例如，在美国电影学会评选的前 100 名的电影列表中，处于第 10 位的电影《雨中曲》好于处于第 20 位的电影《飞越疯人院》。但是，这些评价并不代表《雨中曲》比《飞越疯人院》优秀两倍。这只表明至少根据美国电影学会的评选，一部电影的确好于另一部电影。由于等级之间的距离是没有意义的，所以不能说其中一个等级是另一个等级的两倍。顺序数据的排序可以是：较好或较差、更为满意或比较不满意、更为严重或比较不严重。相对等级（等级的顺序）是最重要的。

在用户体验研究中，最常见的顺序数据的例子来自任务成功和自我报告的数据。例如，74% 的用户可能成功地完成了一项任务，而 26% 的用户没有完成。或者用户可能被要求将一个网站评定为"极好""好""一般""差"。这些是相对的等级：用户体验研究者可以假设一个"极好"的网站比一个"好"的网站提供了更积极的用户体验，但这些评级并没有告诉我们它更积极了多少。或者，如果在一项研究中要求参与者对四种不同的网页设计按爱好程度进行排序，这也是顺序数据。没有理由认为：排在第一和排在第二的页面之间的距离等同于排在第二和第三的页面之间的距离。

对于顺序数据来说，最常用的分析方法是频率统计。例如，40% 的参与者评定为

"极好"，30% 的参与者评定为"好"，20% 的参与者评定为"一般"，10% 的参与者评定为"差"。计算平均等级可能是一种吸引人的想法，但是它在统计上是无意义的。

计算平均排名是合理的吗

假设有 10 名参与者在一项可用性研究中对他们所交互的三个设计进行排名，并得到了以下结果：

设计	P1	P2	P3	P4	P5	P6	P7	P8	P9	P10	平均值	第一 #	第二 #	第三 #
A	1	2	1	1	1	2	3	1	2	1	1.5	6	3	1
B	2	1	3	2	2	1	1	3	3	2	2.0	3	4	3
C	3	3	2	3	3	3	2	2	1	3	2.5	1	3	6

如"平均值"列所示，计算这三个设计的平均排名是否合理呢？换句话说，可以把获得最低平均排名的设计视为"赢家"吗？统计学纯粹主义者会说不，因为不能假设每个等级之间的间隔相等。相反，应该计算每个设计被排名为第一、第二或第三的频率。我们认为说 10 名参与者中有 6 名将设计 A 排在第一位比说它的平均排名为 1.5 更令人信服（也更容易理解）。

2.2.3　等距数据

等距数据是有序数据，而且测量值之间的差异是有意义的。我们大多数人最熟悉的等距数据的例子是温度。华氏 40 度和华氏 50 度之间的差异与华氏 60 度和华氏 70 度之间的差异相同。所有值之间的距离都是相同的。但与我们稍后将讨论的最后一种类型的数据即比率数据不同的是，等距数据没有真正的零点，这意味着被测量的属性不是一个完全客观存在的特征。将水的冰点称为 0 摄氏度或华氏 32 度是人为定的。因为 0 摄氏度并不意味着没有热度，只是表示温度量表上一个有意义的点。日期是另一个常见的等距数据的例子。

在用户体验研究领域，系统可用性量表（SUS）是一个等距数据的例子。SUS（详见第 5 章）是针对一些关于系统可用性的题目，用户通过自我报告而产生的数据。它的分数范围为从 0 到 100，SUS 分数越高，表示可用性越好。在这种情况下，SUS 上各点之间的距离是有意义的，表示感知可用性（perceived usability）上的递增或递减程度。但请注意，0 并不意味着完全没有可用性，因为它不是一个比率数据。

等距数据允许在一个大的范围内计算描述性统计，并且可以进行多种推断统计，从而可以将结果推论到一个较大的样本。与称名数据和顺序数据相比，等距数据可用的统计方法更多。本章将介绍的统计方法大部分适用于等距数据。

对于收集和分析主观评价的数据，人们一直在争论：这些数据应被当作顺序数据还是等距数据。请看这样两种评分标度：

○差　○　一般　○　好　○　极好

差　○　○　○　○　极好

乍一看，除了表达形式上的差异，这两个量表是相同的。第一个标度给每个项目赋予了外显的标签，使得数据具有顺序特征。第二个标度除去了选项之间的标签，仅给两个端点（endpoints）赋予标签，使得数据更具有等距特征。这就是为什么大多数主观评分量表仅给两个端点赋予标签或锚点，而不是给每个数据点都提供标签。请看经细微变化后的第二个标度的另一个版本：

差　○　○　○　○　○　○　○　○　极好

在这个标度中，用 9 点标记方法呈现，使其更加明显地表示此数据可以被当作等距数据处理。使用者对这种标度的合理理解是：标度上所有数据点之间的距离都是相等的。当你犹豫能否将类似这样的数据当作等距数据处理时，需要考虑一个问题：9 个数据点中的任意两个数据点的中间点是否有意义。如果这个中间点有意义，那么这种数据就可以作为等距数据进行分析。

2.2.4　比率数据

比率数据与等距数据相似，而且具有绝对的零点。这种数据的零点值不同于等距数据中人为定义的零点值有其内在的意义。对于比率数据，测量值之间的差异可以解释为比率。年龄、身高、体重和热力学温度都是比率数据的例子。在这些例子中，零点值即表示没有年龄、身高、体重或热量。

在用户体验领域，任务时间是最明显的比率数据。一项耗时 2 分钟的任务所花费的时间是一项耗时 1 分钟的任务的两倍。比率数据可以表示某一事物比另一事物快两倍或慢一半。例如，一个用户完成任务的速度是另一个用户的两倍。

所有你可以使用等距数据进行的分析用比率数据也都可以。尽管有一些相对模糊的分析只能用比率数据（例如，计算几何平均值），但就可用的统计数据而言，比率数据和等距数据之间确实没有什么差别。

2.3　描述性统计

描述性统计（descriptive statistics）对任何等距数据或比率数据来说都是最基本的统计分析。顾名思义，描述性统计仅对数据进行描述而不对较大的群体进行任何形式的推论。推论统计用于对一个远大于样本的较大群体提出一些结论或推论。

最常见的描述性统计包括对集中趋势的度量（如平均值）、对变异性的度量（如标准差），以及综合以上两个度量指标后计算出的置信区间。在接下来的部分中，我们将使用表 2.1 中的样例数据说明这些统计量。表中的数据呈现为任务时间（以 s 为单位），表示某可用性研究中的 12 名参与者中每人完成相同任务所用的时间。

表 2.1　某可用性研究中的 12 名参与者完成相同任务所用的时间

参与者	任务时间 /s
P1	34
P2	33
P3	28
P4	44
P5	46
P6	21
P7	22
P8	53
P9	22
P10	29
P11	39
P12	50

2.3.1　集中趋势的度量

简单地说，集中趋势的度量就是以某种方式选择单个数值来代表一组数值。最常见的三种集中趋势的度量是平均值（mean）、中数（median）和众数（mode）。

平均值就是多数人认为的均值：用所有数值的总和除以数值的数量。大多数用户体验度量的平均值都能提供非常有用的信息，也是可用性报告中最常采用的统计值。对于表2.1中的数据来说，平均值为421s/12=35.1s。

集中趋势的度量方法

在 Excel 中，任何一组数值的平均值都可以用 AVERAGE 函数来计算。中数则可以使用 MEDIAN 函数来计算；众数可以使用 MODE 函数来计算，如果无法计算（当每个数值出现的次数相同时会出现这种情况），那么 Excel 会输出 "#N/A"。

中数指当把数据从小到大排列后，位于中间的那个数字，数据中一半数值低于中数，一半数值高于中数。如果没有中间的数，那么可以取最中间的两个数的平均值作为中数。在表 2.1 中，中数为 33.5s（33 和 34 的平均值）：一半参与者完成任务时间快于33.5s，而另一半慢于 33.5s。在有些情况下，中数比平均值能揭示更多的信息。举个例子，假设第 12 名参与者的完成任务时间是 150s 而不是 50s，那么平均值就会变为 43.4s，但是中数没有发生变化，仍旧为 33.5s。判断哪个数值更有代表性取决于用户体验研究者，但这也说明了为什么中数有时会被使用，尤其是当存在那种偏差太大的值（或所谓的"异常值"）可能对平均值存在较大影响时。顺便说一下，中数只使用了一组数字的顺序属性，而忽略了它们之间的间隔。

众数是一组数据中出现次数最多的那个数值。在表 2.1 中，众数是 22s：有两名参与者以 22s 的时间完成了任务。在可用性测试的结果中，众数并不经常被报告。当数据是连续的且分布范围很广时（如表 2.1 中的任务时间），众数一般不是很有用。在数据所包含的数值范围有限（如主观评分量表）时，众数会更有价值。

报告数据时保留多少位小数

许多人在报告用户体验数据（平均时间、任务完成率等）时，常犯的一个错误是保留了远高于实际需要的精确程度。例如，表 2.1 中的平均时间是 35.08333333s。这是报告平均值的合适方式吗？显然不是。保留多位小数在数学上可能没错，但是，从实践角度看，这样的做法显得有些荒谬。谁会在意平均值是 35.083s 还是 35.085s？当被测量的任务需要大概 35s 完成时，几毫秒或几百分之一秒的差异是微不足道的。

所以，我们应该使用多少位小数呢？这个问题没有统一的答案，但具体操作时需要考虑原始数据的精确度要求、量级和变异性等因素。表 2.1 中的原始数据精确到秒。一个基本原则是：报告一个统计值（如平均值）所使用的有效数的位数不超过原始数据有效位数的一位。因此，在这个例子中，可以将平均值报告为 35.1s。

2.3.2 变异性的度量

变异性的度量（measures of variability）显示数据总体中数据的分散或离散程度。比如，这些度量能够帮助回答"大多数用户的任务完成时间都相近，还是分布于一个宽广的时间范围内"这样的问题。在用户体验研究中，一些变异是由参与者之间的个体差异引起的，可能是由所确定的自变量引起的，例如，正在测试的备选设计。有三种最常见的变异性度量指标：全距（range）、方差（variance）和标准差（standard deviation）。

全距是最小数值与最大数值之间的距离。就表 2.1 中的数据来说：全距是 32，因其最小时间是 21s，最大时间是 53s。取决于不同的度量，全距的数值变化范围可能会很大。例如，在许多评分量表中，全距通常限于 5 或 7，这取决于量表所使用的评价等级的数目。当研究中采用完成时间时，全距非常重要，因为它能用来确定"极端值"（全距中的极高或极低的数据点）。查看全距也是检验数据编码是否正确的一个好方法。如果全距是从 1 到 5，而数据中包含 7，就表示数据存在问题。

Excel技巧：方差的计算

在 Excel 中，通过使用 MIN 函数可以算得任意数据集中的最小值，而求最大值则可以使用 MAX 函数。全距则可以通过 MAX–MIN 来确定。方差可以通过 VAR 函数进行计算，标准差则可以通过使用 STDEV 函数进行计算。

方差可以说明数据相对于平均值或均值的离散程度。在计算方差的公式中，首先求各数据点与平均值的差，然后算得每个差值的平方，把得到的平方值进行求和，最后用样本数量减 1 之后的差值去除该求和，其结果即为方差。在表 2.1 中，方差是 126.4。

标准差是最常用的变异性度量，一旦知道了方差，就能够很容易地计算它。标准差其实就是方差的平方根。表 2.1 所示的这个例子中的标准差为 11.2s。理解标准差比理解方差稍显容易，因为它的单位与原始数据的单位是相同的（在这个例子中为 s）。

Excel技巧：描述性统计工具

有经验的 Excel 使用者也许会质疑我们为什么不直接推荐使用 Excel 中的描述性统计工具（在适用于 Windows 系统的 Excel 2016 中，可以通过使用"Excel Options">"Add-Ins"来添加数据分析工具）。这个工具可以计算平均值、中数、全距、全距标准差、方差，以及其他希望计算的数据。这是一个非常好用的工具。然而，这个工具有一个明显的局限：它计算出来的数值是静态的。原始数据更新后，通过这种方法计算出的数值不会相应地更新。我们有时会希望在实际收集数据之前先建立电子表格来分析研究中的数据，这样数据表会随着数据的不断收集而持续更新。这意味着我们需要使用可以自动更新的公式，比如 MEAN（平均值）、MEDIAN（中数）和 STDEV（标准差），而不是"描述性统计"工具。但在一次性计算出所有的统计量时，它是一个非常有用的工具。请记住，更新数据后，该工具计算出的数值并不会随之更新。

2.3.3　置信区间

置信区间是对数值范围的估计，用来说明某个样本统计值的总体真值。例如，假设我们想知道表 2.1 中所示样例的平均时间（35s），在多大程度上能够准确地代表所有可能用户的平均时间或总体的平均值。我们可以围绕平均值构建一个置信区间，来表示有充足理由确信一个可以涵盖该平均值总体真值的数值范围。"有充足理由确信"指我们需要选择确信的程度，换句话说，就是犯错的可能性。这就是所谓的置信区间，或者反过来说，也就是我们可以接受的错误水平或 α 水平。举个例子，一个样本的置信度为 95%，或者 α 水平为 5%，说明该样本平均值有 95% 的概率是正确的，而只有 5% 的概率是错误的。

下面是决定平均值的置信区间的三个变量：

- 样本大小或是样本中的数值数量。对于表 2.1 所示的数据，样本量为 12，因为有 12 名参与者。
- 样本数据的标准差。在这个例子中标准差是 11.2s。
- 用户体验研究者要选择的 α 水平。最常见的 α 水平（按照惯例）为 5% 和 10%。在这个例子中，我们选择了 5% 的 α 水平，相应的置信区间为 95%。

95% 的置信区间可以用如下公式进行计算：

$$95\% \text{ 的置信区间} = \text{平均值} \pm 1.96 \times \left(\text{标准差} \sqrt{\text{样本量}} \right)$$

其中，"1.96"是反映 95% 的置信区间的一个数值。其他置信区间也有对应的数值。这个公式表示置信区间会随着标准差（数据变异）的减小或样本量（参加者的数量）的增大而减小。

Excel技巧：计算置信区间

可以使用 Excel 的 CONFIDENCE 函数（见图 2.1）快速地计算置信区间。计算公式非常容易建立：

= CONFIDENCE(α 系数 , 标准差 , 样本大小)

α 值是所设定的显著性水平，典型的值是 5%（0.05）或 10%（0.10）。标准差可以通过 Excel 的 STDEV 函数很容易地计算出来。样本大小是要检验的样本数量或数据点的数目，通过 COUNT 函数能够容易地计算出这个值。图 2.1 是一个示例。对于表 2.1 中的数据，计算结果为 6.4s。由于平均值为 35.1s，因此这个平均值的 95% 置信区间是 35.1±6.4，或 28.7~41.5s。也就是说，这个任务的总体平均完成时间在 28.7~41.5s 的概率是 95%。

D6		fx	=CONFIDENCE(0.05,STDEV(B2:B13),COUNT(B2:B13))			
	A	**B**	**C**	**D**	**E**	**F**	**G**
1	参与者	任务时间 /s					
2	P1	34					
3	P2	33					
4	P3	28					
5	P4	44		95% 置信区间			
6	P5	46		7.14			
7	P6	21					
8	P7	22					
9	P8	53					
10	P9	22					
11	P10	29					
12	P11	39					
13	P12	50					
14							

图 2.1　利用 Excel 的 "CONFIDENCE" 函数计算 95% 置信区间

置信区间非常有用。我们建议在进行可用性研究时将置信区间的计算和报告当成汇报平均值的一个常规项。我们可以在平均值图形上标注对应的误差线，它们会形象、直观地展现出度量的准确程度。

如何确定使用哪个置信区间

如何确定使用哪个置信区间？从传统的角度说，通常使用的三个置信区间为99%、95%和90%（或者它们对应的α水平为1%、5%和10%）。关于使用这三个置信区间的历史，可以追溯到计算机与计算器诞生之前。那时，人们不得不在打印的表格上查看置信区间数值。人们在打印表格时不希望有太多版本，因此只选择了这三个。尽管现在的计算机发展水平允许人们选择任意的置信区间，但是因为这三个置信区间被长期使用，所以许多人在做数据分析时都从这三个中选择。在科学界和学术界，不小于95%是置信区间最常用的。在商业领域里，使用90%或95%是很常见的。

需要选择多大的置信区间，取决于用户体验研究者对涵盖平均值的置信区间需要或希望有多大的把握。如果用户体验研究者尝试去估计一个人在除颤器的操作下需要多长时间才能复苏，会非常希望自己对答案有把握，那么用户体验研究者将可能选择99%的置信区间。但是，如果只是估计一个人将一张新的照片上传到他的Facebook上需要多长时间，那么你也许对90%的置信区间就很满意了。

2.3.4 通过误差线来展示置信区间

现在让我们来看一下图 2.2 中的数据，这些数据描述了某原型网站的两种不同设计所能支持的付款时间——参与者在网站上购买产品所花费的时间。在这项研究中，10 名参与者使用设计 A 完成付款任务，另外 10 位使用设计 B 完成付款任务。参与者依据他们来参加研究的日子被随机安排在某个组中。两组的平均值和 90% 的置信区间都是通过 AVERAGE 和 CONFIDENCE 函数计算的。平均值通过柱状图进行表示，而置信区间表示为图上的误差线。可以清楚地看到，使用设计 A 的参与者结账的速度更快。只需要简单看一眼柱状图，就可以发现两个平均值的误差线（上下）没有重合的部分。当情况属实时，我们有理由认为使用设计 A 结账的速度比使用设计 B 更快。

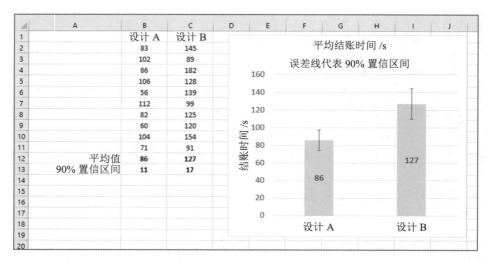

图 2.2　在柱状图上用误差线呈现置信区间

Excel技巧：添加误差线

一旦用户体验研究者创建了一个表现平均值的柱状图，如图 2.2 所示，就需要添加误差线来代表置信区间。以下是操作步骤：

（1）单击图表并选中它。

（2）在 Excel 菜单栏中，选择"图表工具"下的"布局"选项。

（3）在"布局"选项卡中选择"误差线 > 其他误差线"选项。

（4）在弹出的对话框中，选择底部的"自定义"选项。

（5）单击"指定值"按钮。在弹出的对话框中，可以为误差线提供正负错误值，正负错误值可以是相同的。

（6）单击用于指定"正错误值"的按钮，然后选择表格中表示为 90% 水平置信区间的那两个数据（图 2.2 中的 B13 和 C13 单元格）。

（7）单击用于指定"负错误值"的按钮，再次选择完全相同的单元格。

（8）关闭窗口后，误差线就呈现在图中了。

2.4 比较平均值

图 2.2 中的数据是一个比较平均值的例子，这是可以用等距数据或比率数据做的最有用的事情。我们也可以看看设计 A 是否比设计 B 有更高的满意度，或者设计 B 的错误数量是否更多。解决所有这些问题的最佳方法是统计后比较平均值。

比较平均值有多种方法，但是，在进行统计之前，用户体验研究者首先应该回答以下两个问题：

（1）是同一组参与者之间的比较还是不同组参与者之间的比较？图 2.2 中的数据来自两组不同的参与者，每组中有 10 人。像这种比较不同样本的情况，我们称为独立样本（independent samples）。但是，如果比较的是同一组参与者在两种不同产品或设计上的数据，则需使用配对样本（paired samples）进行分析。

（2）有多少样本需要进行比较？如果比较的是两个样本，那么可以使用 t 检验；如果比较三个或更多的样本，则使用方差分析（也叫作 ANOVA）。

2.4.1 独立样本

也许比较独立样本平均值的最简单的方法就是使用置信区间，像前面章节所描述的那样。在比较两个平均值的置信区间时，我们可以得出如下结论：

- 如果置信区间没有重叠，就可以有把握地认为两个平均值之间的差异显著（在所选择的置信区间上），这就是我们从图 2.2 中得出的结论。
- 如果置信区间有少量重叠，则两个平均值之间仍然可能存在显著差异，这时可以使用 t 检测来确认它们是否不同。
- 如果置信区间的重叠范围大，那么这两个平均值之间的差异就不再显著了。

下面以图 2.3 中的数据为例，介绍如何进行独立样本的 t 检验。这些数据表示两组参与者（参与者被随机分配至其中一个组）对两个不同设计使用舒适度的评分（1~5 之间）。我们已经计算了平均值和置信区间，并绘制了图表。但注意两个置信区间有少部分的重合：设计 A 的区间上限为 3.8，而设计 B 的区间下限是 3.5。在这种情况下，我们需要进行 t 检验来确认两者之间的差异是否显著（例如，你要做一个关于研究结果的演示，并且想确定平均值之间存在显著差异）。

图 2.3 独立样本的 *t* 检验示例

Excel技巧：进行*t*检验

如图 2.3 所示，你可以使用 TTEST 函数来进行 *t* 检验：

=TTEST（Array 1, Array 2, Tails, Type）

数列 1（Arry 1）和数列 2（Arry 2）是我们希望比较的两组数据。在图 2.3 中，数列 1 是用户对设计 A 的评价数据，数列 2 是用户对设计 B 的评价数据。尾（Tails）表示检验（中的 *p* 值）是单尾的还是双尾的。这与正态分布的尾（极端值）和考虑分布的一端还是两端有关。从实践的角度来说，这其实想问的是：在理论上，这两个平均值在某个方向上（如设计 A 高于或低于设计 B）是否可能存在差异。在我们处理的大多数情况下，这一差异可能是任一方向的，因此在这些案例中，正确的选择是 "B"，以进行双尾检验。一个使用单尾检验的例子是，在进行研究之前，你决定要知道设计 B 是否比设计 A 更好，而不仅仅是哪种设计最好。最后，Type 指 *t* 检验的类型。对独立样本（非配对的）来说，Type 是设计 B。

t 检验的返回值是 0.047。那么，如何解释这一结果？这个数据告诉我们这种差异不显著的可能性为 4.7%。由于我们是在 95% 的置信区间或 5% 的 *α* 水平上处理的，而这一结果小于 5%，所以这两个平均值在这一水平上存在统计学上的显著差异。因而你可以确信这种差异是真实存在的。另一种解释是，当实际上差异不存在的时候，有 4.7% 的概率会存在差异。

2.4.2 配对样本

当我们要比较同一组参与者的平均值时，应使用配对样本进行 t 检验。例如，你感兴趣的是两个原型设计之间是否存在差异。假如让同一组参与者先使用原型 A 完成任务，然后使用原型 B 完成类似的任务，并且测量的变量是主观报告的易用程度和任务时间，就可以使用配对样本进行 t 检验。

在针对这类配对样本的数据进行统计分析时，关键是将每个人与他们自己比较。从技术上说，就是关注每个人的数据在两个对比条件下的差异。让我们看一下图 2.4 所示的数据，这些数据表示在用户首次使用某个应用时，以及研究结束前再次使用这个应用时对易用性的评分。一共有 10 名参与者，每名分别做了初期和后期两次评分。图 2.4 显示了平均值和 90% 的置信区间。可以看出二者间的置信区间重合程度相当大。如果这些是独立样本，我们就可以得出二者之间无显著差别的结论。然而，这两组数据源于配对样本，因此对其做了配对样本的 t 检验（即类型 Type 为 1），结果是 0.0002，表示二者之间的差异很显著。

图 2.4 一个配对样本中的 10 名参与者，每名在任务初期和后期都对一个应用的易用性评分（1 ~ 5 分的量表）

我们稍微转换一下视角来看图 2.4 中的数据，结果如图 2.5 所示。这次我们加入了第三列数据，即用每名参与者后期评分减去初期评分，可以看出：10 名参与者中有 8 名参与者的评分增加了 1 分，而剩下的两名参与者的前后得分没有变化。柱状图呈现了这些初期后期评分差值的平均值（0.8）及其置信区间。针对这样的配对样本，最基本的检验方法就是看平均值差异的置信区间是否包括 0。如果不包括 0，则可以说明差异显著。

在配对样本检验中要注意的是，比较的来自两个数列的样本量要相等（虽然可能会有缺失值）。在独立样本检验中，样本量无须相等，某一组的参与者可以比另一组的参与者多。

图 2.5　与图 2.4 相同的数据，但增加了初期评分和后期评分的差值、差值的平均值及其 90% 置信区间

2.4.3　比较两个以上的样本

我们不总是只比较两个样本，有时候想要比较三个、四个甚至六个不同的样本。幸运的是，有一种方法不需要费太多的力气就可以进行这种比较，即方差分析（通常叫作 ANOVA）。它可以确定两个以上的组别之间是否有显著的差异。

Excel 可以进行三种类型的方差分析。这里仅给出一种方差分析方法的例子，叫作单因素方差分析，适用于仅需要对一个变量进行检验的情况。例如，比较参与者使用三个不同的原型时，在任务完成时间上是否存在差异。

让我们看一下图 2.6 所示的数据，它展现了三个不同设计的任务完成时间，共有 30 名参与者参加了这项研究，三个设计各有 10 名参与者使用。

Excel技巧：方差分析的运行

在 Excel 中进行方差分析需要使用统计分析包（Analysis ToolPak）。单击"数据"标签，选择"数据分析"选项，它可能位于工具条右侧。然后选择"方差分析：单因素"（ANOVA：Single Factor）。这表示只是检验一个变量（因素）。然后，确定数据范围。在我们的样例中（见图 2.6），数据呈现在 B、C 和 D 列中，我们将 α 水平设置为 0.05，在第一行中给相应的数列设置了标签。

	A	B	C	D	E	F	G	H	I	J	K	L
1		设计1	设计2	设计3		方差分析：单因素						
2		34	49	22								
3		33	54	28		汇总						
4		28	52	21		组	计数	求和	平均值	方差		
5		44	39	30		设计1	10	335	33.5	43.2		
6		21	60	32		设计2	10	490	49.0	63.3		
7		40	58	36		设计3	10	302	30.2	38.6		
8		36	49	27								
9		29	34	40								
10		32	46	37		方差分析						
11		38	49	29		变量	SS	df	MS	F	p 值	F_{crit}
12	平均值	33.5	49.0	30.2		组间	2015.3	2	1007.6	20.8	0.000003	3.4
13	90% 置信区间	3.8	4.6	3.6		组内	1306.1	27	48.4			
14												
15						总数	3321.4	29				
16												

图 2.6　三个不同设计的任务完成时间（三个设计分别由三组不同的参与者使用）及单因素方差分析的结果

统计结果显示在图 2.6 右侧的两部分。上面部分是数据的汇总。正如我们所看到的，设计 2 的平均时间明显较长，而设计 1 和设计 3 的平均完成时间较短。设计 2 的方差较大，而设计 1 和设计 3 的方差相对较小。下面部分说明了差异是否显著。p 值为 0.000003，表明该结果在统计上是显著的。准确地理解结果所表示的含义很重要：结果表明"设计"这一变量的效应是显著的。这一结果不一定表示每个设计的平均值都与其他两个设计的平均值存在显著的差异，而仅仅表示"设计"这一变量的总效应是显著的。为了了解任意一对平均值之间是否存在显著差异，可以对两组数值进行两样本 t 检验，例如正在向设计团队做演示，并且想知道设计 2 的平均速度是否比其他两个设计都慢。

2.5 变量之间的关系

有时候，知道不同变量之间的关系是很重要的。我们见过很多这种情况，有些人第一次观察可用性测试时就会注意到，参与者所说的和所做的并不总是一致。很多参与者使用原型完成一个简单的任务都很费力，但是，当要求他们评价原型的易用性时，他们经常会给予很高的评价。在本节中，我们提供了例子以说明如何进行分析以考查这种情况（或许不存在）。

当检验两个变量之间的关系时，先把数据可视化会很有用。利用 Excel 能够轻松地绘制出两个变量的散点图。图 2.7 就是一个散点图的例子，该例源于一个在线用户体验研究的实际数据。横坐标表示平均任务时间（分钟），纵坐标表示平均任务评分（1~5，数值越大，体验越好）。可以看到，平均任务时间越长，其评分越低。这种关系被称为负相关，因为随着一个变量（任务时间）的增加，另一个变量（任务评分）逐渐下降。这条贯穿数据的直线被称为趋势线（trend line）。在 Excel 中，用鼠标右键单击任意一个数据点，选择"添加趋势线"，就能够轻松地将其添加到散点图上。趋势线能够帮助用户体验研究者一目了然地观察两个变量之间的关系。在 Excel 中也可以显示 R^2 值（相关强度的测量值），具体做法可以是：用鼠标右键单击趋势线，选择"设置趋势线格式"，然后在弹出的窗口中勾选"显示 R^2 值"。

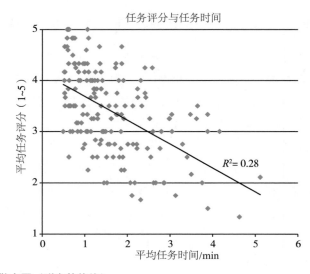

图 2.7　Excel 中的散点图（附有趋势线）

Excel技巧：计算相关性

我们可以使用 Excel 中的 CORREL 函数来计算任意两个变量关系的强度（如任务时间和任务评分）：

= CORREL (Array 1, Array 2)

其中，数列 1（Array 1）和数列 2（Array 2）是两列要进行相关分析的数据。分析后会得到一个相关系数，即 R。对如图 2.7 所示的数据，$R=-0.53$。相关系数测量的是两个变量之间的关联强度，这个值离 −1 和 +1 越近，关系越强；离 0 越近，关系越弱。负的 R 值则表示两个变量存在负相关的关系。相关系数的平方就是散点图中的 R^2 值（0.28）。

2.6 非参数检验

非参数检验用于分析称名数据和顺序数据。例如，用户体验研究者可能想知道：针对某项任务的成功和失败，客户和潜在客户之间是否存在显著差异；或者，专家（experts）、中等水平参加者（intermediates）和新手（novices）三者之间在对不同网站的排序上是否存在差异。为了回答与称名数据和顺序数据相关的这些问题，需要使用非参数检验。

非参数检验对数据做出的假设不同于先前介绍的平均值比较和描述变量之间关系时所做的假设。例如，当我们进行 t 检验和相关分析时，假设数据正态分布，而且数据的方差近乎相等。但是，称名数据和顺序数据的分布并不是正态的。因此，在非参数检验中，我们不会对数据做出同样的假设。例如，就任务成功率（二分式成功）来说，数据基于二项式分布，取值只有两种可能。一些人喜欢将非参数检验称为"分布无关性"（distribution-free）检验。非参数检验包括多种不同的类型，但我们仅介绍卡方（χ^2）检验，因为它是最经常被用到的。还有一些其他非参数检验用于比较中位数，例如 Wilcoxon Signed Rank、Mann-Whitney 和 Kruskal-Wallis 检验。具体参见 Hollander 等人（2013）对非参数检验的介绍。

卡方检验用来比较类别（或称名）数据。让我们看一个例子，假设我们有兴趣知道：在使用一个财务应用程序的任务成功率方面，三个不同的组别（新手、中等水平和专家）之间是否存在显著差异。一共测试了 60 名参与者，每组 20 人，记录了他们在某一任务上的成功或失败情况，还计算了每组参与者中成功的人数。在新手组中，20 人中有 6 人成功；在中等水平组中，20 人中有 12 人成功；在专家组中，20 人中有 18 名成功。我们想知道不同组之间是否存在统计学上的显著差异——也就是说，使用财务应用程序这一任务的成功率是否会随着 Excel 使用经验的增加而增加。

Excel技巧：卡方检验

在 Excel 中，你可以使用 CHITEST 函数来进行卡方检验。该函数计算的是观测值（observed value）与期望值（expected value）之间的差异是否仅由随机因素所致。该函数使用起来很简单：

= CHITEST(actual_range, expected_range)。

实际范围（actual_range）指每组参与者中成功完成任务的人数。预期范围（expected_range）指每组参与者中成功完成任务的平均人数。在这个例子里，总成功人数为 33，除以组别数 3，即预期范围等于 11。期望值指在三组参与者之间没有任何差异的条件下所预期的成功人数的值。

图 2.8 展示了数据格式和 CHITEST 函数的输出结果。在这个例子中，造成这种结果的数据分布由随机因素决定的概率约为 2.9%（0.029）。因为这一数值小于 0.05（95% 置信区间），我们就有理由认为：三组参与者的成功率在统计上存在显著差异。

C7		$f(x)$= CHITEST(B2:B4, C2:C4)		
	A	B	C	D
1	组别	观测值	期望值	
2	新手	9	11	
3	中等水平	9	11	
4	专家	18	11	
5	合计	33	33	
6				
7		卡方检验	0.029	

图 2.8 Excel 中卡方检验的输出结果

在这个例子中，我们仅检验了成功率在单一变量（"使用 Excel 的经验"）下的分布情况。在另外一些情况下，我们可能需要检验多个变量，例如，不同经验水平和设计原型。可以按照同样的方法进行这种类型的检验。图 2.9 展示了基于两个不同变量的数据：组别和设计。第 10 章介绍了一个更详细的卡方检验的例子，考查某在线网站两个备选网页所产生的数据（所谓的 A/B 测试）之间是否存在差异。

C13		$f(x)$ = CHITEST(B3:C5,B9:C11)		
	A	B	C	D
1		观测值	观测值	
2	组别	设计 A	设计 B	
3	新手	4	2	
4	中等水平	6	3	
5	专家	12	6	
6				
7		期望值	期望值	
8	组别	设计 A	设计 B	
9	新手	5.5	5.5	
10	中等水平	5.5	5.5	
11	专家	5.5	5.5	
12				
13		卡方检验	0.003	

图 2.9 Excel 中两个变量的卡方测试的输出结果

2.7 数据图形化

即使我们收集和分析的一组用户体验数据是当前最好的，但如果不能就这些数据与他人进行有效的交流，那么这些数据的价值也无法得以体现。在某些情况下，数据表当然有用；但在大多数情况下，我们需要用图形化的方式呈现数据。介绍如何设计数据图的优秀著作有很多，其中包括 Edward Tufte（1990，1997，2001，2006）、Stephen Few（2006，2009，2012）和 Dong Wong（2010）的著作。在本节中，我们的目的是简单地介绍一些在设计数据图时需要遵循的重要原则，特别是与用户体验数据相关的。

本节将围绕绘制下列五种基本数据图的技巧和技术来展开介绍。

- 柱状或条形图（column or bar graph）。
- 折线图（line graph）。
- 散点图（scatter plot）。
- 饼图或圆环图（pie chart）。
- 堆积条形图（stacked bar or column graph）。

在接下来的内容中，我们将通过对比正例和反例的方式来介绍不同类型的数据图。

数据图的绘制建议

为坐标轴和单位添加清楚的标签。虽然你很清楚数据中的 0 至 100% 表示的是任务完成率，但你的浏览者或许不清楚这一点。或许你知道图中显示的时间单位是分钟，但是你的浏览者却可能认为这个单位或许是秒或小时。要清楚地描述标签，对浏览者有帮助。例如，如果图表中的条形图代表任务，那么给它们添加"登录""结账"等标签可能要比标示"任务 1""任务 2"更有用。

不要过分地强调数据的精确性。将时间数据标示为"0.00s"至"30.00s"，或者将任务完成率标示为"0.0"至"100.0%"是不恰当的。在大多数情况下，整数是最好的形式。当然也有例外，如严格限定在一点范围内的度量、几乎总是以小数形式出现的统计值（如相关系数）。

不要单独使用颜色传达信息。虽然这一点对任何信息设计来说都是通用的原则，但它仍然值得强调。颜色常常被用于数据图的设计，但是请确保辅以位置信息、标签或其他线索信息，以帮助那些不能清晰分辨颜色的人理解数据图。

尽可能呈现置信区间。这一点主要适用于使用条形图和折线图呈现数据平均值的时候（时间、评分等）。通过误差线（error bars）呈现平均值的 95% 或 90% 置信区间是一个以视觉化表示数据变异性的好方法。

不要让图表承载过多的信息。即使能够将新手与专家参与者在 20 个任务上的任务完成率、错误率、任务时间和主观评定都整合到一张数据表中，也不意味着就应该这么做。

慎用三维图。如果你非常想用三维图，那么请仔细考虑它是否真的有帮助。在很多情况下，三维图上的数值很难被看清。

2.7.1 柱状图或条形图

图 2.10 展示了两个柱状图。柱状图和条形图是基本相同的，唯一的差别就是它们的朝向不同。从技术上说，柱状图是竖直的，而条形图是水平的。在实际使用中，大多数人会把这两种数据图统称为条形图，我们也会这么做。

条形图可能是呈现可用性数据时最常用的方式。在我们所见过的可用性测试数据的呈现中，几乎至少要包括一个条形图，无论用其来呈现任务完成率、任务时间、自我报告数据还是其他内容。下面是使用条形图的一些原则。

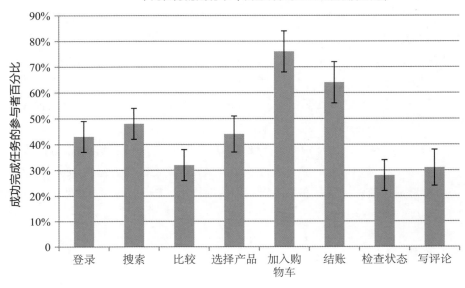

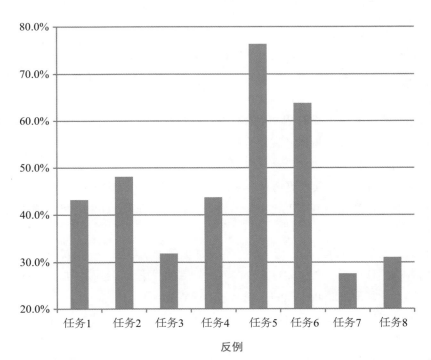

图2.10 使用条形图来呈现相同数据时的正例和反例。反例存在的问题有：没有添加数据图坐标轴标题；纵坐标轴没有从0点开始；没有显示置信区间；纵坐标轴刻度使用了过高的精确度

- 条形图适用于呈现离散变量或类别（如任务、参与者、设计等）上的连续数据的值（如时间、百分比等）。如果两个变量都是连续的，那么折线图更适合。

- 连续变量的坐标轴（见图 2.10 的纵坐标轴）通常需要从 0 开始标示。条形图背后的整体逻辑是：条形的长短表示数值大小。如果坐标轴不以 0 为起点，就会在长度方面给人造成一种假象。图 2.10 中的反例就会给人这样一种假象：任务间的差异大于它们之间实际的差异。在图中标注误差线也许可以摒弃这种假象，使人分清哪些差异是真实的，而哪些不是。

- 不要让连续变量的坐标轴高于其理论上可能的最大值。举例来说，如果你要呈现出成功完成每个任务的参与者百分比，那么理论上的最大值为 100%。如果某些值接近最大值，特别是在呈现误差线的前提下，Excel 及其他软件包会自动地提高刻度（高于最大值）。

2.7.2　折线图

　　折线图（见图 2.11）常用于显示连续变量的变化趋势，特别是随时间变化的趋势。在呈现用户体验数据时，虽然折线图不如条形图常用，但是它也有自己的作用。以下是使用折线图的一些关键原则。

- 折线图适用于呈现这样的数据：一个连续变量（如正确率、错误数等）是另一个连续变量（如年龄、实验试次等）的函数。如果其中一个变量是不连续的（如性别、参与者、任务等），那么条形图更合适。

- 呈现数据点。真正重要的是实际的数据点，而不是线条。线条的意义只是把数据点连接起来，以使数据所表现出来的趋势看起来更明显。在 Excel 中，可能需要增大数据点的默认尺寸。

- 使用适当粗细的线条使之更清晰。太细的线条不仅难以看清，而且难以分辨颜色，还有可能暗示数据的精确度比实际的精确度要高。在 Excel 中，可能需要提高线条的默认宽度（磅数）。

- 如果线条数量大于 1，那么请为每条线添加图例说明。在一些情况下，手动将图例的各标签移进数据图中并将其放在各自对应的线条上，会使图形更清晰。要做到这一点，必须借助 PowerPoint 或其他绘图软件。

- 与条形图类似，折线图的纵坐标轴通常也从 0 开始，但是在折线图中，这一点并不是必要的。条形长度对条形图来说是十分重要的，折线图中没有使用这样的条形，因此，纵坐标轴有时以一个较高值为起点可能更合适。在这种情况下，你需要恰当地标记纵坐标轴。

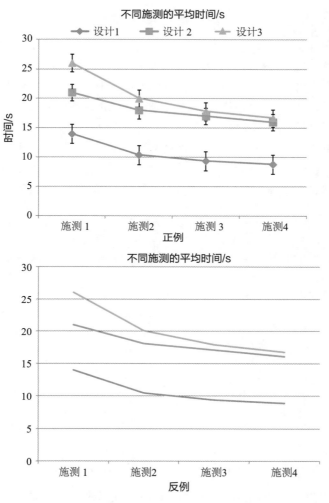

图 2.11 折线图的正例与反例（所用的数据相同）。反例存在如下问题：没有标注纵坐标轴；没有标示出数据点；没有包含图例；没有显示置信区间；所用线条宽度（磅数）太小

折线图与条形图的对比

有些人可能碰到这种情况：呈现一组数据时，很难决定是使用折线图合适还是使用条形图更合适。我们见过的数据图形化的例子中，最常见的错误是在更适合使用条形图的时候却使用了折线。如果你考虑要使用折线图呈现数据，那么可以先问自己一个简单的问题：数据点之间的连线有意义吗？换句话说，即使在这些连线位置中没有数据，如果添加上，它们就会有意义了吗？如果它们没有任何意义，那么条形图则更合适。

例如，从技术上讲，以折线图的形式呈现图 2.10 中的数据是可能的，如图 2.12 所示。然而，你要思考诸如"任务 $1\frac{1}{2}$"或"任务 $6\frac{3}{4}$"是否有意义，因为连线线条暗示它们应该有意义。很显然，它们是无意义的，因此，条形图是更合适的呈现方式。折线图中图形的变化趋势可能会引起读者的兴趣，但这种表达方式是有误导性的。

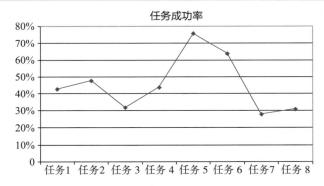

图 2.12　对图 2.10 所示的数据所做的一种不恰当的折线图。线的走势似乎说明不同的任务是连续的，但实际不是

2.7.3　散点图

散点图（见图 2.13）也称为 X/Y 图，用来显示成对的数值。虽然它们在可用性报告中并不常见，但在某些特定的情况下，它们是非常有用的。以下是关于使用散点图的一些关键原则。

- 要图形化的数据必须是成对的。一个经典的例子是一组人的身高和体重。每个人显示为一个数据点，而两个轴则可以分别是身高和体重。
- 在通常情况下，两个变量是连续的。在图 2.13 中，纵坐标轴表示 42 个网页视觉吸引度评价的平均值（来自 Tullis & Tvullis，2007）。虽然标度最初只有四个值，但其平均值接近于连续。横坐标轴表示网页上最大非文本图片的大小（单位为 k 像素），是真正的连续变量。

- 使用适当的刻度。在图 2.13 中，纵坐标轴上的值不能低于 1.0。因此，合适的做法是以这一点为起点，而不是以 0 为起点。
- 以散点图的方式呈现数据通常是为了显示两个变量之间的关系。因此，在散点图上添加趋势线通常是有帮助的，就如图 2.13 中正例所显示的那样。用户体验研究者可能需要加入 R^2 值以表示拟合度。

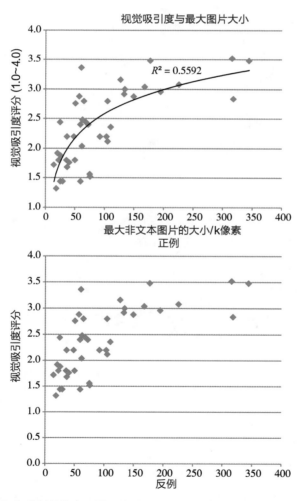

图 2.13　基于相同数据而绘制的散点图正例与反例。反例中存在如下问题：不合适的纵坐标轴刻度，没有标示视觉吸引度评价的评分范围（1.0~4.0），没有标示趋势线，没有标示拟合度（R^2）

2.7.4 饼图或圆环图

饼图或圆环图（见图2.14）显示了整体的各部分或相应的百分比。饼图和圆环图之间的唯一区别是，是否显示图表的中心部分，即"圆环孔"。当要说明整体中各部分的相对比例（例如，在可用性测试中，有多少参与者成功完成、失败或者直接放弃某个任务）时，饼图是非常有用的。

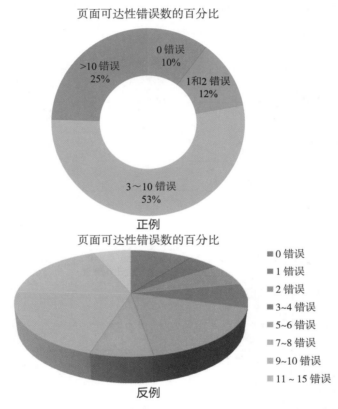

图 2.14 基于相同数据而绘制的饼图或圆环图正例与反例。反例的问题包括：组块或模块过多，图例放置位置较差，没有显示各组块的百分比，使用了 3D 图（在这种情况下绘制这种图形的人应该"挨打"）

以下是使用饼图和圆环图的一些关键原则。

- 饼图和圆环图仅适用于各部分相加为 100% 的数据。用户体验研究者需要考虑各种情况，在某些条件下，这意味着要创造一个表示"其他"的类别。

- 令饼图或圆环图中的块数最少。即使反例（见图2.14）的做法在技术上是正确的，但是它几乎没有带来任何实际的意义，因为它分割的组块过多。使用时，请尽量不要超过 6 个组块，就像正例中所做的一样，逻辑化地组合各组块，可以使结果更加清晰。

- 在绝大多数情况下，都要提供每个组块的百分比和标签。通常，它们应与各组块相邻近，有必要的话可以用导引线连接。为了避免重叠，有时候用户体验研究者还必须手动调整相关标签。

饼图还是圆环图

饼图或圆环图应该选择哪个呢？我们最近收集的但尚未公布的一些数据表明，圆环图可能比饼图更有效一些。我们认为这与浏览者在这两种图表中所关注的焦点有关。在饼图中，浏览者的视线会被吸引到饼图的中心。但在圆环图中，浏览者的视线会被吸引到外围。而且，与中心相比，从外围看更容易判断不同组块的相对大小。

2.7.5　堆积条形图

堆积条形图（见图 2.15）本质上是多个显示为条形图的饼图。假如有一系列的数据集，且每个数据集都代表总体数据的一部分，那么使用这种类型的图形是合适的。在用户体验数据中，最常见的是呈现每个任务不同的完成情况。以下是使用堆积条形图的一些关键原则。

- 与饼图类似，堆积条形图仅适用于每个条目的各部分相加为 100% 的情况。
- 系列数据集中的条目通常是分类别的（如任务、参与者等）。
- 使每个条形中的分割组块数最少。如果每个直条分割的组块数超过三个，就会给解释带来困难。恰当的做法是合并某些部分。
- 尽可能使用受众熟悉的颜色编码习惯。比如，对有的人来说，绿色是好的，黄色表达临界状态，红色是不好的。如图 2.15 所示的正例，利用这些用户习惯的编码方式会有帮助，但是不能单纯依赖它们。
- 使用有意义的标签。浏览者可以很容易地知晓参与者正在尝试的任务的性质。例如，搜索功能的设计存在明显的问题。

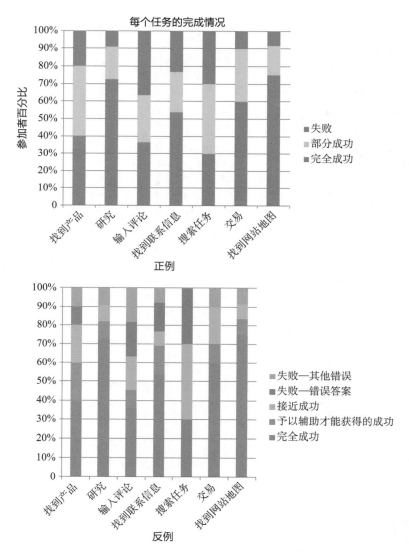

图 2.15　基于相同数据而绘制的堆积条形图正例和反例。反例存在如下问题：分割的组块过多、颜色编码糟糕、没有标示纵坐标轴标题

2.8　总结

　　本章主要介绍的是如何了解数据。对数据越了解，越可能清晰地回答自己的研究问题。以下是本章关键内容的总结。

1. 了解数据对分析结果来讲是至关重要的。用户体验研究者手头上数据的具体类型决定了能（与不能）使用的统计方法。

2. 称名数据是分类的，例如：二分式任务成功/失败、男性/女性。称名数据通常用频率或百分数来表示。可以用卡方检验来了解频率分布是不是随机的，或这种分布是否具有一些潜在的意义。

3. 顺序数据是排序形式的，如可用性问题的严重性等级评估。分析顺序数据时也要使用频率，并且也能用卡方检验来分析其分布模式。

4. 等距数据是连续的，各点之间的距离是有意义的，但没有绝对零点。SUS分数就是一个例子。等距数据可以用平均值、标准差和置信区间来描述。同一组用户内（配对样本 t 检验）或不同组用户间（独立样本 t 检验）的平均值，都可以进行比较。方差分析（ANOVA）用于比较两组以上的数据。相关分析用于检验变量之间的关系。

5. 比率数据与等距数据类似，但具有绝对零点。任务完成时间就是一个例子。本质上，适用于等距数据的统计方法同样适用于比率数据。

6. 在可以计算平均值的任何时候，都可以计算这个平均值对应的置信区间。在表示平均值的图形上可以呈现置信区间，这可以帮助浏览者了解数据的准确性，而且使他们很快了解平均值之间的差异。

7. 使用图表来交流数据。利用 Excel 等工具的灵活性，为图表、坐标轴和类别创建有意义且清晰的标签。不要使图表信息过载，并且在使用 3D 图表的时候要小心。

8. 当使用图形化的方式呈现数据时，需要选择适当的类型。条形图适用于表示类别数据，而折线图适用于表示连续数据。饼图或堆积条形图适用于表示总量为100%的数据。

第3章
规划

充分准备是任何成功的用户体验研究的关键。即使在本章中没有其他收获，我们也希望读者能记住进行用户体验研究时都要提前做准备，尤其在数据收集的环节更应如此。

在规划任何用户体验研究时，都必须明确几个宏观的问题。首先，需要确定用户体验研究的目标。例如，想尝试优化一项新功能的用户体验；打算给已有产品确定一个用户体验基线；是试图找出最重要的可用性问题，还是度量对设计的偏好。其次，需要了解用户体验目标。例如，用户是否只是想简单地用产品完成一个任务，就不再用，还是会在日常活动中多次使用该产品。最后，还需要了解商业目标，例如，有哪些商业目标可以具体体现到所期望的用户行为上；商业赞助商是否专注于新技术的采纳、提升用户参与度、降低关键交易中的退出率。了解用户体验研究的目标、用户体验目标和商业目标可以引导我们选择正确的用户体验度量。

许多实际操作的细节同样是必要的。比如，用户体验研究者必须决定采用一种最有效的评估方法：多少名参与者就足够获得可靠的反馈，用户体验度量会如何影响产品开发时间和预算，以及如何收集和分析数据才最合适等。通过回答这些问题，用户体验研究者可以为开展任何与度量相关的用户体验研究做好充分的准备，从而节省时间和费用，让产品具有更大的影响力。

3.1 用户体验研究的目标

在规划用户体验研究时，首先需要做的决定是：数据最终在产品开发生命周期中是如何使用的。使用用户体验数据有两种主要方式:形成性(formative)和总结性(summative)。

3.1.1 形成性研究

当进行形成性研究时,用户体验研究者很像一位厨师,在菜肴的准备过程中定期检查并做出对最终结果有积极影响的调整。厨师可以先加一点盐,再多放一点香料,最后在上桌前加少量辣胡椒。厨师定期评估、调整,然后再次评估。形成性研究与此如出一辙,用户体验研究者在形成产品或设计的整个过程中,要定期评估一个产品或设计,发现其中的缺点、提出修改建议,再不断地重复评估、修改,直至最终完成的产品尽可能地接近完美。

形成性研究的关键在于评估的迭代性、发生的时间和样本量。其目标是在发布产品之前对设计进行改进,即发现或分析问题、提出修改建议,在完成修改后再次评估。形成性研究总是在设计最终确定之前进行的。事实上,越早进行形成性研究,其对设计的影响就越大。大多数形成性研究涉及的样本量小,通常在 8 到 12 名参与者的范围内。当用户体验研究的目标是发现问题时,这种小的样本量是可以的。然而,如果用户体验研究的目标是度量偏好,则需要更大的样本量,通常至少需要几百名参与者。

形成性研究可以解答以下问题。

* 有哪些重大的可用性问题让用户无法完成他们的使用目标或导致效率低下?
* 产品的哪些方面让用户用起来感觉良好?哪些方面令他们沮丧?
* 用户通常犯哪些常见的失误或错误?
* 产品在经过一轮设计评估迭代后是否有所改进?
* 产品上市后可能还存在哪些用户体验问题?

最适合进行形成性研究的条件就是,当一个能够明显改进设计的机会自己出现的时候。在理想情况下,设计允许被多次评估。如果没有机会通过评估结果去影响设计,那么进行形成性研究很可能是浪费时间和金钱。虽然让大家认可形成性研究的价值通常并不是一个问题,因为大多数人能明白它的重要性,但是最大的障碍常常是有限的预算或时间,而不是看不到形成性研究的价值。

3.1.2 总结性研究

继续我们的烹饪比喻。总结性研究是在菜肴出炉后对其进行评估。用户体验研究者进行总结性研究就像是一个美食评论家在一家餐馆对几款菜肴的样品进行品评,或者在多家餐馆对同一款菜肴进行品评。总结性研究是评估一个产品或者一项功能与其预期目标契合得有多好。总结性研究也可以用于对多款产品的比较研究。形成性研究关注发现改进产品的方式或途径，而总结性研究注重的是根据一系列的原则标准进行评估。总结性研究可以解答下列问题。

- 我们是否实现了产品的用户体验目标？
- 产品的总体用户体验是怎样的？
- 产品与竞品相比如何？
- 与上一版已发布的产品相比，新版产品是否有进步？

一次成功的总结性研究，仅仅知道结果，对大多数组织来说是不够的，通常还会有一些后续活动。例如，争取到经费以提升产品的功能，发起一个新项目解决突出的可用性问题，甚至是对高层管理者将要评估的用户体验改动设定基线。我们建议在计划任何总结性研究时都要同时考虑后续活动。

形成性与总结性

形成性与总结性这两个术语是从教学环境中演变而来的。教师基于正进行的课程，在课堂上进行测验（类似非正式观察和"突击考试"）被称为形成性评估。而总结性评估则是在某个时间段结束之后进行的（例如"期末考试"）。这两个术语最早用于可用性测试，源于英国约克大学一次会议上由 Tom Hewett 报告的一篇论文（Tom Hewett，1986）。那也是我们中的一人（Tullis）第一次遇见 Tom Hewett，因为这二位是会议上仅有的两个美国人！至今我们仍是很好的朋友。

3.2 用户体验目标

当计划一个用户体验研究时，用户体验研究者需要了解用户及其使用产品的目的。例如，用户是否因为工作要求而每天使用该产品？用户可能只使用此产品一次或仅仅几次？他们是否将此产品作为一种娱乐活动经常使用？了解用户在意什么是至关重要的。用户是否只想完成一项任务，还是快速完成任务？用户是否在意产品设计的美观性？所有的这些问题都可以分别归结到度量用户体验的三个重要方面：用户绩效、用户偏好和用户情感。

3.2.1 用户绩效

用户绩效与用户使用产品、与产品发生交互所做的全部工作都有关，包括度量用户能成功完成一个任务或一系列任务的程度。许多关于任务的绩效度量也是非常重要的，包括完成每个任务的时间、完成每个任务所付出的努力（例如，鼠标的点击数或认知努力的程度）、所犯错误的次数及熟练执行任务所需的时间（易学性）。绩效度量对很多产品和应用都至关重要，尤其是对那些用户无法选择其使用方式的产品（比如，公司的一些内部应用软件）。如果用户使用一个产品无法完成一些关键任务，那么这个产品很可能会失败。第4章会介绍不同类型的绩效度量。

3.2.2 用户偏好

用户偏好这一主题，没有好与坏或对与错之分。用户可能对用户体验的多个方面都有强烈的偏好，包括美学或视觉吸引力、各种功能的有用性或系统的感知价值等。例如，一个用户可能非常喜欢信息丰富的系统，而另一个用户则明显倾向于更精简的设计。这两个用户都没有对或错，而是持有一种对哪种系统对他们最有用的偏好。度量用户偏好是设计最佳用户体验的关键因素。虽然通过小样本量就能可靠地识别出可用性问题（参见第6章），但用户偏好的度量需要较大规模的样本量。因此，当度量用户偏好时，必须特别考虑采用容易获取更大样本量的数据收集策略。第5章介绍了度量用户偏好的多种方法。

3.2.3 用户情感

现在，设计出易用高效的产品已经不再是一个足够好的目标了，产品和服务还需要提供更好的情感效果以保持竞争优势。用户的情感体验会因具体的产品或服务及其使用环境的不同而有很大的差异。一些产品和服务旨在给用户建立更大程度的信任感和信心，而其他产品和服务则侧重于提高参与度。一些产品和服务想要建立更为积极的情感体验，以配合其品牌战略。根据不同的用户体验目标，可以采用不同的用户体验度量指标和数据收集技术。第8章介绍了用来度量用户情感的最新技术和度量指标。

绩效与满意度是否相互关联

也许挺让人吃惊的，绩效与满意度并非总是紧密相关的。我们曾经看到很多类似的例子，一个用户在完成一个产品的一些关键任务时感到非常困难，但是最后给出了相当高的满意度评分。相反，我们也曾看到过用户对一个产品的满意度评分很低，这个产品却非常好用。所以，在获得用户体验的总体和准确的评估时，绩效度量和满意度度量两方面都需要考虑，这是很重要的。我们对两种绩效指标（任务成功率与任务完成时间）和满意度指标（任务容易度评分）之间的关系很感兴趣。因此，我们观察了以往开展的 10 项可用性研究的数据。每项研究的参与者从 117 名到 1036 名不等。与预期的一样（时间越长，满意度越低），大多数任务完成时间与任务评分之间呈负相关，相关系数从 –0.41 到 0.06 不等。而任务成功率与任务评分之间基本是呈正相关的，相关系数在 0.21 到 0.65 之间。以上数据展示了绩效与满意度之间的关系，但也并非总是如此。

3.3 商业目标

用户体验研究者不仅需要同时考虑用户体验研究目标和用户体验目标，还需要牢记商业目标。毕竟，商业利益相关者很可能会赞助用户体验研究。开始理解商业目标的最好方法之一是进行利益相关者访谈，在那里用户体验研究者可以清楚地了解他们真正关心的是什么。任何访谈尤其是利益相关者访谈的基础都是倾听。当你问利益相关者的目标时，要特别注意他们首先提到的是什么，以及他们最关心的是什么，是什么让他们夜不能寐，他们的绩效是如何考核的，以及用户体验在他们的个人目标或团队目标中是如何发挥作用的。利益相关者访谈不仅仅是倾听，更是将他们关心的内容转化为研究计划，这样用户体验研究者就能够获取数据，进而为他们的问题提供答案或解决他们的担忧。

在更精细的层面上，对用户体验进行度量应该考虑到与商业目标直接相关的特定元素。例如，一个组织可能试图增加特定产品的销售额，或降低与重要功能相关的支持成本。这时候，用户体验度量计划就需要了解用户体验的每个要素如何与特定的商业目标相关联。通过理解这种关系，用户体验研究者不仅能够确定出用户体验度量指标的优先级，而且能够以一种与商业利益相关者产生明显共鸣的方式解释和呈现它们。

敏捷开发和用户体验度量

敏捷开发过程的核心原则之一是通过出色的设计提供客户满意度。幸运的是，这与我们作为用户体验专业人士所做的完全一致。然而，在实践中，它并不那么美好。许多参与过敏捷开发的人都知道，用户体验研究经常被缩减，或者干脆从整个产品开发过程中被剔除。对此最典型的说辞是要压缩计划日程，以产品交付为重。

那么，用户体验能如何"挤入"同时不会拖慢敏捷开发过程呢？好消息是，有一些简单的用户体验研究方法和更"敏捷友好"的用户体验度量指标可供使用。一种显而易见的方法是每隔 2~3 周进行一次为期 1 天的可用性测试。常规性地获取定性和定量的用户数据将有助于敏捷开发团队纠正他们的设计，并可告知他们产品在可用性方面的表现如何。沿着这些思路，我们还利用了轻量级的在线调查来关注一些关键问题，比如对各种功能、术语或设计方案的有用性进行排名。这些调查通常在 1 天内即可设计完成并启动。这样，以有限分析的方式，便可使关键问题在不到两天的时间内得到解答。在这种情况下，能轻松地接触一群参与者是非常有帮助的。最后，在每 4~6 个设计冲刺（design print）之后，或者当有足够的时间来评估少数关键用例时，就可以协商进行几次"部分总结性"评估。这将会提供非常有用的用户体验度量指标，在产品发布之前作为设计过程的一部分使用。总之，无论用户体验研究者发现什么对敏捷开发有效，都要好好利用。不要让压缩的开发时间表，阻碍你进行至少某种类型的用户体验研究。查阅 Babich（2018）整理的文献，可以了解更多关于敏捷开发和用户体验度量的内容。

3.4 选择合适的用户体验度量指标

在选择用户体验度量指标时，需要考虑很多方面的问题，包括用户体验研究目标、用户目标、用于收集数据的方法，以及用户体验研究项目的预算和时间。因为每个用户体验研究都有其特有的属性，我们无法为所有类型的用户体验研究确定出精确的度量指标。这里我们列出 10 种主要的用户体验研究场景，并针对每种场景提出了度量建议如表 3.1 所示，下面将分别详细讨论这 10 种场景。这里提供的建议仅供用户体验研究者在进行具有一系列类似特征的用户体验研究时参考。一些非常重要的用户体验度量可能没有被列入其中。同样，我们也强烈建议研究人员深入挖掘原始数据，并发展出新的对项目目标更有意义的度量指标。

表 3.1　10 种常用的用户体验研究场景和可能适合每个场景的度量指标

用户体验研究场景	任务成功	任务完成时间	错误	效率	易学性	可用性问题度量	自我报告度量	眼动追踪和情感度量	组合与比较度量	网站分析	卡片分类/树形测试
完成一个任务	×			×		×	×			×	
比较产品	×			×			×		×		
评估同一产品的使用频率	×	×		×	×		×				
评估导航和/或信息架构	×		×	×							×
提高产品知晓度							×	×		×	
问题发现						×	×				
使紧要产品的可用性最大化	×		×	×							
创造整体正向的用户体验							×	×			
评估产品微小改动的影响										×	
不同设计方案的比较	×	×				×	×		×		

3.4.1　完成一个任务

许多用户体验研究旨在使任务进行得尽可能顺畅。这些任务可能包括用户完成一次购买交易、注册一个新的软件或者重置密码。一个任务通常有清晰界定的开始和结束状态。例如，在一个电子商务网站或移动 App 上，一个任务可以开始于用户将选择的货物放在他的购物车内，结束于他在确认付款界面上完成这次购买。

也许用户体验研究者要关注的第一个度量是任务成功，每个任务都会被标记为成功或失败。显然，所有的任务都需要有一个可清楚定义的结束状态，比如确认交易已成功完成。

报告成功完成任务的参与者百分比是度量任务整体有效性的一种非常好的方式。如果任务发生在网站或移动 App 上，分析交易退出率很有用。通过了解用户是在哪个环节流失的，用户体验研究者就能聚焦在任务完成流程中最有问题的环节上。

计算问题严重性有助于缩小任务完成流程中存在特定可用性问题的范围。通过给每个可用性问题确定严重性等级，用户体验研究者就能集中关注任务实成流程中高优先级的问题。有两类自我报告度量也十分有用：再次使用的可能性和用户期望。在用户能选择在哪里执行任务的情况下，了解他们的体验就很重要了。最好的了解方式之一就是问参与者是否会再次使用这种产品，以及该产品是否满足或超过了他们的预期。当用户必须多次完成同一个任务时，效率就是一个合适的度量指标，通常以单位时间内的任务完成率来度量。

3.4.2　比较产品

与竞品或上一版产品相比，目标产品表现如何？了解这一点通常是很有用的。通过比较，可以确定目标产品的优点和缺点，以及这一版产品与上一版相比是否有改进。比较不同产品或同一产品不同版本的最佳方式是使用各种用户体验度量。所选择的度量类型需要基于产品本身的诉求。有的产品目标是效率最大化，而其他产品则要设法创造超凡的用户体验。

对多数产品而言，我们都会推荐三类常规度量来获知整体的用户体验。首先，我们建议关注一些与任务成功相关的度量。能够正确地完成一个任务对绝大多数产品而言是至关重要的，其中，关注效率也十分重要。效率可以是任务完成时间、页面浏览的数量（就一些网站而言）或者是进行操作的步骤数。通过了解效率，我们可以对此产品的使用难易程度有一个很好的认识。其次，一些关于满意度和特定情感体验的自我报告度量，则可以很好地总结用户的整体使用体验。满意度和情感度量对那些用户有多种选择的产品是最有意义的。最后，比较不同产品用户体验的最佳方式之一是组合与比较度量。这将从用户体验的角度对产品进行全面可行性的比较。

3.4.3　评估同一产品的使用频率

许多产品会被频繁或较频繁地使用，如微波炉、移动电话，以及工作场所使用的网络应用软件，甚至还有我们用来写这本书的软件程序。这些产品使用起来需要既简单又高效。发送一条短信或下载一款应用，完成类似这样的任务应该尽量简单。大多数人没有时间和耐心去对付那些难用和低效率的产品。

我们推荐的度量是任务完成时间。测量完成一系列任务所需要的时间可以显示完成这些任务所需的努力程度。对绝大多数产品而言，完成任务的时间越短越好。由于有些任务本身就很复杂，所以可以比较参与者的任务完成时间与专家的任务完成时间。效率度量，比如完成任务步骤数或页面浏览量（就一些网站而言），在这里也是有用的。在这类度量中，也许完成每一步骤的时间很短，但是在完成一个任务时需要做出很多相应的决策。

易学性度量评估的是达到最高效率需要多少时间或付出多少努力。易学性可以用以上所讨论的各种效率度量的形式表示。在某些情形下，也可以用自我报告度量，比如知晓度（awareness）和有用性。通过比较用户对产品知晓程度和感知有用性之间的差距，可以发现产品中需要提升或重点突出的方面。例如，用户也许对产品的某些部分知晓度较低，但是一旦他们使用了，就会发现它非常有用。

3.4.4 评估导航和／或信息架构

许多用户体验研究关注改进产品的导航和／或信息架构。这对网站、软件程序、手机应用、消费类电子产品、交互式语音响应系统或者任何信息丰富的产品来说最常见。这包括如何确保用户快速和轻易地找到他们需要的内容、轻松地在产品模块间进行切换、知道他们当前在整个菜单结构中的哪个部分，以及清楚有哪些可选项。通常，这类研究要用到线框图或已实现部分功能的原型。导航、信息工作系统及信息架构对产品设计是如此的重要，以致几乎在任何其他设计工作开展前都必须完成。

评估导航的最佳度量之一是任务成功。让参与者完成一系列寻找某些关键信息的任务（类似寻宝／清障游戏），就能了解产品的导航和信息架构设计是否合适了。所给的任务必须涉及产品的各个部分。一个用于评价导航和信息架构的有用的效率度量被称为迷失度（lostness），它关注的是用户完成一个任务（如网页浏览）所用的实际步骤数（要与完成该任务所需的最小步骤数进行比较）。

卡片分类（card sorting）是一种非常有用的了解用户如何组织信息的方法。有一种卡片分类研究叫作闭环分类（close sort），就是让参与者将信息条目放入已定义好的类别中。从闭环分类研究中演化出的一种有用的度量是被放进正确类别中的信息条目数占总条目数的百分比。树形测试（tree testing）正变得越来越流行。它吸收了类似直接度

（directness）和成功率（success）这类测试效率（点击次数）的度量指标，适合用于找到正确的信息卡片或条目。这种度量反映的是产品信息架构设计是否直观。有一些有用的在线工具可用来收集、分析此类数据，如 Optimal Sort 和 Treejack（由新西兰的 Optimal Workshop 设计）。

3.4.5 提高产品知晓度

不是所有的设计进行用户体验评估的目的都是让其更好用或效率更高。某些设计的改进是为了增加用户对某些内容或功能的知晓度（awareness）。这种改进对在线广告无疑是必要的，对那些某些功能重要但使用率很低的产品同样是正确的。为什么产品有的部分没有被注意或使用，这有很多原因，如视觉设计、标记或位置等。

首先，我们建议监测用户与产品中我们所关注的那些元素发生交互的次数。不过这不是绝对准确无误的，因为参与者有可能注意到了我们所关注的元素，但是却没有去点击或者与之产生某种形式的交互。而相反的情况倒是不太可能发生的，即没有注意到，却发生了交互。因此，这些数据能帮助用户体验研究者确认知晓度，但无法证明缺少知晓度。有时候用自我报告式的度量让用户报告是否注意到或清楚某个特定的设计元素，是非常有用的。度量关注度（noticeability）通常会向参与者指出某些元素，然后问他们在完成任务的过程中是否注意到这些元素。度量知晓度可以在事后问参与者在研究开始前他们是否知道某个功能。然而，数据并不总是可靠的（Albert & Tedesco，2020）。所以，我们不建议把这种方式的知晓度作为唯一的度量手段，应该用其他来源的数据去补充。

记忆是另一种有用的自我报告式的度量。例如，可以给参与者展示多个不同的元素，其中只有一个他们在之前看到过，然后让他们选择哪一个是他们在完成任务时看到过的。如果他们在任务中注意到了这个元素，他们记得的可能性会大于随机猜测。不过，也许最好的度量知晓度的方法是借助现有的科技手段，使用行为和情感度量（如眼动追踪数据）。运用眼动追踪技术,用户体验研究者能知道用户关注某个特定元素的平均时间、多少比例的参与者关注了该元素，甚至可以知道用户平均用了多少时间才首次注意到此元素。另一个可以考虑的度量是网站分析（就网站而言）。通过了解不同设计方案下网站流量的变化，可以帮助用户体验研究者确定相对知晓度。网站两种方案的同步测试（即 A/B 测试）正成为一种越来越普遍的度量小改动如何影响用户行为的方法。

3.4.6 问题发现

问题发现的目标是确定主要的用户体验痛点。在有些情况下，用户体验研究者也许对产品中有哪些严重的可用性问题没有任何先入之见，但是，想知道有什么让用户感觉到困扰或挫折。这种方法经常运用于那些以前或在很长一段时间内没有经过评估的现有产品。问题发现用于定期检查用户是如何使用产品的。与其他用户体验研究有一些不同，问题发现通常是开放式的。问题发现的参与者也许会自己制订任务，而不是被指定一系列任务。这里很重要的一点是力求参与者使用产品的真实性。问题发现经常会利用正在使用的产品和用户自己的账号（如果适用）去完成一些只与他们自己有关的任务，还会在参与者自己的环境（比如家或工作地点）中评估产品。

因为完成的任务可能不同，使用的情景也可能不同，所以在参与者之间进行横向比较有困难。可用性问题度量也许最适用于问题发现了。假设用户体验研究者发现了所有的可用性问题，这样就很容易将这些数据转换为频率和类型。例如，用户体验研究者会发现 40% 的可用性问题属于高层级的导航及 20% 的可用性问题属于术语使用方面的问题。即使每名参与者发现的问题可能都不同，用户体验研究者依然能够总结出这些问题的大概分类。通过计算特定问题的发生频率和严重程度，就会知道有多少重复的问题被发现了，是发生一次的问题还是经常发生的问题。通过对所有的问题进行分类并给出严重性等级评估，用户体验研究者就可以迅速制定一个设计改进点的列表。

3.4.7 使紧要产品的可用性最大化

有些产品的使用要尽可能简单高效，例如手机或洗衣机。但对紧要产品（critical product）来说，使用起来必须简单高效，例如心脏除颤器、投票机或飞机上的紧急出口指示。区分紧要产品与非紧要产品的标准是：紧要产品存在的目的是必须让用户高效、自信和圆满地完成一项十分重要的任务，且通常是在有压力的情况下，否则将导致非常严重的负面后果。

对任何紧要的产品而言，度量用户体验都是至关重要的。只是在实验室里进行少量用户测试还远远不够。重要的是能针对一个预定目标，度量用户绩效。任何不符合预定用户体验目标的紧要产品都必须进行重新设计。因为用户体验研究者必须对数据有相当的把握，所以可能得进行相对大量的用户调研。一项十分重要的用户体验度量是用户错误，即用户在完成一个具体任务时所犯错误或失误的次数。错误不能被简单地界定，因此，要特别注意如何定义一个错误，最好是可以很确切地界定什么构成了错误及什么没有构成错误。

任务成功也是重要的。对于紧要产品，我们建议使用二分式成功。例如，对便携式心脏除颤器进行真实测试的目标就是用户可以自己成功地使用该产品。在某些情形下，用户体验研究者也许会希望将任务成功与多个度量结合起来，比如在特定时间范围内成功地完成任务且没有误操作。其他关于效率的度量也是有用的。在心脏除颤器的例子里，仅仅正确地使用是一回事儿，而在有限的时间内正确地使用就完全是另外一回事儿了。自我报告度量对紧要产品来说相对不是那么重要。在紧要情景下，用户自己认为怎么使用这个产品远不及他们实际的成功使用来得重要。

3.4.8　创造整体正向的用户体验

有些产品努力争取创造一种非凡的用户体验，而不是简单的好用。这些产品需要吸引人、激发情感、有趣，甚至还要能有点儿上瘾，美学和视觉吸引力通常也发挥重要的作用。向朋友说起这些产品或者在聚会上提起这些产品，不会感到跌份儿。这些产品的受欢迎程度通常以惊人的速度在增长。即便非凡用户体验（great user experience）是主观的，但依然是可以度量的。

虽然一些绩效度量可能是有用的，但真正重要的是用户如何认知、感知、描述他/她的体验。在某些方面，这与度量紧要产品的可用性相比正好是相反的角度。如果用户在开始费点劲儿，那么也不算糟糕得不得了，关键是用户在使用了一天以后是如何感觉的。在度量整体用户体验时，许多自我报告度量是必须考虑的。

满意度也许是最常见的自我报告度量，但不一定总是最好的。感觉到"满意"通常是不够的。我们曾经用过的最有价值的自我报告度量之一是用户期望（user expectation）。非凡用户体验是那些超越用户期望的产品。当参与者说一个产品用起来比期望的更简便、更高效或更愉快时，你就会知道这个产品有"门路"了。

另一种类型自我报告度量与将来使用（future use）有关。例如，你也许会问一些关于购买的可能性、向朋友推荐的可能性或在将来使用的可能性的问题。净推荐值（Net Promoter Score，NPS）是一种被广泛使用的，可以用来度量将来使用可能性的指标。另一种有趣的度量与用户可能有的生理反应（physiological reactions）有关。例如，如果想知道目标产品是否引人入胜，那么可以使用情感度量，如面部表情分析和皮肤电导（皮肤电活动）。

3.4.9 评估产品微小改动的影响

并非所有设计的改动都会对用户的行为有显著的影响。有些设计改动相对较小，对用户行为的影响也不那么容易被发现。但是只要有足够多的用户，微小的改动调整对更大的群体用户来说也能有巨大的参考价值。这些微小改动可以包括视觉设计的多个不同方面，例如字体选择、字体大小、界面元素放置的位置、视觉对比度、颜色及图片的选择。非视觉设计的元素（比如对内容或术语的微小改动）也能对用户体验造成影响。

或许，源于 A/B 测试的实时现场度量（live-site metrics）是度量微小改动是否带来影响的最佳方法。A/B 测试是用一个方案与另一个方案比较。对网站来说，通常是分一部分（通常是一小部分）网站流量到替代方案上，然后比较二者的流量或购买率。大样本的在线可用性研究同样很有用。如果用户体验研究者不具备进行 A/B 测试或在线研究的技术条件，那么建议使用 E-mail 和在线调查的方式从尽可能多的有代表性的参与者中获得反馈。

3.4.10 不同设计方案的比较

最常见的用户体验研究之一就是比较多种替代设计方案。典型的情况是，这些类型的研究通常发生在设计过程的早期，可以在任何一个详细设计方案完成之前进行（我们通常把这种方式叫作"设计烹饪比赛"）。不同的设计团队将有部分功能的原型放在一起，然后我们根据定义好的度量评估每个设计方案。准备这样的研究可能需要一点技巧。因为这些设计方案常常十分相似，在测试不同设计方案的过程中，（对用户来说）很可能存在学习效应。让同一名参与者在所有的设计方案上完成同一个任务通常无法揭示有价值的信息，即使对设计方案和任务的测试顺序进行了平衡也不行。

对这个问题有两种解决方式。一种是把这个研究设为纯粹的组间设计，即让每个用户只使用一种设计。这样能获取不受干扰的反馈数据，但是这明显需要更多的参与者。另一种就是，让参与者只使用一种主要的设计方案（设计方案在参与者之间进行平衡）完成给定的任务，然后展示其他替代设计方案，让参与者给予喜好评价。这样就能从每名参与者那里得到对所有设计方案的反馈。

在比较不同的设计方案时，最合适的度量也许是可用性问题度量。比较在不同设计方案上发生的高严重性问题、中严重性问题和低严重性问题的频率，能有效地帮助我们发现哪一个或哪一些设计方案更好用。在理想情况下，最终选择的设计方案是整体上发生问题较少且发生高严重性问题较少的方案。诸如任务成功和任务完成时间的绩效度量也是有用的，但是由于样本量通常较小，所以这些数据的价值通常比较有限。有两种自我报告的度量在这里也是特别适用的：一种是让参与者选择他们将来更倾向于使用（作为一种备选比较）哪一种设计方案。另一种是让参与者根据不同的维度（比如易用性、视觉吸引力等）对不同的设计方案进行评分，这也有助于发现问题。

3.5　用户体验研究的方法与工具

收集用户体验度量指标最显著的特点之一就是不必拘泥于某一种特定类型的用户体验研究（比如，实验室测试、在线测试）。用户体验度量几乎可以用任何一种类型的用户体验研究获得。这也许很让人惊讶，因为通常有一种误解是度量只能通过大规模的在线调查或传统的可用性评估获得，其实不是这样的。有各种各样的用户体验研究方法和工具可用。以下是一些常见的用户体验研究的方法和工具，它们在度量用户体验时很有帮助。

3.5.1　传统（引导式）的可用性测试：实验室测试

最常用的用户体验研究方法是实验室（或远程）可用性测试，这需要相对较小的样本量（通常是 8~12 名参与者）。实验室测试是一对一的一种形式，即一名引导人员（moderator）（可用性测试专家）与一名测试参与者。引导人员对参与者提问，并让参与者在相应的产品上完成一系列既定任务。参与者通常在完成这些任务的过程中进行出声思维（thinking aloud）。引导或测试人员记录下参与者的行为和对问题的反馈。实验室测试在形成性研究中用得最为频繁，因为形成性研究的目标是进行迭代式的设计改进。所要收集的最重要的度量是关于可用性问题的，包括问题发生频率、类型和严重性，而且，对收集诸如任务成功、错误和效率等绩效数据也会有帮助。

通过让参与者针对每个任务或在整个测试结束后回答问题来收集自我报告度量。然而，我们建议在处理绩效数据和自我报告数据时要十分小心，因为很容易在没有足够样本量的情况下将结果泛化到更大的用户群体上。事实上，我们通常只报告任务的成功频率或错误频率。我们甚至不会将这些数据以百分比的形式呈现出来，防止有的人（那些不熟悉可用性测试数据或方法的人）过于泛化这些数据结果。

可用性测试并非总是进行小样本的测试。在某些情况下，如对比性测试，也许需要花费更多的时间和经费进行较多参与者（15~50 名）测试。进行较多参与者测试的主要好处是随着样本量的增加，用户体验研究者对所得数据结果的把握程度也随之增加。这也将会使用户体验研究者有能力去收集更大范围的数据。事实上，所有的绩效度量、自我报告度量和情感度量都是适用的。但是有几种度量用起来需要注意，例如，通过实验室测试数据推测网站流量模式很可能是非常不可靠的，微小改动影响用户体验也是如此。在这些情况下，最好是进行有几百甚或几千名参与者参加的在线测试。

焦点小组和可用性测试

当第一次听说可用性测试时，有些人会认为这和焦点小组是一回事。其实，基于我们的经验，这两种方法有不同之处。它们的相似之处在于他们都邀请具有代表性的参与者参与进来。在焦点小组中，参与者通常只是看某个人演示或描述一个潜在的产品，然后对此做出反应。而在可用性测试中，参与者要自己实际去使用某一个版本的产品。我们看到过很多例子，一个产品原型在焦点小组中获得广泛赞许，却在可用性测试中表现拙劣。

3.5.2 非引导式的可用性测试：在线测试

在线测试通常有许多参与者同时进行测试。要在相对短的时间内从不同地理位置的用户那里收集大量数据，这是非常好的办法。非引导式研究（unmoderated study）的准备通常与实验室测试类似，比如都有背景或筛选问题、任务和测试后问题等。参与者完成所有事先定义好的问题和任务之后，相关数据就会被自动收集起来。通过这种方式，用户体验研究者可以收集大范围的数据，包括绩效度量和自我报告度量。这种方法对于获取可用性问题度量数据来说，可能有些困难，因为用户体验研究者无法直接观察参与者。但是通过绩效度量数据和自我报告度量数据可以发现问题，而用户的评价反馈则可以有助于推测产生这些问题的原因。Albert 和同事（2010）进一步详细且深入地描述了如何规划、设计、实施及分析一项在线测试。

与其他的方法不同，在数据收集的数量和类型上，在线测试给用户体验研究者提供了极大的自由。在线测试既可以收集定性数据，也可以收集定量数据；既能研究用户的偏好，也可以关注他们的行为。在线测试的焦点在很大程度上取决于用户体验研究目标，而不是数据的种类和容量。虽然在线测试非常有利于收集数据，但当用户体验研究者试图深入了解用户的行为和动机时，就不那么理想了。可以通过查看一些流行的工具了解更多的信息，比如 UserZoom、Loop11、UserTest、Validately、TryMyUI、Userlytics。

先实施哪一个？实验室测试还是在线测试

我们经常有这样的疑问，是应该先实施实验室测试，再进行在线测试，还是相反呢？关于这一点，双方各有一些强有力的理由。

实验室测试先于在线测试	在线测试先于实验室测试
先确认 / 解决"容易得到的果实"，再着眼于大样本的测试	先通过在线测试发现关键问题，再通过实验室测试定性地深入分析解决这些问题
通过实验室测试形成新的概念、思路或者问题，再通过在线测试予以验证	收集更多的视频片段及用户评论有利于令用户体验度量生动起来
在实验室中观察到的态度 / 偏好可以通过在线测试来验证	收集所有的度量数据以验证设计，如果测试结果好，则无须再进行实验室测试

3.5.3　在线调查

很多用户体验研究者认为在线调查只适用于研究用户的喜好和态度，并且多由市场调查人员执行完成。但事实并非如此。例如，很多在线调查工具可以在问卷中插入图片（如原型设计）。因此，从包含图片的问卷调查中，我们也能获得用户对视觉吸引力、页面布局、预期可用性，以及使用可能性等指标的反馈。我们发现，在比较不同视觉设计、度量不同网页的满意度甚至是对不同导航结构的操作等方面，在线调查都是一种快速简单的方法。如果用户体验研究者不需要用户直接使用产品，那么在线调查就可以满足测试需求。用户体验研究者通过查阅 Qualtrics、Survey Monkey、Survey Gizmo 和 Google Forms 等来了解在线调查工具。

在线调查中如何实现与设计的交互

有些在线调查工具可以让用户与图片有某种程度上的互动。这非常令人激动，因为这意味着用户体验研究者可以要求用户点击图片上最有用（或者最没用）的区域或完成一些特定的任务等。图 3.1 的例子展示了一项在线测试的鼠标点击热区图。它呈现了用户开始一项任务时，鼠标点击的位置分布。除了从图片上收集数据，用户体验研究者也可以控制图片呈现的时间。这对研究用户对视觉设计的第一印象或者研究用户是否注意到某些特定的视觉元素（有时这被称为"眨眼测试"）都是非常有帮助的。

图 3.1 使用 Qualtrics 调查工具生成的鼠标点击热区图示例

3.5.4 信息架构工具

度量信息架构的研究工具正变得越来越流行。基于形成性和总结性的研究目标，可以用两种方式对信息架构工具进行理解。"形式性"方法适用于开发直观的信息架构。最常见的工具涉及将信息条目（通常是任务或内容类型）分类到相似的组中。这些工具很有效，可以帮助用户体验研究者获得有价值的见解，进而助力于开发直观的信息架构，以支持用户轻松找到他们想要的信息。这不仅包括如何将相关条目分组在一起，还包括用于描述每组条目的名称。

相反,"总结性"方法则适用于对现有的或已提炼信息架构的直观性所进行的测试或评估。其中"树形测试"现在是一种非常流行的工具,可以用来度量信息架构的直观性。度量指标包括成功率(他们能否找到他们正在寻找的内容)、直接度(找到他们想找东西的路径),以及找到拟找内容的时间。总之,这三个度量指标可以允许用户体验研究者对所提炼的多个信息架构进行比较,通过查阅 Optimal Workshop、UsabiliTest 和 Simple Card Sort 来可以了解更多的相关信息。

3.5.5 点击和鼠标工具

有时用户体验研究者希望深入了解用户在数字平台上的交互方式。有许多工具可以让研究人员跟踪点击和鼠标的移动,以更深入地了解用户行为,特别是要对多个设计方案的使用行为进行比较时。这些工具通常允许用户体验研究者监测哪些元素最受关注,哪些元素容易被忽略。此外,通过分析动作的顺序,用户体验研究者可以使用这些数据来推测操作行动的优先级。这些工具的好处是具有生态有效性(即能在没有任何干扰的情况下测查到真实的用户行为)。然而,缺点是通常很难获知使用的情景,特别是用户试图要做的是什么。通过查阅 Clicktale、CrazyEgg、CanvasFlip 和 Mouseflow 可以了解更多的相关信息。

3.6 其他研究细节

在规划用户体验研究时,还需要重点考虑的问题是预算和时间表、参与者、数据收集和数据整理。

3.6.1 预算和时间表

度量一个用户体验研究的时间和花费取决于评估的方法、度量的选择,以及参与者和现有的工具。要我们对任何一种具体类型的用户体验研究的费用或时间提供即使较粗略的估算,也是不太可能的。我们只能提供几条通用的经验法则来估算几种常见类型用户体验研究所需的时间和花费。当进行这些估算的时候,我们建议用户体验研究者详细考虑所有可能影响研究的因素,将估算结果与商业资助者(或给研究提供经费的人)尽早进行沟通。对估算的时间和经费增加至少 10% 的富余量是明智之举,要知道也许有不可预见的花费和延期。

如果用户体验研究者在进行一个小样本参与者（10 名或以内）的形成性研究，度量的收集应该对整体的时间表或预算没有什么影响，即使有，也非常小。对这类研究来说，在收集和分析关于问题发生频率和严重性这些基础度量时，应该只需要最多增加几个小时。一旦完成研究，给自己一点时间来分析数据。如果用户体验研究者还不是十分熟悉这些度量的收集，给自己一点额外的时间，便于在进行测试之前，能确定好（测试）任务及明确问题严重性等级评估的设定规则。因为这是一个形成性研究，所以需要尽一切力量将研究发现尽可能快地反馈给相关人（利益相关者），以影响下一个设计迭代而不延误项目进度。

就进行一个较大样本（通常超过 12 名参与者）的用户体验研究来说，所选择的度量可能会对预算和时间表产生更大的影响。最显著的费用影响可能是因招募更多的参与者及支付参与者报酬而带来的额外费用。这些花费取决于参与者是什么类型的人（比如，公司内部或外部的人）、如何招募的，以及数据收集是基于引导式研究（可以是面对面的现场研究，或通过屏幕远程共享应用程序开展的研究）还是基于非引导式研究（如通过在线调查）。对时间表影响最显著的因素可能是：完成较大样本参与者所需要增加的测试时间。这取决于公司的成本核算或计费模式，也许还会因为用户体验研究者工作时间的增加而带来额外的成本。还有不要忘了，用户体验研究者需要额外的时间来整理和分析数据。

进行在线（非引导式）测试在费用和时间方面是很不同的。典型情况是，大约一半的时间都用在准备上，包括甄选和验证测试任务、设计问卷问题和量表、评估原型或设计方案、甄选和 / 或招募参与者，以及编写在线研究脚本。不像在传统实验室测试中大量的时间用在数据收集上，在线测试中需要用户体验研究者花在数据采集方面的时间很少。对于大多数在线技术的使用，用户体验研究者只要简单地启动一个按钮，导入数据，监测这些数据即可。监测数据的收集，特别是针对用户组别配额补足的问题，始终是可取的。

研究中，有一半的时间被用于整理和分析数据。大家常常会低估这部分工作所需要的时间。原始数据（格式）常常不适合用于分析。例如，用户体验研究者需要剔除掉极端值（尤其是当收集任务时间时）、检查数据是否不一致、基于原始数据形成新的变量（如把自我报告数据创建成评分前两位的变量）。我们发现可以在 100~200 人时（person-hour）内完成一个在线测试，包括从研究规划到数据采集、分析和呈现的所有工作量。根据不同的研究内容，这个估算最多可以有上下 50% 的浮动。有关更多的细节，可以查阅

Beyond the Usability Lab:Conducting Large-scale Online User Experience Studies（Albert，Tullis & Tedesco，2010）一书。

3.6.2　参与者

在任何用户体验研究中，参与者的选择对结果都有重要的影响。因此，在研究中尽可能仔细地计划好如何招募到最有代表性的参与者，是至关重要的。无论是否收集相关度量数据，招募参与者的步骤在本质上都是一样的。

首先是确定招募的标准，以判断某个用户是否适合参加研究。招募标准应该尽可能详细而精确，以减小招募人选不符合要求的可能性。作为招募标准的一部分，可以对参与者进行分类，比如，可以招募一定数量的新手用户，同时也招募同等数量的对有产品使用经验的专家用户。

其次，在确定招募何种类型的参与者后，还要弄清楚需要的样本量。有许多因素都影响样本量的确定，包括用户群体的多样性程度、产品的复杂程度，以及研究的具体目标。但是作为一个经验法则，在形成性研究中，对每一次设计迭代的评估，6~8人的样本量是合适的。最重要的可用性发现通常会在大约前6名参与者的测试过程中被观察到。如果目标用户群有几种截然不同的类型，那么有必要在每个群组中至少安排5名参与者。第6、7章提供了更多关于如何确定可用性测试样本量的细节内容。

对总结性研究，我们建议每个不同的群组收集50~100名典型参与者的数据。如果缺少时间或资源，可以只进行30名参与者的测试，但是数据的差异性会十分大，这样就难以将发现的结果推广到更大范围的群体。就对微小改动的影响进行的测试研究来说，最好进行每个群组至少100名参与者的测试。

最后，在确定样本量后，还需要制订招募策略。本质上是研究如何让人们来参加研究。也许可以从用户数据中生成一份可能的参与者名单，然后提供一份筛选问卷给招募者联系用户时使用。也可以通过E-mail联系人列表发送招募邀请，通过一系列背景问题去筛选或甄别参与者，或者让第三方公司来帮用户体验研究者处理用户招募的事宜。有些第三方公司有很大的用户数据库可利用。也有其他选择，比如在网上发布一个招募的帖子，或给某组潜在参与者发招募E-mail。不同的招募策略适合不同的组织。

地理位置重要吗

招募用户时最常见的问题是，我们是否需要从不同的城市、地区和国家中招募？答案通常都是否定的，地理位置对用户数据的收集无关紧要。纽约的用户所面临的可用性问题不会与芝加哥、伦敦甚至是华盛顿因德克斯镇的用户有太大的区别。但是，也存在一些例外，如果所评价的产品在某一地区具有很高的占有率，那么就有可能产生偏差。例如，如果在沃尔玛的家乡——阿肯色州的 Benton 评估 Walmart.com，那么将很难得到中立的、没有偏差的结果。

此外，地理位置可能会影响某些产品的用户目标。例如，如果想要评估一个服装电商网站，那么可能需要从来自郊区或城市甚至不同国家的用户中收集不同的数据，因为他们的需求和偏好都有所不同。即使地理位置不会对可用性测试产生影响，很多客户依然选择在不同的地区进行产品的评估，因为这可以避免高层管理人员质疑测试结果的有效性。归根结底，这些钱可能并不值得花，但如果它有助于让团队接受这种方法和结果，那么它可能是值得的。

3.6.3　数据收集

收集数据是很重要的。用户体验研究者应该提前计划好如何获取用户体验研究所需要的全部数据。这些决定也许会对之后进行数据分析所需的工作量有重大影响。

就较小样本的用户体验研究方法来说，用 Excel 收集数据很可能就足够了。确保事先有一份模板来快速记录测试中的数据。在理想情况下，这种测试会有一个专门的记录员或其他人在单向玻璃后进行快速记录，而不是测试引导人员（即主试）本人。我们建议最好尽可能地以数字的形式进行记录。例如，如果记录任务成功率，那么最好将成功标记为"1"、失败标记为"0"。以文本形式记录的数据最终还要被转化，但用户的评价反馈或评论数据除外。

在获得数据时最重要的是，用户体验团队中的每个人都要非常清楚地记住编码方案。只要有人冒失地弄错量表标度（将高低值混淆）或不知道如何记录特定变量的数据，用户体验研究者就得要么重新编码，要么放弃数据。我们强烈建议对那些记录数据的人进行培训。就算是把它当作便宜的保险来保证最后可以得到完整准确的数据吧。

对于有大量参与者参加的用户体验研究，可以考虑使用专门的数据采集工具。如果进行在线测试，数据通常都是被自动收集的。用户体验研究者也有可能选择将原始数据导入 Excel 中或者各种统计软件中（如 R、SAS 和 SPSS）。

3.6.4 数据整理

在一般情况下，收集的数据都无法马上用来做分析，通常需要先进行一定程度的整理。数据整理可以包含以下步骤。

- **筛选数据**。检查数据中是否有极端值出现。最有可能出现极端值的是任务完成时间（就在线测试而言）。有些参与者会在研究中途出去吃午饭，这样他们的任务完成时间会异乎寻常的大。而另外有些参与者可以用短得几乎不可能的时间完成任务，这可能是一种假象，即参与者没有完全、真正地投入。筛选任务完成时间数据的基本原则在 4.2 节中总结了。用户体验研究者还需要考虑过滤掉那些不符合目标用户的数据或有其他外界因素干扰结果的数据。

- **创建新变量**。基于原始数据创建新的数据变量十分有用。例如，用户体验研究者也许需要为自我报告式评分创建一个得分排名处于前两位的新变量，即计算给出这两项最高得分的参与者有多少。也许也会将所有成功的数据合计为一个可以表示所有任务的总体成功平均值。或者还有可能需要通过转化成 z 分数后将几个用户体验度量进行合并（见 9.1.3 节），以创建一个总的用户体验得分。

- **检验答案**。在某些情况下（尤其是在线测试），可能需要检验参与者的答案（verifying response）。例如，如果很大比例的参与者都给出相同的错误答案，那么就需要做深入分析。

- **检查一致性**。确保正确采集数据是很重要的。一致性检查可以包括将任务完成时间和任务成功率与自我报告度量进行比较。如果许多参与者在相对短的时间内成功地完成了任务，但是针对这个任务却给出一个很低的评分，这种情况要么是因为数据采集有问题，要么是因为参与者对问题的度量理解不到位。这种现象在自我报告的易用性问卷中十分常见。

- **数据转换**。首先，使用 Excel 记录和整理数据，这是一个普遍做法，之后再用另一个软件程序（例如 SPSS）来统计分析（虽然所有的基本统计分析都可以用 Excel 完成），最后回到 Excel 中绘制出结果的图表。

数据整理要占用从一个小时到两个星期不等的时间。对很简单的只考虑了两三个度量的用户体验研究来说，数据整理起来是很快的。很显然，处理的度量越多，占用的时间将会越多。同样，在线测试可能会花费更长的时间，因为需要做更多的检查工作。用户体验研究者必须确保所有数据的编码都是正确的。

3.7 总结

在进行基于度量的用户体验研究时要有一定的规划。规划时有以下关键点。

1. 首先需要决定是要采用形成性的还是总结性的研究方法。使用形成性研究时，要在设计发布或上线前收集数据以帮助改进设计。当用户体验研究者有机会对产品的设计施加正面影响时，最适合使用这种方法。如果想通过度量了解是否达到了某些特定的目标，则需要用总结性研究方法。总结性研究方法有时也会在竞争分析类的用户体验研究中用到。

2. 在选用用户体验度量指标时，绩效、偏好和情感是三个主要方面。我们强烈建议用户体验研究者考虑多种用户体验度量指标，以获得更完整的用户体验。

3. 有许多方法和工具可以用于帮助开展用户体验研究。其中一些方法和工具侧重于可用性测试（包括形成性和总结性的方法）、有些则侧重于在线调查（可以通过跟踪数字环境中的鼠标点击或移动来度量用户偏好、信息架构或用户行为）。当这些方法和工具被用来度量用户体验时，它们都各自有优点和缺点。

4. 在进行基于度量的用户体验研究时，需要提前做好预算和时间进度方面的规划。如果要进行样本量较小的形成性研究，数据的收集对整体的时间进度或预算没有什么影响，即使有也会非常小。相反，在进行大规模样本的用户体验研究时，需要格外重视对成本和时间进度的估算及沟通。

第4章
绩效度量

任何使用科技产品的人都毫无例外地要与界面产生交互以完成目标。界面有多种形式：从图形界面到语音（对话）界面或可穿戴（实体）界面。例如，一个网站的用户点击不同的链接、一个文字处理软件的用户通过键盘输入信息，或者一个用户在试图使用微波炉烹制晚餐时按了几个按钮。不管是什么类型的科技产品，用户都要以一定形式使用或接触该产品。这些行为构成了绩效度量的基础。

每种类型的用户行为都是能够以某种方式被度量的。比如，可以度量用户是否通过网站点击来找到他们正在找的东西，也可以度量用户在文字处理软件中要花多长时间来输入并正确地调整好文字，或者度量用户在使用微波炉烹制晚餐时按了几个按钮。所有绩效度量的获得都是建立在用户特定行为的基础之上的。

绩效度量不仅仅依赖于用户特定行为，还依赖于场景或任务。比如，如果要度量任务是否成功，用户则需要记住特定的任务或目标。任务可以是查看毛衣的价格或提交一个费用报表。缺少任务，绩效度量就不可能存在。如果用户只是漫无目标地浏览网站或玩耍某款软件，那么用户体验研究者就无法获得任务成功与否的度量。任务可以是用户使用网站时想做的任何事情，在用户体验研究中也可以由用户自己设置。

对用户体验专业人员来说，绩效度量是最有价值的工具之一，是评价产品有效性和效率，以及了解用户实际上能否很好使用某产品的最好方法。如果用户犯了不少错误，用户体验研究者就可以知道产品的可用性还有不少提升的空间。如果用户完成某任务的时间比期望的要多 4 倍，效率就应该有很大的提升空间。

绩效度量对评估具体可用性问题的数量也很有用。许多情况下，仅仅知道存在某个问题还不够。用户体验研究者可能还需要知道在产品发布后有多少人可能会碰到同样的问题。比如，通过计算附有置信区间的任务成功率，便可合理估计出可用性问题实际上有多严重。通过度量任务完成时间，就能确定目标用户中有多大的比例能够在一个设定好的时间范围内完成某任务。如果只有 20% 的目标用户在某个任务上都是成功的，那么该任务存在可用性问题则是相当明显的。

高层管理者和该项目上的其他重要利益相关者通常会注意到绩效度量，特别是在这些度量被有效地予以呈现的时候。管理者想要知道有多少用户能用产品成功地完成一系列核心的任务。他们把这些绩效度量看成总体可用性的强有力的评估指标，还会把它们看成节省成本或增加赢利的潜在预测因素。

绩效度量不是适用于所有情况的具有魔力的灵丹妙药。与其他度量类似，合适的样本大小是必要的。虽然无论是 2 名还是 100 名参与者，都可以进行相应的统计，但是置信区间将会随着样本大小而急剧变化。如果用户体验研究者只关注找到唾手可得的果实（low-hanging fruit），从时间和财务角度来看，绩效度量可能不是一种合适的方式。但如果用户体验研究者想获得更详细的评估信息，而且也有充足的时间来收集 10 名（最好是更多）参与者的数据，那就应该可以得到具有合理置信区间的有意义的绩效度量。

过度依赖绩效度量可能也是一种危险的行为。当报告任务成功或任务完成时间时，就有可能忽视数据背后潜在的问题。绩效度量能够非常有效地告知是什么（what）而非为什么（why）的问题。绩效度量数据可以表明任务或界面的部分内容对参与者来说有问题，但是用户体验研究者通常需要用其他度量数据予以补充（比如观察的或自我报告度量数据），以更好地理解它们为什么会是问题，以及如何解决这些问题。

本章有 5 种基本的绩效度量类型。

（1）任务成功可能是使用最广的绩效度量。它度量的是用户能在多大程度上有效地完成一系列既定的任务。我们将介绍两种不同类型的任务成功：二分式成功（binary success）和成功等级（levels of success）。

（2）任务时间（time-on-task）是一个常见的绩效度量。它度量的是用户需要多少时间才能完成任务。

（3）错误（error）反映了用户在完成任务过程中所出现的过失。对于界面中有哪些内容让人非常迷惑或误解，错误度量非常有用。

（4）效率（efficiency）可以通过度量用户完成任务所付出的努力程度进行评估，如在网站上的点击次数或在手机上点击按钮的次数。

（5）易学性（learnability）是一种度量绩效随时间变化的方法。

4.1　任务成功

任务成功是最常用的绩效度量指标，在实际中，任何包括任务的用户体验研究都可以对其进行计算。它几乎是一个通用的度量，因为对于很多类型的被测产品或系统（从网站到厨房器具）来说，都可以用任务成功来度量。只要用户可以操作一个定义好的任务，用户体验研究者就可以度量其操作成功的程度。

任务成功是一个几乎与任何人都相关的事情。它不需要对度量方法或统计进行详细解释，即可让人理解。如果参与者不能完成他们的任务，那么用户体验研究者就知道有些地方出了问题，如果不能完成一个简单的任务，那么这就可以成为需要做出某些改进的有力证据。

在度量任务成功时，参与者被要求操作的每个任务都必须有一个清晰的结束状态，比如购买产品、找到特定问题的答案或完成在线申请表。为了度量任务成功，用户体验研究者需要知道什么构成了任务成功，因此，应该在收集数据之前就给每个任务定义成功标准。如果不事先确定好标准，就会存在相应的风险，比如编制了含糊其词的任务及不能收集干净的任务成功数据。在下面的两个例子中：一个结束状态是明确的，另一个结束状态不是很清晰的：

- 找到 IBM 股票的 5 年收益或损失（明确的结束状态）。
- 研究存储退休储蓄的方法（结束状态不清晰）。

虽然第 2 个例子在有些用户体验研究中经常存在，但是对度量任务成功来说是不合适的。

在实验测试中，度量任务成功最常用的方法是让参与者在完成任务后进行口头报告。说出答案对参与者来说是自然的，但有时参与者可能会说出一些额外或武断的信息，进而使答案难以解释。在这种情况下，用户体验研究者需要引导参与者确保自己已经成功地完成了任务。

收集任务成功数据的另一个途径是让参与者以一种更加结构化的方式进行回答，比如，使用在线工具或纸质的表格。每个任务可以有一组多选项，参与者可以从 4 到 5 个干扰项中选择一个正确的答案，让干扰项尽可能地真实。这一点是比较重要的。如有可能，尽量避免文字式的填写。因为文字回答在分析时会很耗时，同时也涉及一些主观判断，因此会给数据增加不少噪声。

有些情况下，任务的正确解决方案不一定能得到验证，因为这取决于用户所处的特定情景，而且有时候操作并不方便当着用户体验研究者的面进行。比如，如果要参与者查看存款余额，除非他们在操作的时候用户体验研究者坐在他们边上，否则就没有办法知道实际的余额有多少。因此，这种情况下，可以使用替代式度量。例如，你可以让参与者找到显示余额页面的名称。只要页面的名称是唯一和明显的，如果他们可以找到这个页面，就可以确信他们实际上已经看到余额，这种方式就要好很多。

4.1.1 二分式成功

二分式成功（binary success）是度量任务成功的最简单和最常用的方法。参与者要么成功完成了任务，要么没有成功。这与大学里的"通过 / 未通过"的课程考试类似。当产品的成功取决于用户完成某一个或某一组任务时，用二分式成功是合适的。接近成功不管用，唯一重要的是用户能成功地完成他们的任务。例如，当评估心脏除颤器（用于心脏病发作时的抢救）的可用性时，唯一重要的是在有限的时间范围内正确使用且没有出现任何错误。在这种情况下，任何闪失都可能带来严重后果，尤其是对接受除颤抢救的人来讲。再举一个不是很严重的例子，如在某网站上订购图书的任务。如果你公司的收入取决于那些图书的销量，知道用户在哪些环节订购失败这种信息就有大用。

用户每操作一个任务时，都应给予一个"成功"或"失败"的得分。这些得分通常以 1（表示成功）或 0（表示失败）的形式出现。（数字得分比文本"成功"或"失败"更容易分析。）有了数字分值后，就可以很容易地计算出平均值及其他需要的统计值。只计算 1 和 0 的平均值就能得出二分式成功率。假如有一个以上的用户及一个以上的任务，那么有两种计算任务成功率的方法：

- 针对所有参与者，计算每个任务的平均任务成功率。
- 针对所有任务，计算每名参与者的平均任务成功率。

以表 4.1 中的数据为例。底部的平均值表示每个任务的任务成功率，右侧的平均值则表示每名参与者的任务成功率。如果没有缺失数据，那么这两组数据的平均值总是相同的。

表 4.1　10 名参与者 10 个任务成功数据

	登录	导航	搜索	查找分类	查找作者	阅读评论	加入购物车	更新地址	结账	查看状态	平均值
参与者 1	1	1	1	0	1	1	1	1	0	1	80%
参与者 2	1	0	1	0	1	0	1	0	0	1	50%
参与者 3	1	1	0	0	0	0	1	0	0	0	30%
参与者 4	1	0	0	0	1	0	1	1	0	0	40%
参与者 5	0	0	1	0	0	1	0	0	0	0	20%
参与者 6	1	1	1	1	0	1	1	1	1	1	90%
参与者 7	0	1	1	0	1	0	1	1	0	1	60%
参与者 8	0	0	0	0	1	0	0	0	0	1	20%
参与者 9	1	0	0	0	0	1	1	1	0	1	50%
参与者 10	1	1	0	1	1	1	1	1	0	1	80%
平均值	70%	50%	50%	20%	60%	50%	80%	60%	10%	70%	52.0%

任务成功是否总是意味着事实上的成功

任务成功通常被定义为是否达到了某个实际正确或清晰定义的状态。比如，使用 NASA 网站来查找谁是阿波罗 12 号的指挥者，只有一个唯一正确的答案（即 Charles "Pete" Conrad, Jr.）。或者如果你正在通过一个电子商务网站来购买一本书，那么买到这本书就说明成功了。但在有些情况下，找到一个真正的答案或达到一个特定的目标并不是那么重要，重要的是用户达到一定的状态后获得的满足感。比如，在 2008 年美国总统大选前，我们做了一个针对两位主要竞选人，即贝拉克·奥巴马和约翰·麦凯恩的竞选网站的在线测试。测试任务包括查找两位竞选人在社会保障部的职位等。研究中，只通过自我报告的方式来度量任务成功（"是的，我找到了""不，我没找到"或者"我不确定"）。对这类网站而言，重要的是，用户是否相信他们已经找到的信息。

按任务来分析和呈现二分式成功，这是最常用的方法。这包括简单展示成功完成每个任务的参与者百分比。图 4.1 呈现了基于表 4.1 数据计算的任务成功率。当比较每个任务的成功率时，这样展示最直观。通过查看具体的问题来对每个任务进行更详尽的分析。例如，图 4.1 说明查找分类和结账这两个任务明显存在问题。

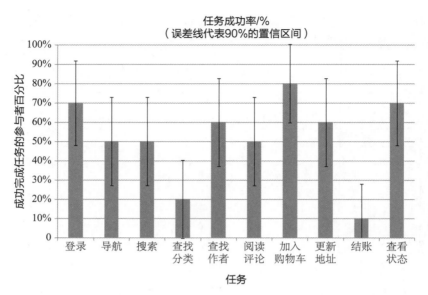

图 4.1　基于表 4.1 数据计算的任务成功率，每个任务有 90% 的置信区间

按用户或用户组来分析二分式成功，是另一种常用的方法。在实际使用中有一点需要多加注意：报告可用性数据时，应当通过使用数字或其他不可识别的描述以保持研究中参与者的匿名状态。从用户角度分析二分式成功的主要价值在于：可以按操作方式或所碰到问题的不同，识别出不同的用户组。具体地说，可以有以下区分不同用户组的常用方法：

- 使用频率（经常使用的用户和不经常使用的用户）；
- 之前使用产品的经验；
- 专业知识（专业度低的知识和专业度高的知识）；
- 年龄组。

当每组用户被安排用不同的设计进行任务操作时，就能测试不同组别的任务成功。比如，一项用户体验研究的参与者被随机安排使用网站原型的版本 A 或版本 B，此时一个重要的分析就是比较使用版本 A 与版本 B 的用户平均任务成功率。

如果在研究中有相当多的参与者，那可以把二分式成功数据以频率分布呈现（见图 4.2），从而使二分式任务成功数据的差异视觉化。例如，在图 4.2 中，有 6 名参与者在网站的初始版本评估中成功地完成了 61% 到 70% 的任务，有 1 名参与者完成率小于50%，只有 2 名参与者完成了 81% 到 90% 的任务。在网站重新设计版本中，有 6 名参与者的任务成功率在 91% 及以上，没有参与者的任务成功率低于 61%。与前面仅仅呈现两个平均值相比，图 4.2 几乎没有重叠地呈现迭代前后两个任务成功率，更好地呈现设计迭代的提升。

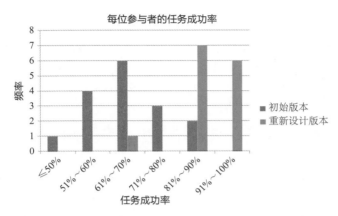

图 4.2 二分式成功数据的频率分布（对某网站的初始版本和重新设计版本而进行的可用性测试）。来源：改编于 Ledox、Connor 和 Tullis（2005）；授权使用

　　分析和呈现二分式成功数据最重要的一方面是要包括置信区间。置信区间是很重要的，因为它可以反映出你对数据的信任或置信程度。在大多数用户体验研究中，二分式成功数据基于的样本量都比较小（如 5~20 名参与者）。因此，二分式成功度量可能不如我们所期望的那样可靠。例如，如果 5 名参与者中有 4 名成功地完成了某个任务，我们有多大的信心可以说参与者所源于的群体中有 80% 将能成功完成该任务？显然，如果 20 名参与者中有 16 名成功完成了该任务，我们会更有把握，而如果 100 位参与者中有 80 名能完成，我们的把握则更大。

　　幸运的是，有一个方法可以考虑到这种情况。二分式成功数据本质上是比例数据，即成功完成既定任务的参与者比例。计算类似比例数据的置信区间最合适的方法是用二项式置信区间。有几个方法可用来计算二项式置信区间，比如 Wald 方法和 Exact 方法。但正如 Sauro 和 Lewis（2005）所表明的，当处理小样本量（这是我们在可用性测试中通常能碰到的）时，那些方法在计算置信区间时有不少都过于保守或过于激进。他们发现当计算任务成功数据的置信区间时，Wald 方法调整之后的统计方法（即校正的 Wald）会收到比较好的结果。

置信区间计算器

　　Jeff Sauro 在他的网站上提供了一个有用的计算器，用于确定二分式成功数据的置信区间。输入了参与某个任务的总人数以及成功完成该任务的人数，这个计算器可以自动计算出平均任务完成率的 Wald 值、校正后的 Wald 值、Exact 值和得分的置信区间。研究人员可以选择计算 99%、95% 或 90% 的置信区间。或者如果读者真想自己计算二分式成功数据的置信区间，那么也可以从我们的网站上找到详细的步骤。

　　假设 5 名参与者中有 4 名成功完成了任务，用校正的 Wald 方法可以算得，在 95% 的置信区间上，任务成功率在 36% 到 98% 之间，这是一个相当大的估算范围。但是，如果 20 名参与者中有 16 名成功地完成了任务（与上面比例是一样的），则用校正的 Wald 方法可以算得，在 95% 的置信区间上，任务成功率在 58% 到 93% 之间。如果真的进行了有 100 名参与者参加的可用性测试，而其中有 80 人成功地完成了任务，则在 95% 的置信区间上，任务成功率可以在 71% 到 87% 之间。由此可见，更大的样本量总是能够产生更小的（或者说更准确的）估算范围。

4.1.2　任务成功等级

　　当任务成功数据有一些合理的灰度地带时，可对任务成功程度进行等级划分。用户部分完成某项任务也有分析价值。可以把它想象成完成家庭作业就能获得部分学分一样，即：如果学生能展示所完成的相关工作，即便存在一些错误的回答，那么他们也能获得一些学分。例如，假定用户的任务是查询最便宜的数码相机，该相机至少要有 800 万像素的分辨率、12 倍光学变焦，重量不要超过 3 磅。如果用户找到的相机符合这些标准中的大部分，但是找到的相机为 10 倍光学变焦，而不是 12 倍的光学变焦，该怎么办？按照二分式成功，上述任务就是失败的。但这样做，就会丢掉一些重要的信息。用户实际上离成功完成该任务非常接近。在有些情况下，这对用户来说可能是可以接受的。对有些产品，近乎完整地完成某项任务对用户来说也是有意义的。同时，这也有助于了解为什么有些用户在不能完成任务或者操作哪些任务时需要帮助。

是否应该包括不可能完成的任务

一个有趣的问题是用户体验研究中是否应该设置被测产品不支持完成的任务。比如，在测试一家只卖悬疑小说的在线书店时，设计让用户查找一本这家书店不会卖的书这样一个任务，比如科幻小说。如果研究的目标之一是确定用户是如何确认这家书店不卖什么的，那么我们认为这个任务是合理的。在现实中，用户浏览一个网站时也不会自然而然地知道使用这个网站能做哪些事和不能做哪些事。一个设计优秀的网站不仅能让用户很清楚在网站上可以做什么，也能让他们很清楚在网站上不能做什么。然而，在可用性研究中让用户做的任务似乎都应该是用户可以完成的任务。所以，我们认为如果你设置了一些不可能完成的任务，则应该提前明确地告诉用户有的任务可能是无法完成的。

如何收集和度量任务成功等级

除非用户体验研究者必须定义多个等级，收集和度量任务成功等级与二分式成功数据非常类似。有两个方法可以确定任务成功等级：

- 任务成功等级可以基于用户完成某任务过程中的体验来评定。有些用户需要付出不少努力或需要帮助，而有的用户可以没有任何困难地完成他们的任务。
- 任务成功等级可以基于用户完成任务的不同方式来评定。有的用户可以以一种最优的方式来完成任务，而有的用户完成任务的方式却不是最佳的。

基于用户完成某任务的程度将任务成功设定在 3~6 个等级数量之间，都是比较典型的做法。更常用的是采用 3 个等级，即：完成任务、部分完成任务和失败。

任务成功等级几乎和二分式成功数据一样容易收集和度量。这意味着用户体验研究者只需要定义什么是"完全成功"和"完全失败"，介于二者之间的被看成是部分成功（即3 个等级）。更精细的方法可以根据是否需要提供帮助对每个等级再进行划分。下面是 6 个不同的任务成功等级：

- 完成任务。
  - 需要帮助。
  - 不需要帮助。
- 部分完成任务。
  - 需要帮助。

　　　　○ 不需要帮助。
　　● 失败。
　　　　○ 用户认为完成了，但实际上没有。
　　　　○ 用户放弃。

　　用户体验研究者在决定使用任务成功等级度量之前就要清楚地定义好各任务成功等级的含义，这一点是很重要的。同时也可以考虑让多位研究者独自对每个任务的完成情况进行等级评定，然后再讨论并达成一致。

　　当度量任务成功等级时，一个普遍的问题是要确定给予参与者什么样的"帮助"。下面是一些我们确定为要提供帮助的情景示例：

　　● 测试主持人（或引导人）让参与者返回到首页或重置到初始（任务之前）状态。这种形式的帮助可以使参与者适应测试情景，避免一开始就不知所措。
　　● 测试主持人问一些探查性问题或重新设定任务的状态，以帮助参与者重新考虑其操作或选择。
　　● 测试主持人回答一些问题或提供一些信息，以帮助参与者完成任务。
　　● 参与者从外部资源寻求帮助。例如，参与者给代理商打电话、使用某些其他网站、查询用户手册或打开在线帮助系统。

　　任务成功等级也可以根据用户体验进行审定。通常，我们会发现有些任务完成起来没有任何困难，而有些任务完成起来则一直会有一些或小或大的问题。区分这些不同的体验是重要的。4 点赋分系统可用来确定任务成功等级：

　　1 ＝没有问题。参与者没有任何困难或不顺而成功地完成了任务。

　　2 ＝小问题。参与者成功地完成了任务，但完成过程中兜了一点小圈子。他们出现了一两个小错误，但很快就修正过来，因此成功了。

　　3 ＝大问题。参与者成功地完成了任务，但完成过程中存在大的问题。在最终成功完成任务的过程中，他们折腾了一个大圈子。

　　4 ＝失败 / 放弃。参与者给出了错误的回答或在完成任务之前就放弃了，也或者在成功完成之前测试主持人已开始引导下一个测试任务。

　　当使用 4 点赋分系统时，首先，要记住这些数据是顺序数据（见第 2 章），这一点比较重要。因此，用户体验研究者不应该报告一个平均得分，而应将每个任务成功等级的数据都呈现为频率分布。其次，4 点赋分系统相当容易地使得观察同一个交互过程的不同用户体验研究者在不同的等级上达成一致。如果有必要的话，也可以把这些数据以二分式成功的方式整理。最后，这种赋分系统通常也容易向受众进行解释。关注等级为 3 和 4 的问题，会有助于达到改进设计的目标；通常情况下，不必担心等级为 1 和 2 的任务完成情况。

如何分析和呈现任务成功等级

在分析任务成功等级时，第一步要做的是绘制堆积条形图，可表示不同类或等级上（包括失败情况）的参与者百分比。要务必确保堆积条形图加起来是 100%。图 4.3 是表示任务成功等级的常用样例。

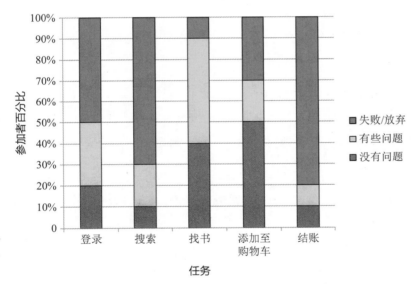

图 4.3 堆积条形图表示了不同任务成功等级

4.1.3 任务成功度量中存在的问题

很明显，在度量任务成功的过程中有一个重要的问题是如何简洁地定义一个任务是否成功，即提前清晰地定义好成功完成每个任务的标准是什么。对每个任务中可能会出现的各种情况都要考虑周全，进而确定它们是否促成了任务成功。例如，如果用户找到了正确的答案，却以错误的形式报告出来，那么这种情况下任务是不是也成功了？再有，如果参与者报告了正确的答案，但在表述回答时却不正确，那么这又做何处理？当在测试中有非预期情况出现时，先记下来，事后尽量使研究者对这些情况达成一致的处理意见。

在可用性测试中经常出现的一个问题是：如果参与者没有成功完成任务，该如何或何时结束一个任务？实质上，这是对不成功的任务设定"停止规则（stopping rule）"。结束不成功的任务有以下常用方法：

（1）在测试开始的时候就要告诉用户应持续操作每个任务，直到完成或处于某个状态时（实际，这个状态往往是自己放弃或向技术支持、同事等求助的时候）为止。

（2）采用"事不过三"的规则。意思是说，在叫停用户继续操作之前，他们还可以有三次尝试完成某任务的机会。这种方法最主要的困难是定义什么是"尝试"。这可以是三种不同的策略、三种错误的回答或在查找特定信息中的三次"来回折腾（detours）"。用户体验研究者虽然可以对此予以定义，但是测试主持人或评分者依然还有相当多的自由发挥。

（3）超过了事前设定的任务时间就"叫停"该任务。设定一个时间限制，比如5分钟，当过了这个时间限制后，就开始下一个任务。多数情况下，比较好的做法是不要告诉用户你在给他们计时。如果告诉他们的话，就会给他们造成一个更紧张的"被测试"氛围。

当然，在任何可用性测试中，用户体验研究者对用户的状态都要有必要的敏感，如果看到用户很受挫折或很焦虑，就需要果断地结束该任务（或者甚至是整个测试）。

4.2 任务时间

任务时间（time-on-task）（有时指任务完成时间，或简单地指任务时间）是一个度量产品效率的最佳方法。在多数情况下，参与者完成某任务越快，体验越好。事实上，如果有用户抱怨完成任务所用的时间比期望的要少得多，这将是很奇特的事情。对"任务完成越快越好"这样一个结论，有两个例外。一个例外是游戏，用户在游戏过程中可能并不希望结束得太快。大多数游戏的主要目的在于体验游戏本身，而不是某个任务的快速完成。另一个例外是学习。例如，用户正在断断续续地学习一个在线的培训课程，慢点可能会更好。因为用户不会赶着浏览课程，而是花更多的时间去完成相关作业。

> ### 任务时间与页面停留时间
>
> 任务时间越快，通常越好，这一观点似乎与网页分析中期望更长的页面浏览或停留时间的观点相背。从网页分析的角度来看，更长的页面浏览时间（每个用户注视每个页面的时间）和更长的页面停留时间（每个用户在网站上所花的时间）通常会被看作是好事。理由是这样的数据说明网站有更高的"沉浸感"或"黏性"。我们的主张与这种观点相左的部分原因是我们不认同这种判断。网站停留和浏览时长是从网站所有者的角度而不是用户角度提出来的度量方法。我们主张在一般情况下，用户会希望在网站上花更少的时间，而不是更多的时间。但这两种观点在有些情况下也是一致的。一个网站的目标或许是让用户操作更深入或更复杂的任务，而不是浅显的任务（比如对自己的金融投资组合进行再平衡处理，而不只是查看收支平衡情况）。与浅显的任务相比，更复杂的任务通常会使得用户在网站上的停留时间和操作任务的时间更长。

4.2.1　度量任务时间的重要性

对用户要重复操作的那些产品来说，任务时间特别重要。举例来说，对于一款供航空客户服务代表用来进行电话预订的产品，完成一个电话预订所用的时间将是一个重要的效率度量。航空客户代理预订得越快，越省钱。一个任务由同一名参与者操作得越频繁，效率就变得越重要。度量任务时间的一个好处是：由于效率的提高，它能相对直接地计算出所节省的成本，这样就可以计算出实际的总投资收益率（ROI）。有关如何计算总投资收益率的内容，请详见第 10 章。

4.2.2　任务时间的收集和度量

简单地说，任务时间是指任务开始状态和结束状态之间所消耗的时间，通常以分钟和秒为计算单位。逻辑上，任务时间可以用很多不同的方法测得。测试主持人或记录员可以使用一个秒表或其他任何一个可以测量分钟和秒的时间记录设备记录任务时间。使用数字表或智能手机上的某个应用，也可以简单地记录开始和结束的时间。当对测试单元进行录像时，我们发现多数记录器上都有显示时间的标记，根据这个标记可以得出任务开始和任务结束的时间，这对记录任务时间来说很有帮助。如果选择手动记录任务时间，那么要注意何时开始和停止计时器及 / 或记录开始和结束的时间，这比较重要。最好由两个人来记录时间。

度量任务时间的自动化计时工具

自动化计时工具是一种容易使用且较少出错的记录任务时间的方法。下面列出了一些用于辅助记录任务时间的工具：

- Noldus Information Technology 的 Observer XT。
- Ovo Studios 的 Ovo Logger。
- TechSmith 的 Morae。
- UserFocus 的 Usability Test Data Logger。

我们的网站也提供了一个简单的微软 Word 宏程序，可以用于记录任务开始和结束的时间。自动化计时工具有几个优点：它不仅不容易出错，而且不容易受到干扰。在可用性测试中，参与者如果看到记录人员在用秒表或智能手机按开始和结束的按钮就会感到紧张，而自动化计时工具则可以避免这一点。

何时开 / 关计时器

用户体验研究者不但需要一个度量任务时间的方法，同时需要一些有关如何度量任务时间方面的规则。或许最重要的规则是何时开 / 关计时器。打开计时器这一行为非常直接：测试前，可以让参与者大声阅读任务，当他们完成阅读时，需要尽可能快地打开计时器开始计时。

何时结束计时则是一个较复杂的问题。自动化计时工具通常有一个"回答"按钮。用户往往被要求按下"回答"按钮，表示此时计时结束，他们需要提供一个答案和（可能）回答几个问题。如果用户体验研究者没有使用自动化计时工具，用户体验研究者就可以让参与者口头报告该答案或甚至可以要求他们写下来。但是，在很多情况下，用户体验研究者也不清楚参与者是否找到了答案，此时必须让参与者尽可能快地报告他们的答案。在任何情况下，只要参与者已经和产品停止交互，就要停止计时。

用表格整理任务时间数据

把数据以表格的形式整理出来，这是用户体验研究者首先要做的事情，如表 4.2 所示。通常，可以把所有的参与者或其编号列在第一列中，其他列可以分别列出每个任务的时间数据（以秒表示；如果任务时间长，可以以分钟表示）。表 4.2 也呈现了总结性的数据，包括每个任务的平均值、中数、几何平均值及置信区间。

表 4.2　20 名参与者在 5 个任务上的任务完成时间数据

参与者	任务 1/s	任务 2/s	任务 3/s	任务 4/s	任务 5/s
参与者 1	259	112	135	58	8
参与者 2	253	64	278	160	22
参与者 3	42	51	60	57	26
参与者 4	38	108	115	146	26
参与者 5	33	142	66	47	38
参与者 6	33	54	261	26	42
参与者 7	36	152	53	22	44
参与者 8	112	65	171	133	46
参与者 9	29	92	147	56	56
参与者 10	158	113	136	83	64
参与者 11	24	69	119	25	68
参与者 12	108	50	145	15	75
参与者 13	110	128	97	97	78
参与者 14	37	66	105	83	83
参与者 15	116	78	40	163	100
参与者 16	129	152	67	168	109
参与者 17	31	51	51	119	116
参与者 18	33	97	44	81	127
参与者 19	75	124	286	103	236
参与者 20	76	62	108	185	245
平均值	86.6	91.5	124.2	91.35	80.3
中数	58.5	85	111.5	83	66
几何平均值	65.216	85.225	104.971	73.196	60.323
上限	119.8	108.0	159.5	116.6	110.2
下限	53.4	75.0	119.9	66.1	50.4
置信区间	33.2	16.5	19.8	25.2	29.9

使用Excel处理任务时间数据

在可用性测试中使用 Excel 记录任务时间数据时，通常以小时、分钟或秒（有时）（hh:mm:ss）的格式处理。Excel 给任务时间数据提供了多种格式。这就使得输入任务时间数据变得比较容易，但是当需要计算所有的时间时，这会有点小麻烦。比如，假设某任务在 12:46 pm 开始，而在 1:04 pm 结束。虽然用户体验研究者可以看到这些时间，也知道任务持续了 18 分钟，但是在 Excel 里计算就不那么显而易见了。在内部处理上，Excel 把所有的时间数据都存储为一个数字，这个数字表示的是从零点开始过去了多少秒。因此，要把 Excel 的时间转成分钟的话，就需要用该时间乘以 60（1 小时内的分钟数），然后乘以 24（一天内的小时数）。如果要转成秒，就需要再乘以 60（1 分钟内的秒数）。

4.2.3 分析和呈现任务时间数据

用户体验研究者可以用多种不同的方法分析和呈现任务时间数据。其中，最常用的方法可能是：通过任务来平均每名参与者的所有时间，计算用于任一特定任务或一组任务的平均时间（见图4.4）。这是一种直接报告任务时间数据的方法。这种方法有一个不好处理的方面是：用户之间存在潜在的差异。如果有几个用户花了过长的时间才完成了某个任务，则会大幅度地增加均值。因此，应当一直报告置信区间，以显示任务数据中的变异性。这不仅能显示出同一任务中的变异性，还有助于在视觉上呈现任务之间的差异，进而确定任务之间是否存在统计上的显著性差异。

有时用户体验研究者更喜欢使用中数而非平均值来汇总任务时间数据。中数是一个按顺序罗列的所有任务时间数据中的中间值：一半任务时间数据在中数以下，另一半任务时间数据在中数以上。类似地，与平均值相比，使用几何平均值也存在较少的潜在偏差。任务时间数据是一种典型的偏态分布，在这种情况下，中数或几何平均值会更合适一些。在 Excel 中，我们可以选择"=MEDIAN"或者"=GEOMEAN"来计算。在实践中，我们发现使用这些其他汇总任务时间数据的方法可能会改变任务时间数据的总体水平，但是用户体验研究者所感兴趣的数据模式类型（如任务之间进行的比较）通常是一样的；同样的任务总体上依然会花费最长或最短的时间。

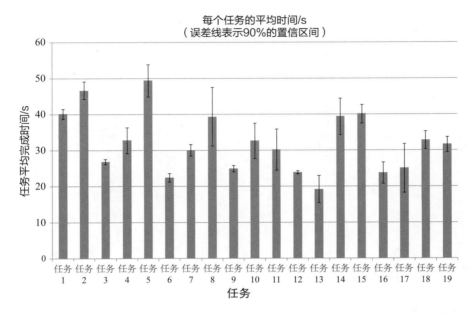

图 4.4 19 个任务的平均完成时间。误差线表示 90% 的置信区间,这些数据来自某个针对原型网站而进行的在线测试

全距

分析任务时间数据的一个变通方法是计算全距(range)(或离散的时间区间),以及报告落在每个时间区间上的参与者频率。呈现所有的参与者任务完成时间的范围是一种很有用的方法。当用户体验研究者想了解某个区间的用户所具有的特征时,这种方法会非常有用,比如,查看那些任务完成时间过长的参与者是否具有某些共同的特征。

阈值

另一个分析任务时间数据的有效方法是使用阈值(threshold)。在多数情况下,唯一重要的事情是关注用户能否在一个可接受的时间范围内完成某些特定的任务。在许多方面,平均值都是不重要的。用户体验研究的主要目标是减少需要过长时间才能完成某任务的用户数量。因此主要的问题则在于给任一既定任务确定什么样的阈值。用户体验研究者可以自己先操作一下该任务,然后记录所用的时间,接着以该时间的双倍时间作为阈值,这是一种方法。另一种方法是:基于竞争性的数据或者甚至是一个合理的猜测,用户体验研究者和产品团队可以给每个任务确定出一个阈值。一旦你设定好阈值,就可以简单地计算一下在这个阈值之上或之下的用户比例,然后绘制出如图 4.5 所示的图。

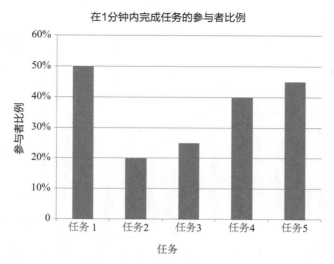

图 4.5　在 1 分钟内完成每个任务的参与者比例

分布和异常值

在分析任务时间数据时，查看数据的分布状态至关重要。这对通过自动化计时工具（当测试主持人不在场时）收集的任务时间数据而言更是如此。参与者在测试中可能会接听电话，甚至在完成任务的过程中外出就餐。在计算平均值时，最不想看到的情况是多数任务时间只有 15~20 秒，而有一个长达 2 小时的任务时间也被计算在其中。从分析中剔除异常值是完全可以接受的，有许多统计方法都可被用来发现并剔除这些异常值：比如我们可以剔除大于平均值以上两个或三个标准差的任何时间值；也可以设定一些阈值，这样就可以不让用户花费多于 x 秒的时间来完成某任务。对后面这种方法，还真是一门"艺术"。因此，应当有一些依据来使用主观性的阈值以剔除异常值。

例如，看一下图 4.6 中所示的任务时间数据：这是一项在线测试中完成某个任务的实际任务时间数据，该项目有 298 名参与者。（可以在 Excel 中创建这样的散点图，只需选择一列时间，然后插入一个散点图。它将自动把这些数据绘制在 X 轴上）。从这个图中可以明显看出，至少有一个极端的异常值：即超过 2000 秒的那个值，其他所有的值都在 500 秒以下。但是还有更多的异常值吗？这些时间的平均值为 115 秒，标准差为 145 秒。使用一个保守的阈值，即平均值加三个标准差（即 550 秒），发现在高位这一端没有更多的异常值。所以，那个 2081 秒的数值将被排除在分析之外。

另一种识别和去除异常值的常用方法是基于四分位数法，在数学上是很简单的。基于这种方法，你只需做以下工作：

- 计算四分位数（25%、50% 和 75%）。在 Excel 中，这可以用 Quartile 函数来完成。
- 计算第一（25%）和第三（75%）四分位数之间的差值。这就是四分位距。
- 用四分位距乘以 1.5。
- 在第三个四分位数（75% 四分位数）的基础上加上这个数字。这个结果会告诉你在高水平的异常值的分界点。同样的方法也适用于低水平。

在上述数据的情况下，四分位数法将表明：任何高于 318 秒的数据点都可以被认为是异常值。

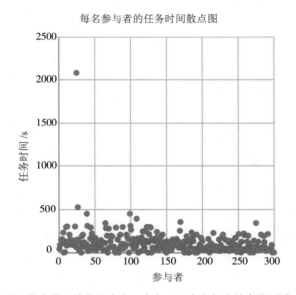

图 4.6　一项任务时间数据散点图，该数据来自一个有 298 名参与者的在线测试。注意其中一个明显的异常值

一个相反的问题，即参与者很明显地在一个不正常的短时间内完成了一项任务，这在线上测试中确实较为常见。有的参与者可能会很着急或者只是对参加测试的酬金感兴趣，以至于他们只是简单地且尽可能快地操作研究中的任务。比如，如果产品的专家用户都没有办法在 8 秒钟之内完成该任务，那么一个典型的普通用户完成该任务时就完全不可能比这个时间还快。一旦设定了这种最短的可接受的时间，就可以轻易地剔除那些比该时间还短的任务时间数据。这些就是要剔除的数据：不只是任务时间数据，而是整个任务的数据（包括该任务相关的任何其他数据，如任务成功或主观评分）。除非发现证明其不必被删除的证据，否则必须删除。因为这样的任务时间数据往往说明参与者并

没有合理地对待这个任务。如果一名参与者在多个任务上出现了这种情况，就应该考虑剔除这名参与者的所有测试数据。可以预估，在线研究的所有参与者中总有 5% 到 10% 的人参加该研究只是为了获得酬金。

继续使用图 4.6 所示相同样本的时间数据，据此看图 4.7 所示的图表。这显示了与图 4.6 相同的基本数据，但 Y 轴被截短，只显示小于或等于 100 秒的时间。这样做是为了能够看清底部的数据点。可以从这张图中看到，在大约 10 秒和 18 秒之间有一个数据"空白"。这是一个很好的迹象，表明那些用时小于 10 秒的参与者可能是在"作弊"，并没有认真完成任务。通过检查这些参与者的数据可以进一步验证他们并没有成功完成任务。然后，就需要准备将这些参与者从任务成功的数据中剔除。在这个例子中，有 23 名参与者处于底部位置，占参与者总数的 8%。

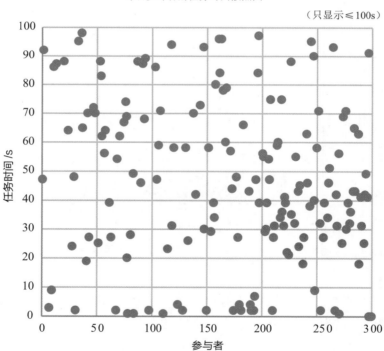

图 4.7   时间数据散点图（仅显示了参与者的任务时间小于等于 100s 的数据）。这使研究人员能够快速识别潜在的数据异常点

4.2.4   分析任务时间数据时需要考虑的问题

分析任务时间数据时，有些问题需要考虑，例如，是考察所有的任务还是只考察成

功完成的任务；使用出声思维口语报告分析（think-aloud protocol）可能带来的影响是什么，以及是否要告知参与者我们要度量任务完成时间等。

只针对成功的任务还是所有的任务

或许第一个需要考虑的问题是：在分析中，应该只包括成功的任务还是包括所有的任务？只包括成功任务的主要优点是可以更清晰地度量效率。比如，失败任务的时间数据通常很难估算。有的参与者会一直在尝试操作任务，直到你拔去插头、切断计算机的电源。任何由参与者放弃或主持人"拔去插头"而结束的任务都会导致任务时间数据的变异。

分析所有任务（无论成功与否）时间数据的主要优点是更能准确地反映出整体的用户体验。比如，如果只有一小部分用户能成功完成任务，但有些特别的用户群能非常高效地完成任务，那么整体的任务时间将会很短。因此，当只分析成功任务时，就很容易对任务时间数据造成错误的解释。分析所有任务时间数据的另一个好处是：它独立于任务成功度量。如果只分析成功任务的时间数据，那么需要在这两组数据之间引入一个依存条件。

如果参与者总是可以确定何时放弃某个未能成功完成的任务，那么在分析过程中就可以包括所有的任务时间数据，这是一条好规则。如果测试主持人有时能够决定何时结束一个未能成功完成的任务，那么可以只使用成功任务的时间数据。

使用即时性出声思维分析

另一个需要考虑的问题是：当收集任务时间数据时，是否适合使用同步出声思维口语报告（concurrent think-aloud protocol）的分析方法（即要求参与者一边操作任务，一边报告操作时的想法）。很多用户体验研究者都很重视使用同步出声思维口语报告分析方法来获知用户的重要想法，以将其体现在用户体验设计中。但有时出声思维也会带来一些不相关的话题，或者会导致用户与主持人之间的交互变得冗长。当参与者正在就网页快速加载的重要性进行叙述或评论（比如有 10 分钟）时，用户体验研究者还在度量任务时间，这是最应避免的事情。如果需要在参与者"出声思维"时捕获任务时间，一个好的解决方案是要求参与者在任务之间的时间间隔内"止住"大部分的评论。当"计时器"停止后，用户体验研究者可以就刚完成的任务与参与者进行对话。

回顾式出声思维

在许多可用性专业人士中流行的一种技术是回顾式出声思维（Retrospective Think-Aloud，RTA）（比如，Birns Joffre，Leclerc & Paulsen，2002；Guan，Lee，Cuddihy，Ramey，2006；Petrie & Precious，2010）。使用这种方法时，参与者在与被测产品进行交互的过程中保持沉默。完成所有的任务后，研究人员会给他们看一些在测试过程中做过的事情作为"提示"，然后请他们描述一下他们在交互过程中，在相应的时间点或测试点上是如何思考的。提示可以有多种形式，包括屏幕上操作的视频回放（有时也可以结合用户的录像），或用于说明用户关注模式的眼动追踪回放。这一技术可以产生最精确的任务时间数据。还有证据表明同步出声思维会给用户带来额外的认知负担，从而降低了任务操作的成功性。比如，van den Haak、de Jong 和 Schellens（2004）对一个图书馆网站进行的可用性研究发现：使用同步出声思维时用户只完成了 37% 的任务，而使用回顾式出声思维时则完成了 47% 的任务。然而，Peute、Keizer 和 Jaspers（2015）在研究一个医生数据查询工具时发现，在发现可用性问题方面，同步出声思维比回顾式出声思维表现更好。

需要告诉参与者我们要对任务时间进行度量吗

在进行任务时间度量时要注意的一个重要问题是：是否要告知参与者有人正在记录他们的操作时间。如果不告知这方面的信息，参与者就不会以一种高效率的方式进行操作。对参与者来说，当他们在操作任务的进程当中，往往会访问或浏览网站的不同区域，这很常见。不过反过来看：如果你告诉参与者他们的操作正在被计时，他们可能会变得很紧张，同时会觉得是他们自身而不是产品被当作了测试的对象。一个好的折中办法是要求参与者尽可能又快又准地操作任务，而不是主动告诉他们正被精确地计时。如果参与者偶尔问到（通常他们会很少这么问），用户体验研究者可以只是轻描淡写地予以解释，说明研究只关注每个任务开始和结束的时间。

4.3 错误

有的用户体验研究者认为错误和可用性问题在本质上是同一回事情。虽然它们肯定是有关联的，但是二者实际上是不同的。一个可用性问题是问题发生的原因，而一个或多个错误则是问题造成的结果。比如，如果用户在使用一个电子商务网站完成某次购买行为中碰到了一个问题，那么这个问题（或原因）可能由于产品上标有困惑性的标签所致。这个错误或者说该问题的结果则可能是在选择他们想购买的产品时选择了错误的选项。本质上，错误是一些不正确的动作，而这些动作可能会导致任务失败。

4.3.1　何时度量错误

在有的情景中，发现和区分错误比仅仅描述可用性问题更有帮助。当用户体验研究者想了解某个可能会导致任务失败的具体动作或一组动作时，度量错误是很有用的。比如：某用户可能在网页上做了错误的选择，出售了一只股票而不是买进更多的股票；某用户在医疗器械上可能按了错误的按钮就给病人开了错误的药物。这两个例子中，重要的是了解犯了什么错误及不同的设计元素在多大程度上可能会增加或减少这些错误的发生频率。

度量错误对评价用户绩效很有用。尽管能够在一个合理的时间范围内成功地完成某任务，但交互过程中出现的错误数量同样也会让人有所发现。错误可以告诉用户体验研究者发生了多少误解、产品的哪些方面造成了这些误解、不同的设计可以使错误的类型及发生频率有多大程度的不同，以及一般情况下产品真实可用的程度有多大。

度量错误并不是对所有的情况都适用。我们发现度量错误在以下三个常见情况中比较有用：

1. 当某个错误将会导致效率的显著降低时，比如，某个错误会导致：数据的丢失、需要用户重新输入信息或者明显令用户在完成某任务时变得缓慢。
2. 当某个错误将会导致组织或终端用户在成本上明显增加时，比如，某个错误将会导致：客户支持（部门）电话量的上升，或被退回的产品增多。
3. 当某个错误将会导致任务的失败时。比如，某个错误将会引起：病人服用错误的药物、投票人错选了候选人或者网络用户买了错误的产品。

4.3.2　什么造成错误

令人惊讶的是，对什么因素构成了错误都没有一个被广泛接受的定义。很明显，错误是某类用户所发生的一些不正确操作。在通常情况下，错误可以是任何阻碍用户高效完成任务的动作。有时没有动作也是错误。错误可以建立在多种不同类型的用户操作动作之上，比如下列这些：

- 在表格区域输入了不正确的数据（比如，在登录过程中输入了错误的密码）；
- 在菜单或下拉表单中做出了错误的选择（比如，在应该选择"修改"选项时却选择了"删除"选项）；
- 执行了不正确的操作序列（比如，当试图播放电视录像时却将家庭媒体服务器格式化了）；
- 未能执行关键性的操作（比如，在页面上要点击一个重要的链接）。

很显然，用户可能采取的动作范围依赖于要研究的产品（网站、手机、多媒体播放器等）。在确定什么是错误时，首先要把用户在产品上进行的所有可能动作列出来。当对可能的操作动作有了整体的了解后，用户体验研究者就可以着手去定义产品使用过程中可能会出现的不同错误。

4.3.3 收集和度量错误

度量错误不总是那么容易。与其他绩效度量一样，用户体验研究者需要知道正确的操作动作应该是什么样，或者在有的案例中正确的操作动作组合是什么。比如，对于密码重置表单，就需要知道成功重置密码的正确操作动作序列是什么及什么不是。对正确和不正确操作动作的范围，定义得越好，就越容易度量错误。

有个问题需要重点考虑：一个既定的任务只存在单个错误机会还是存在多个错误机会。一个错误机会本质上是一次出错的可能。比如，如果度量常规登录界面的可用性，就有可能存在两个错误机会：在输入用户名时出错，以及输入密码时出错。如果度量的是在线表单的可用性，那么表单中有多少选择项，就意味着存在多少个错误机会。

在有的情况下，一个任务中可能存在多个错误机会，但用户体验研究者只需关注其中的某个。比如，用户体验研究者可能只感兴趣用户是否点击了一个特定的链接，因为用户体验研究者知道这个链接对用户完成他们的任务来说是很关键的。尽管在页面上的其他位置也可能出错，但是用户体验研究者只需盯着那个链接上，用户只要没有点击那个链接，就被认为是一个错误。

整理错误数据最常用的方法是按任务整理。很简单，只需要记录每个任务的错误数量和每个用户的错误数量。如果只有一个错误机会，则错误数量将为 1 或 0：

0 ＝没有错误

1 ＝一个错误

如果可能有多个错误机会，则错误数量将在 0 和最大的错误机会数量之间变化。错误机会越多，用表格来整理这些数据就越难，也越耗时。在实验室测试中，用户体验研究者可以在观察用户的同时统计错误数量，也可以在测试单元结束后通过回看录像进行统计，或者使用自动化工具或在线工具收集该数据。

如果用户体验研究者能明确定义好所有可能的犯错机会，那么也可以给每个用户和每个任务确定每个错误是否出现：出现（1）或没出现（0）。计算一个任务的平均错误就能说明这些错误出现的概率。

4.3.4 分析和呈现错误数据

错误数据的分析和呈现会有所不同，取决于某个任务只有一个错误机会还是有多个错误机会。

只有一个错误机会的任务

分析只有一个错误机会的任务时，最常见的方法是看每个任务的错误发生频率。这将表明发生错误多的任务就可能有可用性问题。这可以通过以下两种方式中的任何一种进行，其解释形式略有不同：

- 统计任务的错误发生频率，并绘制出错误数量的图。这将显示每个任务的错误数量。请注意，在这种类型的分析中，不需要使用置信区间，因为并不准备把这结果在更为一般的人群中去推断；用户体验研究者只想看看哪些任务的错误多。
- 针对每个任务，用错误数除以该任务的参与者总数。这将有助于判断每项任务中出现错误的参与者的百分比。如果每项任务的参与者人数不同，这就特别有用。图 4.8 是基于只有一个错误机会的错误数据样例。在这个例子中，用户体验研究者感兴趣的是：在使用不同的屏幕软键盘（on-screen keyboacd）时，出现一个错误的参与者百分比有多大（Tullis，Mangan&Rosenbaum，2007）。基点是当前常用的 QWERTY 的键盘布局。

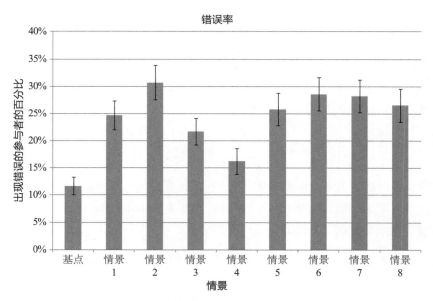

图 4.8　如何呈现只有一个错误机会的样例数据。在这项研究中，有可能每个任务只有一个错误机会（比如输入的密码不正确），条形图表示每种情景下出现一个错误的参与者百分比

　　另一种做法是：从合计的角度，对只有一个错误机会的任务，分析和呈现其错误数据。用户体验研究者可能并不总是关心某个具体的任务，而是关心用户的总体表现。这里有一些选择：

- 将每个任务的平均错误率作为一个单一的错误率。这将有助于判断该研究中的总体错误率。例如，可以说这些任务的平均错误率为 25%。这是报告错误情况的一个有用的基础指标。

- 对于有一定数量错误的任务，还可以取这些任务的错误平均值。例如，用户体验研究者正在查看大量的任务，可以报告说其中有 50% 任务的错误率为 10% 或更高。或者还可以说，至少有一名参与者在 80% 的任务中出现了错误。

- 为每项任务确定最大可接受的错误率。例如，用户体验研究者可能只对找到那些错误率超过某个特定阈值（比如 10%）的任务有兴趣。然后，就可以分别计算出高于和低于这个阈值的任务百分比。可以简单地说，有 25% 的任务超过了可接受的错误率。

- 对每一种类型的错误进行分类（见图 4.9）。例如，用户体验研究者可以确定出每个错误的不同来源，如那些基于导航、术语、内容或知晓度的错误。通过对每个错误进行分类后，就可以考虑如何修复各种错误，以及对错误类型的优先级有所了解。

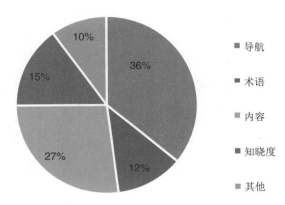

图 4.9　所有任务中不同类型错误的百分比

有多个错误机会的任务

这里有几个常用的方法，可以用来分析有多个错误机会的任务数据：

- 从考察每个任务的错误频率开始是一个好的方法。这样，用户体验研究者将能看到哪些任务会出现最多的错误。但是，如果每个任务的错误机会都各不相同，那么这种做法就可能会存在误导，而用总的错误机会数量去除任务中出现的总错误数就可能是一个比较好的做法。这样，得出的错误率就考虑了错误机会的数量。

- 对每个任务，可以计算每名参与者出错次数的平均值。这可以告诉用户体验研究者哪些任务产生了最多的错误。这种做法更有意义，因为它可以表示当使用某个产品时，典型用户在完成某个特定任务的过程中可能会碰到多少个错误。该方法的另一个优点是它考虑到了极端情况。如果只是简单考察每个任务的错误发生频率，有些参与者可能是大部分错误的源头，而其他很多参与者都能无误地完成任务，那么按每名参与者计算出错次数的平均值，就能减小偏差。图 4.10 即呈现了每个任务的平均错误数。

- 在有些情况下，我们可能更有兴趣知道哪些任务落在某个阈值之上或之下。比如，对某个任务，错误率高于 20%，是不能接受的；而对于其他的任务，错误率高于 5% 就不能被接受了。最直接的分析是给每个任务或每名参与者先确立一个可接受的阈值。接下来，计算某个特定任务的错误率或参与者的错误数在这个阈值之上，还是之下。

- 在有些情况下，用户体验研究者需要考虑到，不是所有的错误都是以同等严重程度出现的。有的错误比其他的错误更严重。可以给每个错误都赋予一个严重等级，比如微小、中等、严重，你可以用 1（微小）、2（中等）、3（严重）的值来对每个错误进行加权。然后，简单地使用这些权重将每名参与者的得分加起来。再将总分数除以每个任务的参与者人数。这将为每个任务生成一个"平均错误分数"。该分数的解释和错误率有点不同。本质上，用户体验研究者就可以报告某些任务比其他任务具有更频繁和 / 或更严重的错误。

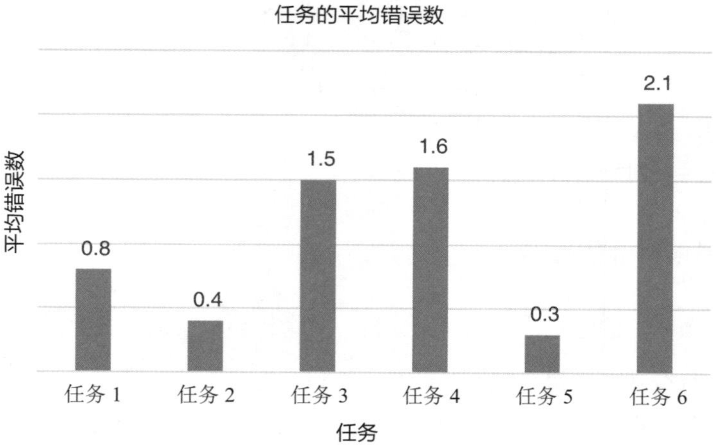

任务的平均错误数

图 4.10 呈现每个任务的平均错误数

4.3.5 错误度量时需要考虑的问题

当度量错误时，有几个重要的问题是一定要考虑的。首先，确保没有重复计算错误。当把多个错误赋予同一个任务时，往往会出现重复计算的情况。比如，计算密码输入页面的错误数时，如果一个用户在密码中输入了一个额外的字符，那么就可以把它计为一个"多余字符"错误，而不应该同时也把它计为一个"不正确字符"的错误。

有时，用户体验研究者需要知道更多的信息，而不仅仅是一个错误率；用户体验研究者需要知道为什么不同的错误会出现。解决该问题最好的办法是对每种类型的错误进行考察。本质上，需要试图用错误类型对每个任务进行编码。编码应该建立在错误的不同类型之上。继续以上述密码输入的例子进行说明，错误类型可以包括"缺漏字符""变换字符""多于字符"等。或者从高一点的层面，可以把错误区分为"导航错误""选择错误""诠释性错误"等。一旦对每个错误进行了编码，就可以计算每个任务中出现每个错误类型的频率，以更准确地理解问题究竟出在哪里。这也将有助于提高你收集错误数据的效率。

在有的情况下，一个错误与未能完成某项任务是同一件事情。比如，在登录页面，如果在登录时没有错误出现，就等同于任务成功。如果有错误出现，就等同于任务失败了。在这种情况下，可能很容易将错误报告为任务失败。这与其说是数据问题，还不如说是数据呈现问题。要确保受众能清晰无误地理解所使用的度量。

4.4 效率

任务时间（time-on-task）经常被用于度量效率，但另一个度量效率的方法是查看完成某任务所要付出多少努力（effort）。这往往可以通过度量参与者执行每个任务时所用的操作动作数或步骤数而获得。一个操作动作可以有多种形式，比如在页面上点击某个链接、在微波炉或手机上按某个按钮，或者在航空器上轻拨一个开关。用户执行的每个操作动作都显示了一定程度的努力。参与者执行的操作步骤越多，就需要有越多的努力。在多数产品中，目标是最小化完成某任务所需要的具体操作步骤，这样可以把所需要付出的努力降到最低。

我们所说的努力是什么意思？至少有两种类型的努力：认知上（cognitive）的和身体上（physical）的。认知努力包括：找到正确的位置以执行操作动作（如找到网页上的一个链接）、确定什么样的操作动作是必要的（我应该点击这个链接吗），以及理解该操作动作的结果。身体上的努力包括执行操作所需要的躯体动作，比如移动你的鼠标、用键盘输入文本、打开开关，以及其他诸如此类的动作。

如果用户体验研究者不仅关注完成某任务所需要的时间，而且关注该任务时所需的认知和身体上的努力，那么效率作为一个度量将会被很好地应用起来。比如，如果正在设计一个自动导航系统，那么就需要确保用户不需要付出太多的努力就可以设置好导航方向，因为驾驶者的注意力一定要集中在路面上。同时重要的是，使用自动导航系统时所需要的身体和认知上的努力也应被降到最小。

4.4.1 收集和度量效率

在收集和度量效率时，有五个重要的方面需要记住。

- 确定有待度量的操作动作：对网站来说，点击鼠标或浏览页面是常见的操作动作。

对软件来说，点击鼠标或敲击键盘可以是常见的操作动作。对家电或消费者电子产品来说，操作动作则可以是单击按钮。无论被评价的产品是什么，用户体验研究者应该对所有可能的操作动作有一个清晰的了解。

- 定义操作动作的开始和结束：用户体验研究者需要知道一个操作动作何时开始和结束。有时，操作动作非常快（比如按下按钮），而有些操作动作则需要更长的时间。本质上有的操作动作可能更被动，比如查看网页。有的操作动作有一个非常清晰的开始和结束，而有的操作动作很难有明确的定义。

- 计算操作动作的数目：用户体验研究者必须计算操作动作的数目。操作动作一定发生在视觉上容易被看到的路径，或者如果操作动作太快的话，就可以通过自动系统记录。竭力避免不得不花几个小时回看录像来收集效率度量的做法。

- 确定的动作必须有意义：每个动作都应该能够表示为认知努力和（或）身体努力上的增加。操作动作越多，所需要的努力就越多。例如，在一个链接上的每一次鼠标点击几乎总会带来一次认知努力或身体努力上的增加。

- 仅查看成功的任务：当使用操作动作的数量来度量效率时，应该只计算成功的任务。包含失败任务是没有意义的。例如，参与者可能只走几步就放弃一项任务，因为他们完全迷路了。如果用户体验研究者使用这些数据，用户的执行效率看起来可能就会与那些仅需最少步骤就成功完成了任务的参与者相同。

一旦确定了想获取的操作动作，对它们进行计数就很简单了。可以手动完成，比如，按查看的页面或所按的按钮进行计数。这对相当简单的产品来说会很管用，但在多数情况下这是不切实际的。很多时候，参与者是以一个惊人的速度在执行一些操作动作的。每秒钟就可能有不止一个操作动作，因此，建议使用自动化的数据收集工具。

4.4.2　分析和呈现效率数据

分析和呈现效率数据最常用的方法是考察每名参与者完成某任务时的操作动作数量。可以简单地计算每个任务（按参与者）的平均值以查看用户做了多少操作动作。这种分析有助于发现哪些任务需要最大量的努力，同时，当每个任务需要相同数量的操作动作时，该分析也会很适用。然而，如果有的任务比其他任务更复杂，那么这种方法可能会有误导性。就这种类型的图表来说，报告置信区间（基于一个连续分布）也是很重要的。

Shaikh、Baker 和 Russell（2004）使用了一个效率度量，该度量建立于三个不同的减肥站点［Atkins、Jenny Graig 和 Weight Watchers（WW）］上完成相同任务时的点击次数。

他们发现用户在使用 Atkins 站点时的效率明显比使用 Jenny Craig 或 Weight Watchers 时的效率要高（需要较少的点击次数）。

迷失度

另一个在 Web 行为研究中有时会用到的效率度量是迷失度（lostness）（Smith，1996）。迷失度可以通过下面三个值计算获得。

N：操作任务时所访问的不同的页面数。

S：操作任务时访问的总的页面数，其中重复访问的页面计为相同的页面。

R：完成任务时必须访问的最小的（最优的）页面数。

迷失度 L 就可以通过下面的公式计算获得：

$$L = \mathrm{sqrt}[(N/S-1)^2+(R/N-1)^2]$$

可以结合图 4.11 所示的例子来看，用户的任务是在页面 C1 上搜索物品。从首页开始，完成该任务所需访问的最小页面数是 3。另外，图 4.12 描述了某特定参与者到达目标页面时所走过的全部路径信息。在最终达到正确的位置前，这名参与者走了一些不正确的路径，其间访问了 6 个不同的页面（N），或总的页面访问数 8（S）。所以对这个例子，有：

$$N=6$$

$$S=8$$

$$R=3$$

$$L=\mathrm{sqrt}[(6/8-1)^2+(3/6-1)^2]=0.56$$

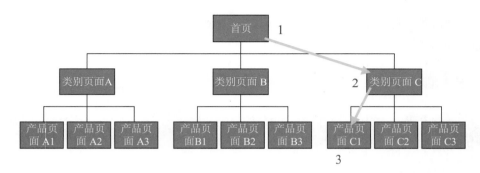

图 4.11　完成某任务（从首页开始浏览至产品页面 C1 上，找到一个目标项）时的最优路径数

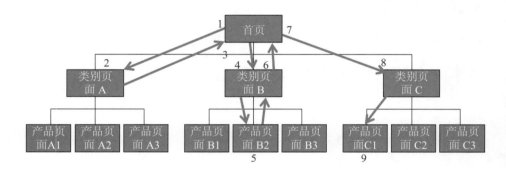

图 4.12　某参与者找到产品页面 C1 上的目标项所经过的实际操作动作数。注：访问同一页面的不同次数也计算在内，因此一共用了 9 步才找到目标项

一个最佳的迷失度得分应该为 0。Smith（1996）发现迷失度小于 0.4 时，参与者不会显示出任何可观察到的迷失度方面的特征。相反，当迷失度大于 0.5 时，参与者就会出现迷失度特征。

一旦计算出迷失度，就可以轻而易举地计算每个任务的平均迷失度。有些参与者操作起来会超过理想的操作动作数，其数量或百分比也可以反映出设计／产品的效率。比如，可以呈现有 25% 的参与者超过了理想的或最小的操作动作数，甚至可以进一步把它分解，即有 50% 的参与者在最小操作动作数内完成了某任务。

循迹度量

Treejack 是一个由 Optimal Workshop 提出来的用于测试信息架构的工具。Treejack 研究中的参与者会浏览一个信息结构，并说明他们希望在哪个地方能找到某条给定的信息或执行某个操作。参与者可以在信息架构中往前走，或者需要的话向回走。从 Treejack 研究中可以获得一些有用的度量指标，包括传统的一些指标，比如参与者认为他们应该在哪个地方找到每项功能。但一个格外有趣的度量是"循迹度量"（backtracking metric）。它能说明一个用户在信息架构中的哪个位置开始时往回找。用户体验研究者可以分析操作每个任务过程中出现"循迹"操作的参与者百分比。在我们的信息架构研究中，我们发现这通常是最有启发的度量。

4.4.3　合并任务成功和任务时间的效率

另一个效率度量的视角整合了本章中所讨论的另外两个度量：任务成功和任务时间。可用性测试报告的通用性企业格式（ISO/IEC 25062：2006）描述为："效率的核心度量"是任务完成率与每个任务平均时间的比值。实质上，这表达了单位时间内的任务成功数。任务时间以分钟表示更常见，但如果任务非常短，以秒表示更合适，或者如果任务不同寻常的长，甚至也可以用小时表示。时间单位的使用决定了结果的范围。用户体验研究者的目标是选择一个可以产生"合理"范围的单位（比如，该范围内大多数值都落在 1% 和 100% 之间）。表 4.3 给出了一个计算效率度量的例子，它是任务完成率和任务时间（以分钟为单位）之间的比值。图 4.13 表示了这种效率度量出现在图中的形式。效率的度量标准是任务完成情况与任务时间的比值，单位是 min。当然，效率的数值越高越好。在这个例子中，用户在执行任务 5 和任务 6 时似乎比完成其他任务更有效率。

表 4.3　效率度量：任务完成率与任务时间的比值（很显然，效率值越高越好。在这个样例中，用户在完成任务 5 和任务 6 的效率要高于其他任务的效率）

	任务完成率 / %	任务时间 /min	效率 / %
任务 1	65	1.5	43
任务 2	67	1.4	48
任务 3	40	2.1	19

任务 4	74	1.7	44
任务 5	85	1.2	71
任务 6	90	1.4	64
任务 7	49	2.1	23
任务 8	33	1.3	25

　　这种计算效率的方法有一个细微的变式，即：按每名参与者计算其成功完成的任务数量，然后用该参与者在所有的任务上（成功的和未成功的）耗费的总时间去除。这给了用户体验研究者一个有关每名参与者的非常直接的效率得分：每分钟（或者其他任何时间单位）成功完成的任务数。如果参与者在总长为 10 分钟的时间内成功完成了 10 个任务，那么该参与者总体上每分钟成功完成一个任务。当所有的参与者执行了相同数量的任务且任务在难度水平上相对类似时，这种方法最适合使用。

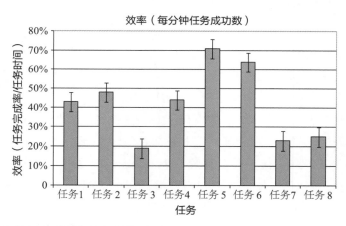

图 4.13　以任务完成率 / 任务时间的函数表示的效率

　　图 4.14 中的数据源于一项在线测试，该测试旨在比较为某网站而设计的 4 个不同的导航原型。这是一个组间设计（between-subjects design）的研究，即每名参与者只使用其中的一个原型，但所有的参与者都要求执行 20 个相同的任务，共有 200 多名参与者使用了相应的测试原型。我们可以计算每名参与者成功完成任务的数量，然后用该参与者所花费的总的任务时间去除，其平均值（即 95% 的置信区间）如图 4.14 所示。

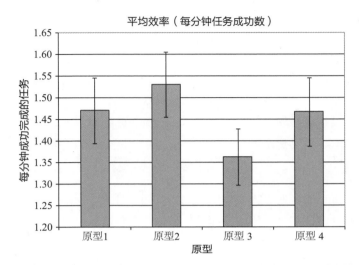

图 4.14 在针对某网站的 4 个不同导航原型而进行的在线测试中，每分钟成功完成任务的平均数量，共有 200 多名参与者完成了每个原型中的 20 个相同任务。使用原型 2 的参与者完成任务的效率要明显高于使用原型 3 的参与者完成任务的效率

4.5 易学性

对大多数产品（特别是新产品）来说，用户需要一定程度的学习才能使用起来。通常，学习不会在即刻间发生，但是会随着经验的增加而持续进行。获得的经验是建立在使用某产品所花费的时间和所执行的任务类型等基础之上的。学习有时迅速而轻松，但有时却十分辛苦而耗时。易学性是指事物可被学习的程度。它可以通过考察熟练使用产品所需要的时间和努力而测得。我们认为易学性是一个重要的度量指标，但是没有得到应有的更为广泛的关注。如果用户体验研究者需要知道随着时间推移，某人使用某产品的娴熟程度，那么易学性将会是一个基本的度量。

我们看下面这个例子。假设你是一位用户体验研究者，被要求评估一款在组织内为员工设计的计时软件。你可以走进实验室并邀请 10 名参与者进行测试，给他们每人一组核心的任务，度量任务成功、任务时间、错误甚至是总体的满意度。使用这些度量可以有助于部分了解该计时软件的可用性。虽然这些度量都是有用的，但是它们也可能造成误解。因为计时软件的使用不是一次性的事件，而具有一定数量的发生频率，所以易学性就非常重要。真正重要的问题是：需要付出多少时间和努力，才能娴熟地使用该计时软件。的确，当首次使用这个软件时，会存在一些初始性的障碍，但是问题的实质是要逐渐"提高速度"。只考察参与者初始使用产品的情况，虽然在可用性研究中是十分常见的，但当达到熟练掌握时，所需要的努力程度就更重要。

学习可以在一个短时期内或更长时期内发生。当学习发生于短时期内时，用户就需要尝试不同的策略以完成任务。一个短时期可以是几分钟、几小时或几天。比如，如果用户不得不每天使用计时软件提交时间表，那么他们就会努力迅速形成关于该软件如何工作的心理模型。在这种情况下，记忆在易学性中不再是一个大的因素，而需要调整提升效率策略来提高易学性，希望在几小时或几天内，就可以达到效率最大化。

学习也可以在较长的时期内发生，比如以星期、月或年为单位。这就意味着每次使用之间存在显著的时间跨度。比如，如果只是每几个月填写一次费用报表，易学性就能成为一个很重要的挑战，因为你不得不在每次填写时都要重新学习一下。在这种情况下，记忆就非常重要了。使用该产品的时间间隔越长，就越依赖于记忆。

4.5.1　收集和度量易学性

收集和度量易学性在本质上与其他绩效度量是一样的，不同的是需要多次收集易学性数据。每次收集该数据的过程都可被看成是一项施测（trial）。可以每5分钟、每天或每个月施测一次。两次施测之间的时间（或收集该数据的时间）设置，要基于所预期的使用频率。

首先要决定的是需要使用哪些类型的度量。易学性几乎可以用任何持续性的绩效度量测得，但最常见的是那些聚集在效率上的度量，如任务时间、错误、操作步骤数量或每分钟任务成功数等。随着学习活动的发生，用户体验研究者期待看到效率能够提升。

在决定使用哪些度量之后，需要决定的是两次施测之间需要多长的时间。当学习活动发生于一个很长的时间之后，要做些什么？如果用户每周、每月或甚至一年使用一次产品，又要做些什么？理想情况是每周、每月或每年邀请同样的一些参与者到实验室。但在许多情况下，这非常不现实。如果告诉他们该研究将要3年的时间才能完成，开发人员和商业资助者会非常不乐意。更现实的方法是邀请同一批参与者在一个较短的时间间隔内参与研究，并明确说明由此带来的数据收集上的不足。这里有几个备选的做法：

- 同在一个测试单元中的施测。参与者要完成一些任务或几组任务，一个接一个地，中间没有停顿。这对实验人员来说非常容易，但是这种研究设计没有考虑明显的记忆衰减。

- 同在一个测试单元中，但任务之间有间隔的施测。间隔可以是一个干扰任务或其他可以促使遗忘的事情。这对实验人员来说也十分容易，但是这种研究设计会使每个测试单元时长延长。

- 不同测试单元之间的施测。在多个测试单元（前后两个单元之间至少要隔1天）中，参与者要完成相同的任务。如果产品在一个比较长的时间内才被偶尔用一下，那么这种做法可能是最不符合实际情况，却是最现实可行的。

4.5.2 分析和呈现易学性数据

分析和呈现易学性数据最常用的方法是：通过施测来检验每个任务（或合计之后的所有任务）上某个特定的绩效度量（如任务时间、操作步骤数量或错误数）。这将会呈现出绩效度量随着经验习得的影响而发生变化，如图4.15所示。可以把所有的任务合计起来，并把数据呈现为一条单一的线，也可以把每个任务都单独表示为相应的数据线。这将有助于确定如何比较不同任务的易学性，但是这也会使绘制出来的图难以解释。

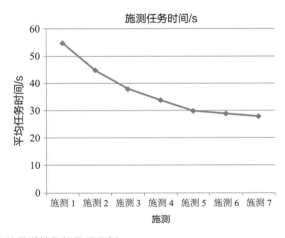

图4.15 基于任务时间的易学性数据呈现示例

我们首先应该看的是图表中折线的斜率。在理想情况下，斜率（有时被称为学习曲线）应相当扁平且靠近y轴（就错误、任务时间、操作步骤数或其他任何度量来说，数值小一点都比较好一些）。如果你要确定学习曲线（或斜率）之间是否存在显著的差异，则需要进行方差分析，并查看是否有主施测。

Excel中的斜率函数

分析易学性数据的一个有用的 Excel 函数是 SLOPE 函数。SLOPE 函数的参数是一组已知的"x"值和相关的"y"值。例如，"x"值可能是施测数字。"y"值可能是与每个施测相关的时间。这样，通过这些数据点就会得到一个回归线，SLOPE 函数则可以给出其斜率（即最佳拟合直线的斜率）。

同时用户体验研究者要注意到折线的拐点，或折线从哪里开始实质性地平滑。这说明参与者已经尽其可能进行了充分的学习，使提高的空间变得非常小。多长时间才能使用户达到最大绩效，项目团队成员对此总是很感兴趣。

最后，应该考察 y 轴上的最高值和最低值，这说明要学习多少或多久才能达到最大绩效。如果差异小，用户很快就会学会使用该产品。如果差异大，用户就需要一些时间才能熟练使用该产品。分析最高值和最低值之间差异的一个简单方法是考察二者的比率。下面举一个例子：

- 如果第 1 次施测中的平均时间是 80s，而最后一次施测是 60s，则比率就表示参与者初始使用时间为 1.3 倍长。
- 如果第 1 次施测中的平均错误数是 2.1 个，而最后一次测试中是 0.3 个，该比率就表示从首次施测到末次施测提高了 7 倍。

考察需要多少次施测才能达到最大绩效也有帮助。这能很好地描述需要多大的学习量才能熟练使用该产品。

在一些情况下，需要比较不同情景下的易学性，如图 4.16 所示。在这项研究中（Tullis，Mangan & Rosenbaum，2007），他们度量的是，使用不同类型的屏幕软键盘输入密码的速度（效率）如何随着使用时间的推移而变化。正如我们从数据中可以看到的，从第 1 次施测到第 2 次施测有提高，但紧接着折线就平滑得非常快。同时，所有屏幕键盘的输入与基点（即常用的 QWERTY 键盘）相比也明显较慢。

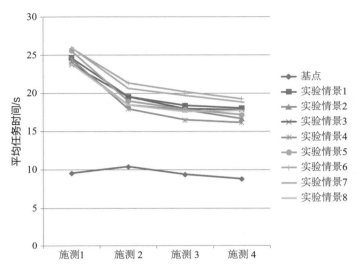

图 4.16　不同类型屏幕软键盘的易学性度量

4.5.3　度量易学性的关键问题

度量易学性时需要考虑的两个关键问题是：（1）施测中应该考虑什么；（2）需要进行多少次施测。

什么是施测

在有些情景下，学习行为是持续的。这意味着用户要非常连续且没有明显间断地使用产品。毋庸置疑，记忆在这样的情景下肯定是一个影响因素。学习活动更多地与完成任务过程中不同策略的形成和改变有关。施测的整个概念对持续学习没有多大意义。在这种情景下，用户体验研究者要做些什么？有一个方法是：在确定好的时间间隔内进行度量。比如，可能需要每 5 分钟、每 15 分钟或者每小时施测 1 次。在一项我们所进行的可用性研究中，我们要评估一套每天会多次使用的新应用软件的易学性。我们开始邀请参与者到实验室进行第一次测试，他们均是第一次接触该产品。接着他们回到他们常规的工作中，并开始使用这个软件完成他们的正常工作。一个月之后，我们再次邀请他们到实验室，并让他们再次完成本质上与第一次相同的任务（在细节上有一点细微的变化），同时使用同样的绩效度量。最后，再过了另一个月，我们再次请他们回来并重复之前的测试过程。这样，我们就能够考察两个月期间易学性的变化情况。

施测次数

需要测多少次？很明显，至少需要两次，但在很多情况下至少需要三次或四次。有时很难预测在施测序列中的哪个阶段上出现了最大程度上的学习效应，或者甚至不一定会出现学习效应。在这种情况下，用户体验研究者要设定一个可以达到稳定绩效的施测次数，然后实际采取的施测次数比预计的多些即可。

4.6 总结

绩效度量是评估任何产品可用性的有效工具。它们是可用性的基础，可以为一些重要的决策提供支持性信息，如判断一个新产品是否已做好了发布准备。绩效度量无一例外地是建立在用户行为（而不仅仅是他们所说的）基础之上的。有 5 种通用类型的绩效度量。

1. 任务成功度量被用于评估用户能否使用产品完成任务。有时用户体验研究者可能基于一个严格的成功标准（二分式成功），只对用户能否成功感兴趣。而在一些其他情景中，用户体验研究者可能对任务成功不同等级感兴趣，可以基于任务完成的程度、搜索答案中的用户体验或回答相关测试问题的质量确定任务成功等级。

2. 当用户体验研究者关注用户能多快地使用产品完成任务的时候，任务时间度量有作用。用户体验研究者可以考察所有的用户完成某任务的时间、某类型的用户完成某任务的时间，或者可以在期望的时间限制内完成某任务的参与者百分比。

3. 错误是一个有效的度量，指参与者在竭力完成某任务过程中所出现的错误数。一个任务可以有一个错误机会或多个错误机会，有些类型的错误比其他类型的错误更重要。

4. 效率是评估用户完成某任务所需努力（认知上的和身体上的）多少的度量。效率通常可以通过计算完成某任务所需步骤数或操作动作数量，或通过任务成功与每个任务的平均时间之比值来测得。

5. 易学性关注的是任一效率度量如何随时间推移而发生变化。如果用户体验研究者要考察用户如何及何时才能熟练使用某产品，易学性度量就很有用。

第5章
自我报告度量

了解用户体验最显而易见的方法可能就是询问用户，让参与者告诉用户体验研究者他们使用产品时的体验。然而，如何询问才能得到有效的数据，却不是那么明确。用户体验研究者的问题可以有多种形式，包括：各种各样的评分量表、用户可以从中选择的属性列表，以及开放式问题（如"请列出你对本应用软件最满意的三个方面"）。用户体验研究者可能问到的可用性属性包括总体满意度、易用性、导航的有效性、对某些特征的知晓度、术语的易懂性、视觉上的吸引力、对网站所属公司的信任度、游戏中的娱乐性，以及许多其他方面的属性。所有这些属性的共同特征是：需要用户体验研究者通过询问用户来获得。这就是我们为什么认为自我报告（self-reported）最能恰当地描述这些度量，并且我们还发现，参与者在使用产品时的评论也是重要的自我报告数据。

可用性和用户体验的发展

可用性领域的历史可以追溯至人因学（人类工效学）。这门学科兴起于第二次世界大战，旨在改善飞机驾驶舱以减少飞行员失误。这样就不难理解为什么早期的可用性大多集中于绩效数据上（如速度和准确性）。但是我们觉得这种倾向一直在改变，而且变化很明显。术语"用户体验"的广泛使用，部分原因是它提供了用户使用产品过程中的全方位体验。甚至在 2012 年，可用性专家协会（UPA）也更名为用户体验专家协会（UxPA）。所有这些都反映了本章所讨论的这类度量的重要性，它涵盖喜悦、愉悦、信任、有趣、挑战、愤怒、挫败等诸多度量。Bargas-Avila 和 Hornbæk（2011 年）对 2005—2009 年用户体验领域的 66 个实证研究做了一个有趣的分析，从中可以看出，这些研究是如何反映上述变化趋势的。例如，他们发现在最近的研究中，最常用于评估用户体验的维度是情感（emotions）、愉悦（enjoyment）和美观（aesthetics）。

描述这类数据时还会用到的两个名称是主观数据（subjective data）和偏好数据（preference data）。主观数据和客观数据相对应，客观数据通常指可用性研究中的绩效数据。"主观数据"的叫法似乎意味着所收集的数据缺乏客观性。的确，从每个提供输入的参与者的角度来看，这种数据是基于他们的主观判断获得的，但是从用户体验专业人士的角度来看，这些数据的收集则完全是客观公正的。同样，偏好数据也经常和绩效（performance）相对应。尽管这种叫法没什么错误，但我们认为"偏好数据"的叫法意味着一个选择要优于其他选择，而在用户体验研究中，情况却不是这样的。

5.1 自我报告数据的重要性

自我报告数据可以提供有关用户对系统的感知及他们与系统交互方面的重要信息。在情感层面上，这些数据可以告诉用户体验研究者用户是如何感受系统的。在大多情况下，用户反应是用户体验研究者关心的主要内容。即使用户需要长期使用一个系统操作一些事情，但如果使用上的体验令他们感到开心，那么开心对用户来讲可能就成了使用这个系统唯一重要的事情。

用户体验研究者的首要目标是促使用户想起产品。例如，当决定使用什么样的旅游计划网站来安排一个即将到来的假期时，用户更有可能想起他们最近用过而且比较喜欢的网站。他们基本不可能会记得这个网站的业务办理时间有多长，或者耗费了比正常标准更多的鼠标点击次数。这就是为什么用户对一个网站、产品或者商场的主观反应可以是他们未来再次返回或购买的最好预测指标。

5.2 评分量表

在用户体验研究中，使用评分量表（rating scales）是获得自我报告数据的最常用的一种方法。两种经典的评分量表是李克特量表（Likert scale）和语义差异量表（semantic differential scale）。

5.2.1　李克特量表

一个典型的李克特量表题目会陈述一个观点，回答者要给出自己同意该语句的程度或水平。回答陈述句可能是正向的（如"本界面所用术语清晰易懂"）或者是负向的（如"我发现导航选项令人困惑"）。通常会使用如下所示的 5 个评分点：

（1）强烈反对。

（2）反对。

（3）既不同意，也不反对。

（4）同意。

（5）强烈同意。

在最初的版本中，李克特（1932）在量表中对每个评分点都提供了"标识词"，比如"同意"，并没有使用数字。一些用户体验研究者更喜欢用七点标度，但是当评分点的数目增加时，给每个评分点都提供描述性的标签就更困难了。这是许多用户体验研究者进行如下处理的原因之一，即放弃给所有评分点予以标识标签，而只对两端（或锚定点）或中间点（中立点）进行语义标识。尽管现在使用的李克特量表出现了许多变式，但是大部分李克特量表的支持者认为李克特量表应当具备两个主要特征：（1）它表达了对一个陈述句的同意程度；（2）它使用奇数个反应选项，因此会允许一个中间选项的存在。按照惯例，当按水平顺序呈现李克特量表时，"强烈同意"的端点标识通常会在最右边。

在为李克特量表设计陈述句（即题干）时，需要仔细地遣词造句。通常来讲，应该避免在陈述句中使用诸如"非常""极端"或"绝对"等副词，而应该使用未经修饰的形容词。例如，"这个网页漂亮"和"这个网页绝对漂亮"这两个句子会带来不同的结果，后一种表述会降低"强烈同意"的可能性。

李克特（Likert）是谁

许多人都听说过李克特量表，但是不少人不知道这个名称从何而来，甚至不知道该如何发音！它的发音是"LICK-ert"，而不是"LIKE-ert"。这类量表是以发明者 Rensis Likert 的名字命名的。Rensis Likert 于 1932 年发明了这种评分量表。

5.2.2 语义差异量表

语义差异（semetic differential）技术会在一系列评分条目的两端呈现一对相反或相对的形容词，如下所示：

弱 ○ ○ ○ ○ ○ ○ ○ 强

丑 ○ ○ ○ ○ ○ ○ ○ 美

冷 ○ ○ ○ ○ ○ ○ ○ 热

业余 ○ ○ ○ ○ ○ ○ ○ 专业

与李克特量表一样，五点或七点标度也是语义差异量表中最常用的。语义差异量表的难点在于，要费尽脑汁找到词义完全相反的形容词词对。有时候，手头有一本辞典是非常有用的，因为辞典中会有反义词项。但是你需要清楚这些不同配对词的内涵。例如，一对反义词"友好/冷淡"可能和"友好/不友好"或"友好/敌意"有不同的内涵，而且也会产生不同的结果。

Osgood的语义差异

语义差异技术是由 Charles E. Osgood 发展起来的（Osgood 等，1957），最初用来度量词或概念的内涵。通过因素分析的方法对大量的语义差异数据进行处理，他发现人们在评定词或短语中有三种重复出现的态度属性：评价（如"好/坏"）、强度（如"强/弱"）和作用（如"消极/积极"）。

孰优孰劣：李克特量表还是语义差异量表

一些研究人员更喜欢同意形式的标度（即李克特形式的），而另一些研究人员更喜欢评价条目有端点的形式（即语义差异形式）。但是有没有证据可以证明哪个更好呢？ Jim Lewis（2018）进行了一项研究来解决这个问题。他认为，同意形式的标度可能会受到"默认偏见"的影响，即受访者多少会有些倾向于同意/不同意量表中的标度。200名受访者完成了一项调查，在调查中他们对近期与一个汽车保险网站的交互进行评分。有一半受访者通过李克特量表进行评分，另一半的人使用语义差异量表进行评分。用这种方式对14个度量指标进行了比较，发现有12（86%）项指标的结果无显著差异。两个在统计上有显著差异的度量指标是效率和可靠性。对于这两个度量指标，李克特形式的平均值显著低于语义差异形式的平均值，如果存在默认偏差，那么这与预期结果恰好相反。Lewis的结论是，李克特形式与语义差异形式的问卷同样有效。

5.2.3 什么时候收集自我报告数据

在用户体验研究中，可以通过出声思维口头报告的方法，收集用户与产品互动过程中的评论式的自我报告数据。如果想更详细地探讨自我报告数据，还可在两个时间节点收集：一个在每个任务刚结束的时候（任务后评分），另一个是在整个测试过程结束的时候（测试后评分）。测试后评分更常用，但二者都有各自的优点。在每个任务后即刻进行评分有助于确定那些最有可能存在可用性问题的地方。参与者在与产品进行更全面的接触后，在整个测试单元结束时进行的深度评分和回答开放式问题则可以提供一个更有效的整体评价。在网站用户达成他们访问网站的目的后，以"退出调查"的形式收集自我报告数据也是很常见的。

5.2.4 如何收集自我报告数据

从逻辑上看，用户体验研究中可以使用三个方法收集自我报告数据：口头回答问题或提供评分、纸笔形式记录参与者的应答，或者使用一些在线工具让参与者应答。每个方法各有优点，也有不足。从参与者的角度看，让参与者口头应答是最简便的方法。但是，这就意味着需要一个观察者记录参与者的应答，而且因为参与者有时在给予较差评分时不太容易说出口，也会造成一定的偏差。这个方法对在任务后进行快速单一的评分是最合适的。

纸笔形式和在线形式对快速评分和规模更大的调查都适用。一般来讲，纸笔形式比在线形式容易创建，但是这种方法需要手工输入数据，这样在对手写记录进行阅读和理解时就有可能出现偏差。由于许多基于网络的问卷工具的出现，目前在线形式的制作也越来越容易，而且参与者也越来越习惯使用这种形式。一个很好用的方法就是把存有在线问卷的笔记本计算机与用户体验实验室中参与者使用的计算机连接起来。这样当需要完成在线调查时，参与者就很容易可以调出相应的应用程序或网站。

在线调查工具

　　有很多工具可以用于创建和实施网络调查。在网上输入"在线调查工具"，会搜索出许多相关的结果。其中包括 Google Docs 的 Forms、Qualtrics.com、SnapSurveys.com、SurveyGizmo.com、SurveyShare.com 和 Zoomerang.com。这些工具大部分支持多种类型的问题，包括评分量表、选择框、下拉式列表选项、表格和开放式问题，并且一般都有一些免费的试用版或功能受限的版本，注册后就可以免费使用。

5.2.5　自我报告数据收集中的偏差

　　一些研究表明，与匿名在线调查相比，直接被询问（不管是面对面还是通过电话）的参与者都会提供更正面的反馈（Dillman 等，2008）。这种现象被称为社会称许性偏差（Nancarrow & Brace，2000），具体是指受访者倾向于给出他们认为在别人眼中看起来会更好的答案。例如，在进行产品满意度调查时，与匿名方式给出的满意度水平相比，通过电话进行调查的用户会给出更高的满意度评价。电话调查的受访者或者可用性实验室中的参与者本质上是想告诉我们：他们认为我们乐意听到对我们产品的积极反馈。

　　因此，我们建议用这样的方法收集测试后的数据：引导人或主持人在参与者回答过程中不要看其答案，直到参与者离开。也就是说，当用户在填写自动或纸笔问卷时，主持人要么转过脸去，要么离开房间。使用匿名调查也可以带来更真实的反馈。有的用户体验研究者甚至建议，让可用性测试中的参与者回去（回到家或办公室）或收到测试酬劳之后再完成测试后调查问卷的填写。可以给参与者一个纸笔调查问卷和一个贴好邮票的信封让他们回答完后把问卷寄回来，或者给参与者 E-mail 一个在线调查的链接。这个方法存在的主要缺点是：通常有的参与者不再完成后续的调查，从而会带来数据的缺失。这个方法还有一个缺点是增加了用户使用产品与评估产品之间的时间间隔，这可能会产生不可预知的后果。

5.2.6　评分量表的一般指导原则

　　设计一些好的评分量表和题目并不容易，这既是艺术，又是科学。所以在着手自己编制量表问卷之前，先看一下已有的问卷题目（如本章中列举的那些问题）是否可以直接引用。如果用户体验研究者最终还是决定自己编制，有以下几点需要考虑。

- **多角度对问题进行细分量化。**当编制评分量表去评价一个诸如视觉吸引力、可信度或响应性等具体产品属性时，重点要记住的是：用多个不同的方式请参与者评价该属性，将有可能得到更可信的数据。在分析这些结果时，可以把这些用户应答平均起来以得到参与者对该属性的总体反馈。同样，在设计问卷时可以让参与者给出正向和负向两种反馈。这类问卷的成功案例证明了这样做的价值。

- **等级或标度数目是奇数还是偶数。**在评分量表中，量表等级的数目是用户体验专业领域中一个激烈争论的话题。争论的中心是量表中的评分等级数目应该是偶数还是奇数。奇数等级有一个中心或中间点，而偶数等级则没有中间点。在等级为偶数的量表中，用户就必须在量表的一端做出选择。我们相信在大多数现实情况中，对一个事物做中间的判断或选择是合理的，因而应当允许在评分量表中使用中间点。所以，在大部分情况下，我们使用奇数个等级的评分量表。不过，一些迹象表明，在面对面的评分量表中，不包含中间点的量表可能会减小社会称许性偏差（例如，Garland，1991）。

- **标度点的数目。**另一个问题是评分量表中标度点的数目，似乎有人相信标度点数量越多越好，但我们不同意这样的说法。文献表明，任何超过九点的量表很少能再提供有用的附加信息（例如，Cox，1980；Friedman，1985）。实际上，我们通常使用五点或者七点评分量表。

对于一个评分量表来说，五点是否足够

Craig Finstad（2010）做了一项有趣的研究，对同一个评分量表（本章后续讨论的系统可用性量表（SUS））比较其五点和七点两个版本。采取口头评分的形式，他对参与者回答"插值"的次数进行统计，比如 3.5、$3\frac{1}{2}$ 或者 3~4。换句话说，参与者想在两个等级中插入一个等级。他发现，与使用七点量表的参与者相比，使用五点量表的参与者明显更有可能使用插值。事实上，在五点量表上的单个评分中大约有3%是插值，而在七点量表上则没有。这表明，参与者可以使用"插值"的口头的（或许纸版的也适用）评分量表中，七点评分量表可以得到更准确的结果。Sauro（2010）也得出结论，七分制比五分制略好。

> ### 应该用数字标示量表等级吗
>
> 在设计评分量表时有一个问题，是否应该对每个量表等级赋予一个数值。我们认为没有必要在不超过五点或七点的量表上添加数字标示。但是在增加了量表等级数字后，这些数字也许能帮助用户在量表上记录他们的位置。只是不要使用类似于 –3、–2、–1、0、+1、+2、+3 的数字。研究表明，人们倾向于避免使用 0 和负值（例如，Schwarz 等，1991；Sangster & Willitz，2001）。

5.2.7　分析评分量表数据

分析评分量表数据最通用的方法是：对每个量表等级赋予一个数值，然后计算平均值。例如，就一个五点李克特量表来说，可以把量表"强烈反对"赋值为 1，把"非常同意"赋值为 5。这样，这些值就可以在不同任务、研究和用户群之间进行比较。大部分用户体验专业人员和市场研究人员都经常使用这种方法。尽管评分量表数据在理论上不是等距数据，许多从业人员还是把它看作是等距数据。例如，我们可以假定在同一个李克特量表上 1 和 2 之间的距离与 2 和 3 之间的距离是相同的。这种假设被称为等区间度（degree of intervalness）。我们也假设量表上任意两个评分点之间的数值都是有意义的。底线是这种数据与等距数据足够相似，这样我们可以把它们看成是等距数据。

分析评分量表时，关注应答情况的实际频率分布通常是很重要的。由于每个量表的应答选项相对较少（比如 5~9 个），因而分析其分布情况甚至要比分析类似于任务时间那样的连续数据还重要。在应答选项的分布图中，可以看到重要的信息，如果只看平均值，那么是得不到这些信息的。例如，假设要求 20 名参与者在七点量表上对陈述句"这个网站是容易使用的"的同意程度进行评分，结果平均值是 4（正好是中间值）。也许可以得到这样的结论，参与者对网站的易用性的评价比较中庸。但是，接下来观察分数的分布时，会看到有 10 名参与者给了 1 分，另外 10 名参与者给了 7 分。所以，参与者的评价事实上并不中庸。他们要么非常喜欢它，要么非常憎恶它。用户体验研究者可能要通过分类分析来探讨：憎恶这个网站的人在某些方面有共性（比如，他们以前从没使用过这个网站），而喜欢这个网站的人在某些方面有共性（比如，他们使用这个网站很长时间了）。

评分量表应该从什么数字开始

无论是否把每个量表等级的数字呈现给用户，都要使用这些数据进行分析。但是评分量表应该从什么数字开始，0 还是 1？只要报告量表内容，无论何时都使用平均值，就没有关系（如，在五点量表上的平均值是 3.2）。但是在一些情况下，量表从 0 开始比较方便，特别是当用百分比表达可能给出的最高评分时。在五点量表上，5 分相当于 100%，但是 1 分不相当于 20%（如，用 20 来累计计算百分比是错误的）。在五点量表上，1 是最低的分值，所以它应该相当于 0。因此，我们发现以 0 开头的量表更容易理解，这样 0 分就相当于 0。

分析评分量表数据另一个通用的方法是查看首项（top box）或前 2 项（top-2 box）的（选择）分数。假设使用一个五点量表，其中，5 表示"强烈同意"。图 5.1 的样例数据计算了首项和前 2 项的分数。首项分数指给出 5 分的参与者百分比。类似地，前 2 项指给出 4 分或 5 分的参与者的百分比。（前 2 项分数在标度比较多的时候用得更普遍，比如七点和九点量表。）这种分析方法背后的理论是集中关注有多少参与者给出了非常正向的评分。（值得注意的是，这个方法也适用于分析另一端的末项和末 2 项。）请记住，当把数据转化为一个前 2 项或末 2 项分数后，数据就不能再被认为是等距的。因此，应该只把它们当作频率数据来报告（如，给出前 2 项评分的参与者百分比）。还要记住通过计算首项或前 2 项分数，会丢失相关信息。使用这种分析方法时，较低的评分被忽略。

	C2		f_x	=IF(B2>4,1,0)	
	A	B	C	D	
1	参与者	评分（1~5）	首项	前 2 项	
2	P1	4	0	1	
3	P2	5	1	1	
4	P3	3	0	0	
5	P4	4	0	1	
6	P5	2	0	0	
7	P6	3	0	0	
8	P7	5	1	1	
9	P8	4	0	1	
10	P9	3	0	0	
11	P10	5	1	1	
12	平均值	3.8	30%	60%	

图 5.1 样例数据：用 Excel 计算评分量表首项和前 2 项分数。Excel 中 "=IF" 函数用于检查一个分数是否高于 4（计算首项）或高于 3（计算前 2 项）。如果是，则赋值为 "1"，否则赋值为 "0"。将这些 "1" 和 "0" 的值平均后，就可分别得到首项和前 2 项得分的百分比

量表的"肯定"或"同意"的结尾应该在哪里

虽然没有硬性规定，但我们建议对于以水平方式呈现的标度，其积极/同意端通常应该在右侧。这是因为我们从左往右阅读（至少在许多西方文化中如此）的过程中，会想到这是一个属性或同意程度在增加。类似地，对于纵向形式的量表，我们建议积极/同意的一端通常应该位于顶部，因为我们通常认为"顶部"得分是最好的。但无论采取何种方式，最重要的是要始终如一。

从实用的角度来说，在分析评分量表时使用平均分数和使用首项或前 2 项的分数有什么区别呢？为了说明这个区别，我们看一下在 2008 年美国总统大选前夕执行的一个在线可用性研究的数据（Tullis，2008c）。有两位候选人巴拉克·奥巴马（Barack Obama）和约翰·麦凯恩（John McCain），他们都有各自的竞选网站。参与者被要求在其中一个网站上执行 4 个相同的任务（他们被随机分配）。在完成每个任务之后，他们都要在一个五点量表上对任务的容易程度进行评分（1= 非常困难，5 = 非常容易）。在执行任务的参与者中，有 25 名使用奥巴马的网站，有 19 名使用麦凯恩的网站。然后我们通过计算平均分、首项分数、前 2 项分数对任务容易度进行分析，结果如图 5.2 所示。

三个图表似乎表明在三个任务（任务 1、任务 2、任务 4）中奥巴马网站比麦凯恩网站得到了更高的分数，而麦凯恩网站只在一个任务（任务 3）中得到了比奥巴马网站更高的分数。但是，两个网站间差异的明显程度取决于分析方法。与平均分相比，首项分数、前 2 项分数在两个网站间的差异更大（图 5.2 中，任务 2 中的首项分数和前 2 项分数并不是错误的。因为没有一名参与者在麦凯恩网站中对任务 2 给出了首项分数和前 2 项分数）。另外值得注意的是，与平均分相比，首项分数和前 2 项分数的误差线更长。

那么究竟应该是使用平均分还是首项分数来分析评分量表数据呢？实际，我们通常使用平均分，因为它把所有的数据都考虑在内了（没有像首项分数和前 2 项分数分析那样忽略一些分值）。但是因为一些公司和他们的高管更熟悉首项分数（通常来源于市场研究），有时我们也使用首项分数。（知道向谁报告研究结果，这一点总是很重要。）

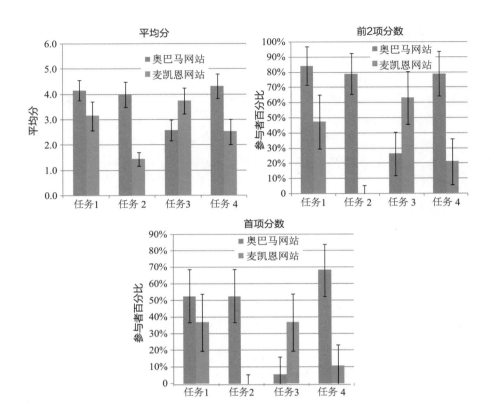

图 5.2 样例数据：对奥巴马网站和麦凯恩网站关于任务容易度评分的三个不同分析方法（Tullis，2008）：平均分、前 2 项分数和首项分数。注意这三个分析方法所揭示的模式是很相近的，但这两个网站是明显不同的。在每个图中，误差线表示 90% 的置信区间

如何计算首项分数的置信区间

可以用计算其他连续数据置信区间的方法来计算平均分的置信区间：使用 Excel 中的 "=CONFIDENCE" 函数。但如果计算首项分数或前 2 项分数，就不这么简单了。当计算首项分数或前 2 项分数时，需要转换成二进制数据：每个分数要么在首项（或前 2 项）里，要么不在。从图 5.1 中可以很明显地看出，在首项（或前 2 项）里的每个分数记为 "0" 或 "1"。我们应该在头脑中敲响警钟：这很像在第 4 章中检验过的任务成功数据。当处理二进制数据时，置信区间需要通过校正后的 Wald 法来计算，详见第 4 章。

5.3 任务后评分

对每个任务进行评分的主要目的是让用户体验研究者对那些参与者操作起来最难的任务有个充分的了解。这样也能够给用户体验研究者指出产品或系统中需要改进的部分或内容。获得这类信息的一个方法就是让参与者在一个或多个量表上对每个任务进行评分。下面对这些方法和技术进行介绍。例如，图 5.2 中的数据表明奥巴马网站的用户认为任务 3 最难，而麦凯恩网站的用户认为任务 2 最难。

5.3.1 易用性

可能最常用的评分量表就是让用户对每个任务的难易程度进行评分。通常，让他们在一个五点或七点量表上对任务进行评分。一些用户体验专业人员更喜欢使用传统的李克特量表，如 "这个任务容易完成"（1= 强烈反对；3= 既不同意，也不反对；5= 强烈同意）。 另外一些专家则更喜欢使用语义差异量表，他们使用固定的标识语，比如 "容易 / 困难"。这两个技术都会使用户体验研究者获得参与者在任务层面上对可用性感知的度量。Sauro 和 Dumas（2009）评估了只有一个题目的七点评定量表，他们称为 "单一容易度问题"（Single Ease Question，SEQ）。

总的来说，这个任务：

非常困难○○○○○○○○○○○○○○○○○○○○○非常容易

他们把它和其他几个任务后评分比较后发现它是最有效的。

5.3.2 事后调查问卷

Jim Lewis（1991）编制了一套有三个题项的评分量表——事后调查问卷（After-Scenario Questionnaire，ASQ），用于在用户完成一系列相关任务或一个情景任务后进行评分：

（1）"我对该情景中任务完成的容易程度感到满意。"

（2）"我对该情景中完成任务所用的时间感到满意。"

（3）"在完成任务时，我对辅助性信息（在线帮助、信息、文档）感到满意。"

每个陈述都有一个七点评分量表，其两端值分别是"强烈反对"和"强烈同意"。注意，

ASQ 中的这些问题涉及可用性的三个基本方面：有效性（问题 1）、效率（问题 2）和满意度（所有的三个问题）。

5.3.3 期望度量

Albert 和 Dixon（2003）提出了一个不同的方法以收集每个任务后的主观反应。他们特别认为，对每个任务是难还是容易，最重要的是将之与期望中的难度相比。在用户实际完成任何任务之前，他们要求参与者根据他们对任务或产品的理解，对他们期望中的每个任务有多难或多容易进行评分。用户会预期一些任务比另外一些任务容易。例如，得到一只股票的当前流通价格比重新平衡整个投资要容易。然后，在完成每个任务后，要求参与者对任务的实际难度进行评分。"前面"的评分被称为期望评分，"后面"的评分被称为体验评分。对这两个评分都使用了七点量表（1= 非常困难，7= 非常容易）。对于每个任务，可以计算出期望评分平均值和体验评分平均值。然后可以以散点图的形式形象化地表示出每个任务的这两个分数，如图 5.3 所示。

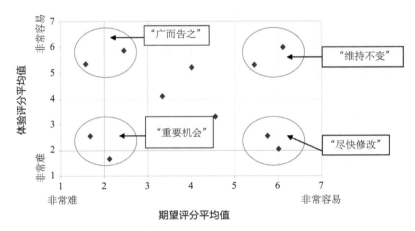

图 5.3 可用性测试中对一系列任务的期望评分平均值和体验评分平均值的比较。任务所落在的象限可以帮助用户体验研究者确定哪些任务是需要改进的。来源：选自 Albert 和 Dixon（2003）；本使用获得许可

散点图中的四个象限对任务提供了一些很有趣的见解，也使用户体验研究者知道在进行改进时应当集中关注哪些地方。

（1）右下角象限是用户认为应该很容易但是实际上却很困难的任务，这可能表示用户对这些任务是最不满意的，用户对此也非常失望。这是用户体验研究者首先应该注意的任务，也就是为什么叫作"尽快修改"象限。

（2）右上角象限是用户认为应该很容易而实际上也确实容易的任务。这些任务运转良好，不需要去"打破"它们，以避免改变带来的负面影响。这就是为什么被称为"维持不变"象限。

（3）左上角象限是用户认为困难而实际上却非常容易的象限。对系统的设计者和用户来说，这都是令人愉快的意外发现。这表明网站或系统有助于使产品区别于竞争产品并脱颖而出，这就是为什么被称为"广而告之"象限。

（4）左下角象限是用户认为困难而实际上也确实困难的任务。这里没有很大的意外，但是这可以成为重要的改进机会。这就是为什么被称为"重要机会"象限。

5.3.4 任务后自我报告度量的比较

Tedesco 和 Tullis（2006）在一个在线可用性研究中比较了多种基于任务的自我报告度量。具体地说，他们在下面 5 种不同的情景中获取每个任务的自我报告评分。

- 方法 1："总的来说，这个任务：非常困难…… 非常容易"，这是一个非常简单的、一些可用性小组经常使用的任务后评定量表。

- 方法 2："请评价在这个任务上该网站的可用性：非常难以使用……非常容易使用"，很明显，与方法 1 非常类似，但是强调了网站的可用性。可能只有可用性极客（usability geek）能发现二者之间的差异，但是我们想找出这样的差异。

- 方法 3："总的来说，我对完成该任务的容易程度感到满意：强烈反对……非常同意"，以及"总的来说，我对完成该任务所用时间的长短感到满意：强烈反对……非常同意"。这是 Lewis 在 ASQ（1991）中所用的三个问题中的前两个。ASQ 中所问的关于辅助信息（如在线帮助）的第三个问题由于与本研究无关，所以在这里没有使用。

- 方法 4：（在做所有的任务之前）"你期望这个任务有多困难或多容易？非常困难……非常容易"，以及（在做所有的任务之后）"你发现这个任务有多困难或多容易？非常困难……非常容易。"这是 Albert 和 Dixon（2003）所描述的期望度量。

- 方法 5："请用一个 1 到 100 之间的数字来表示该网站支持你完成这个任务的程度"。记住：1 表示该网站完全不支持并且不可用。100 则指该网站非常完美，而且绝对不需要改进。这个方法大体上基于一种叫作"可用性量级估计"（usability magnitude estimation）（McGee，2003）的方法，在这个方法中，要求参与者建立他们自己的"可用性量表"。

一项在线研究比较了这些方法。参与者在一个正在运营的在线产品（live application）上完成了包括查询职员信息（电话号码、地址、管理人员等）相关的 6 个任务。每名参与者只使用 5 种自我报告方法中的一种，总共有 1131 名参与者参与了这个在线研究，每个自我报告方法至少有 210 名参与者使用。

本研究的主要目的是了解这些评价方法对任务难度感知差异的敏感性。如图 5.4 所示，不同任务之间在绩效数据上有显著的差异。最关键的发现是，无论使用哪种技术，结果的模式都非常相似。考虑到样本量非常大（总 N 为 1131），这也并不奇怪。换言之，在大样本量下，所有五种技术都可以有效地区分任务。

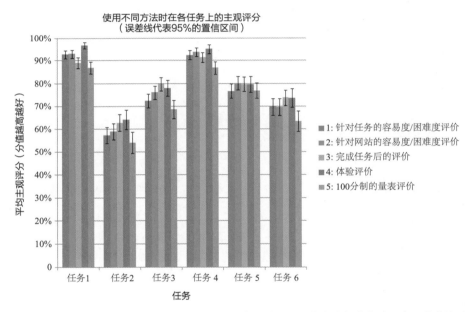

图 5.4　各项任务和方法的平均主观评分。所有这 5 个方法（不同的自我报告方法）在 6 个任务中基本上产生了相同的模式。来源：改编自 Tedesco 和 Tullis（2006），本使用获得许可

但是对于更为典型的可用性测试中的较小样本量，结果会是什么样的呢？为了回答这个问题，我们进行了一个子样本分析，从总数据中随机抽取出不同的样本量进行分析。结果如图 5.5 所示，图中显示了每个子样本分析时该子样本数据和总数据之间的相关性。

主要结果是，在这 5 个方法中，使用方法 1 的时候，从最小的样本量开始，子样本量数据和总样本量数据有更好的相关性，甚至在样本量只有 7 个的时候（这种样本量在许多可用性测试中是很常见的），它与总样本数据的相关值高达 0.91，这显著高于其他

方法下的相关值。这样，作为最简单的评分量表（"总的来说，这个任务是：非常困难……
非常容易"），方法 1 在小样本量时，结果也是最可靠的。方法 1 基本上是 Sauro（2012）
所描述的单一容易度问题（SEQ）。

在任务进行过程中评分

至少有一项研究表明（Teague 等，2001），在任务进行过程中要求参与者评
分的做法可能会得到一个更准确的用户体验度量。他们发现参与者在任务完成后
对易用性的评分显著高于任务进行过程中的评分。这可能是由于任务的最终成功
完成，改变了参与者对任务困难程度的感知。

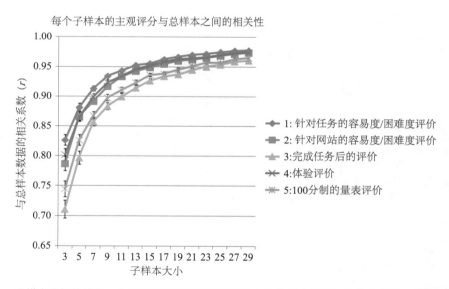

图 5.5　子样本分析的结果，表明每种情景条件下不同大小的子样本数据与总样本数据之间的平均相关
性（基于 6 个任务的平均分）。误差线表示平均分的 95% 的置信区间。来源：情景后问卷（ASQ）改
编自 Tedesco 和 Tullis（2006），本使用获得许可

5.4 总体用户体验评分

自我报告度量最常见的一个应用是对感知用户体验（perceived user experience）进行一个总的度量，这是在参与者完成他们与产品的交互后进行的。这可以作为用户体验的一个总的"晴雨表"，尤其是在不同时间内使用相同的度量方法建立一个用户体验跟踪记录的时候，更是如此。同样，在一个研究中比较多个备选的设计，或者把产品、设备或网站与竞品比较时，都可以使用这类评价方法。

用户体验研究者可能也会愿意开发自己的评分量表来评估总体用户体验，但我们强烈建议应考虑一个或多个用于此目的的标准工具（问卷）。使用这些标准工具有几个优点：

- 它们经过精心设计和验证，以产生无偏数据。
- 在大多数情况下，用户体验相关文献中有多个研究使用这些工具。
- 在许多情况下，源于诸多研究的基准数据可用于比较的目的。

有很多标准工具可用于评估用户体验的不同方面，我们在本章中难以完全地涵盖。不过，我们详细介绍了我们个人使用的一些工具，提供了更多的注释列表。需要注意的是，这些工具通常有一些不同的目的：有些仅关注可用性，而另一些关注更普遍的用户体验或特定的体验属性（如使用产品的感知难度）。

5.4.1 系统可用性量表

系统可用性量表（System Usability Scale，SUS）是在评估系统或产品感知用户体验时使用最广泛的工具之一。它最初是由 John Brooke 在 1986 年编制的，当时他在数字设备（Digital Equipment）公司工作（Brooke，1996）。如图 5.6 所示，该问卷包括 10 个陈述句，用户需要对他们同意这些句子的程度进行评分。其中一半的陈述句是正向叙述的，另一半是负向叙述的。每个句子都使用五点同意标度，并给出了一个方法把 10 个评分合成一个总分（0 到 100 分）。得分为 0 的 SUS 分数绝对是一个糟糕到头的分数，而得分 100 则是一个完美的分数。有不计其数的用户体验文献使用了 SUS。

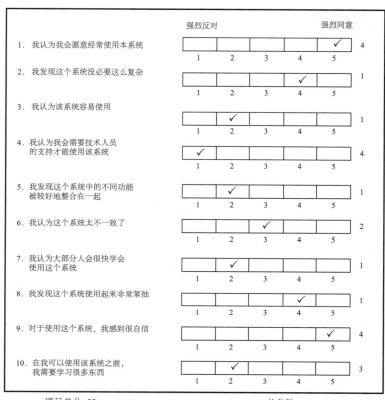

图 5.6　由数字设备公司的 John Brooke 编制的 SUS，以及一个如何计分的例子

计算一个SUS 分数

　　为了计算 SUS 分数，首先要把各个项目的分数加起来。每个项目的得分在 0 到 4 之间。项目 1、3、5、7、9 的分数是评分位置减去 1。项目 2、4、6、8、10 的分数是先用 5 减去评分位置后的得数，然后把总分乘以 2.5，就得到一个总的 SUS 分数。请看图 5.6 的样例数据，使用这些规则就得到 22 分的项目总分，然后乘以 2.5，就得到一个得分为 55 的 SUS 总分数。

　　无论是研究目的还是商业用途，在用户体验研究中都可以免费使用 SUS。使用的唯一前提条件就是需要在任何出版报告中申明出处。因为它的广泛应用，用户体验领域的不少研究报告了许多不同的产品和系统的 SUS 分数，包括桌面应用、网站、语音应答系统和各种消费产品。Tullis（2008a）和 Bango、Kortum 以及 Miller（2009）都报告了源于大量研究而进行的 SUS 分析。 Tullis 报告了源于 129 个使用 SUS 的研究数据，Bangor和他的同事们则报告了源于 206 个使用 SUS 的研究数据。两组数据的平均分分布非常相似，如图 5.7 所示，Tullis 的数据平均分是 69 ，Bangor 等人的数据平均分是 71 。Bangor等人基于他们的数据对 SUS 分数做出以下解释：

- \> 70：可接受。

- 50 ~70：临界值。

- < 50：不可接受。

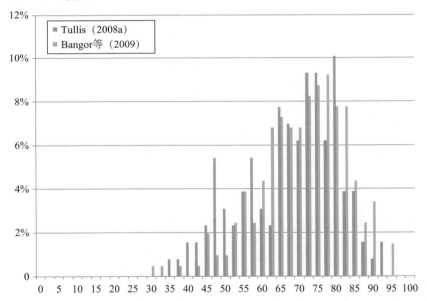

图 5.7 Tullis（2008a）和 Bangor 等（2009）报告的 SUS 平均分分布。Tullis 的数据基于 129 个使用 SUS 的研究，Bangor 等人的数据源于 206 个使用 SUS 的研究

系统可用性量表资源

在我们的网站上，我们发布了一些与 SUS 相关的资源。其中包括 Qualtrics 和 Google Forms 版本的 SUS，用于计算 SUS 分数的电子表格，包含文献中 50 项研究 129 种情况的 SUS 分数的电子表格，以及许多关于 SUS 的已发表研究的链接。

Bangor、Kortum 和 Miller（2009）对 273 项研究中的近 3500 份 SUS 调查进行了分析。他们开发了一种"分级量表"，可以将 SUS 分析的结果传达给其他人。他们的分析提出了以下解释。

- 90 至 100：A。
- 80 至 89：B。
- 70 至 79：C。
- 60 至 69：D。
- 50 至 59：E。
- < 50：F。

SUS中的因子（维度）

尽管 SUS 最初的设计是评估感知可用性这个单一属性，但 Lewis 和 Sauro（2009）发现 SUS 实际上还有两个因子。八个问题反映的是可用性因子（维度），另外两个问题反映的易学性因子（维度）。从原始的 SUS 评分中很容易计算出这两个因子的得分。

在SUS中，正向陈述和负向陈述都需要吗

如图 5.6 所示，SUS 中有一半的陈述句是正向叙述的，另一半是负向叙述的。有些人认为，这种做法能使参与者"保持警觉"；还有些人认为，这种做法似乎更使参与者产生困惑，可能导致错误的应答。Sauro 和 Lewis（2011）进行了一项研究，他们将传统版本的 SUS 和全是正向叙述的 SUS 进行了比较。他们发现两者间的平均 SUS 分数没有显著区别。但他们回顾 27 个 SUS 数据集，发现在这些研究中有编写错误的 SUS 数据占 11%，用户填错的 SUS 问卷占 13%。他们建议使用全是正向叙述的 SUS，以避免一些可能的错误。如果准备使用均为正向题项的 SUS 版本，请参考 Sauro 和 Lewis（2011）所提供的例子。

5.4.2　计算机系统可用性问卷

Jim Lewis（1995）编制了任务后评分用的 ASQ 方法，也编制了计算机系统可用性问卷（Computer System Usability Questionnaire，CSUQ），以便在可用性研究的结束

阶段对系统进行一个总体评估。CSUQ 与 Lewis 的研究和系统可用性问卷（Post-Study System Usability Questionnaire，PSSUQ）是非常类似的，只是在措辞上有微小的改动。PSSUQ 最初是针对面对面施测而设计的，CSUQ 则是针对邮件或在线施测而设计的。CSUQ 包括下列 19 个陈述句，要求用户在一个从"强烈反对"到"强烈同意"的七点评定量表上对他们的同意程度进行评分，并且提供了一个 N/A 选项。

（1）总的来说，我对使用这个系统的容易程度感到满意。

（2）这个系统使用起来简单。

（3）我可以使用这个系统有效地完成任务。

（4）我能够使用这个系统较快地完成任务。

（5）我可以高效地使用这个系统来完成任务。

（6）使用这个系统时我感到舒适。

（7）学习使用该系统比较容易。

（8）我认为使用该系统后工作更有成效了。

（9）这个系统给出的出错信息清楚地告诉我应该如何解决问题。

（10）使用这个系统时，无论什么时候我犯了错误，我都很容易迅速地从错误中恢复过来。

（11）该系统提供了清楚的信息（如在线帮助、屏幕上的信息以及其他文件）。

（12）我可以容易地找到我所需要的信息。

（13）这个系统提供的信息容易理解。

（14）这个系统的信息可以有效地帮助我完成任务。

（15）这个系统的信息在屏幕上组织得比较清晰。

（16）这个系统的界面让人舒适。

（17）我喜欢使用这个系统的界面。

（18）这个系统具有我所期望的所有功能。

（19）总的来说，我对这个系统感到满意。

与 SUS 不同，CSUQ 中的所有题项都是正向陈述的。对 CSUQ 和 PSSUQ 的大量使用反馈进行的因素分析表明，结果可以分为 4 个主要维度：系统有效性（system effectiveness）、信息质量（information quality）、界面质量（interface quality）和总体满意度（overall satisfaction）。

5.4.3 产品反应卡

微软公司的 Joey Benedek 和 Trish Miner（2002）提出了一个非常不同的方法，以获得测试后用户对产品的主观反应。如图 5.8 所示，他们的方法包括一套 118 张的词卡，每张词卡上是一个形容词（如新鲜的、慢的、精密复杂的、有吸引力的、有趣的、不可理解的）。其中一些词是正向的，另外一些词是负向的。用户只需要简单地选出那些他们感觉可以描述该系统的词卡。挑选出词卡后，他们需要挑出前 5 张卡，并解释他们选择这些词卡的原因。这种方法更倾向于定性研究，因为它的主要目的是从用户那里引出评论。但是在某种程度上，这种方法也可以作为一种定量的方式而被加以使用，比如，通过计算参与者选择每个词语的次数，结果也可以通过词云呈现就像图 5.9 呈现的那样。

完整的一套产品反应卡：118张				
易接近的	有创造性的	快速的	有意义的	慢的
高级的	定制化的	灵活的	鼓舞人心的	复杂的
烦人的	前沿的	易坏的	不安全的	稳定的
有吸引力的	过时的	生机勃勃的	没有价值的	缺乏新意
可接近的	值得要的	友好的	新颖的	刺激的
吸引人的	困难的	挫败的	陈旧的	直截了当的
令人厌烦的	无条理的	有趣的	乐观的	紧迫的
有条理的	引起混乱的	障碍的	普通的	费时间的
繁杂的	令人分心的	难以使用	有组织的	省时间的
平稳的	反应迟钝的	有益的	专横的	过于技术化
干净利落的	易于使用	高品质	不可抗拒的	可信赖的
清楚的	有效的	无人情味的	要人领情的	不能接近的
合作的	能干的	令人印象深刻的	私密的	不引人注意的
舒适的	不费力气的	不能理解的	品质糟糕的	无法控制的
兼容的	授权的	不协调的	强大的	非传统的
引人注目的	有力的	效率低的	可预知的	可懂的
复杂的	迷人的	创新的	专业的	令人不快的
全面的	使人愉快的	令人鼓舞的	中肯的	不可预知的
可靠的	热情的	综合的	可信的	未精炼的
令人糊涂的	精华的	令人紧张的	反应迅速的	合用的
连贯的	异常的	直觉的	僵化的	有用的
一致的	令人兴奋的	引人动心的	令人满意的	有价值的
可控的	期盼的	不切题的	安全的	
便利的	熟悉的	易维护的	过分简单化的	

图 5.8 微软公司的 Joey Benedek 和 Trish Miner 编制的一套反应卡。来源：微软——"允许该工具被用于个人、学术和商业目的。如果你希望把该工具或其使用后的结果用于个人或学术目的或者商业应用中，则需要按如下方式注明出处：微软公司开发并拥有版权，保留所有权利。"

图 5.9 样例词云图：使用产品反应卡的研究结果，较大的词是受访者选择频率较高的词

5.4.4 用户体验问卷

用户体验问卷（User Experience Questionnaire，UEQ）是由一个德国用户体验研究团队成员 Martin Schrepp、Jörg Thomaschewski 和 Andreas Hinderks 编制而成的（例如，Schrepp，Hinderks & Thomaschewski，2017）。如图 5.10 所示，UEQ 是一个由 26 对两极词语组成的语义差异量表，它被翻译成 20 多种语言。

	1	2	3	4	5	6	7		
烦人的	○	○	○	○	○	○	○	有趣的	1
难以理解的	○	○	○	○	○	○	○	可以理解的	2
有创意的	○	○	○	○	○	○	○	乏味的	3
容易学会的	○	○	○	○	○	○	○	难以学会的	4
有价值的	○	○	○	○	○	○	○	劣质的	5
无聊的	○	○	○	○	○	○	○	令人兴奋的	6
无趣的	○	○	○	○	○	○	○	有趣的	7
无法预测的	○	○	○	○	○	○	○	可以预测的	8

图 5.10 用户体验问卷中的评分题项

快的	○	○	○	○	○	○	○	慢的	9
有创造力的	○	○	○	○	○	○	○	保守的	10
妨碍的	○	○	○	○	○	○	○	有帮助的	11
好的	○	○	○	○	○	○	○	坏的	12
复杂的	○	○	○	○	○	○	○	容易的	13
不讨喜的	○	○	○	○	○	○	○	令人满意的	14
平常的	○	○	○	○	○	○	○	先进的	15
令人不快的	○	○	○	○	○	○	○	令人愉快的	16
隐秘的	○	○	○	○	○	○	○	不隐秘的	17
激励人的	○	○	○	○	○	○	○	使人消极的	18
满足期待的	○	○	○	○	○	○	○	未满足期待的	19
低效的	○	○	○	○	○	○	○	高效的	20
清晰的	○	○	○	○	○	○	○	令人迷惑的	21
不实用的	○	○	○	○	○	○	○	实用的	22
系统的	○	○	○	○	○	○	○	凌乱的	23
吸引人的	○	○	○	○	○	○	○	不吸引人的	24
友好的	○	○	○	○	○	○	○	不友好的	25
保守的	○	○	○	○	○	○	○	革新的	26

图 5.10　用户体验问卷中的评分题项（续）

用户体验分析的结果分为六个类别：

- 吸引力（attractiveness）
- 清晰度（definition）
- 效率（efficiency）
- 可信度（credibility）
- 刺激性（stimulation）
- 新颖性（novelty）

UEQ 网站提供了多个电子表格，可直接用于计算并绘制图表，如图 5.11 所示。该图呈现了使用 UEQ 对两个原型进行的比较。数据、置信区间和图表均使用 UEQ 网站上提供的电子表格生成。此电子表格还计算了 t 检验来比较两个原型的数据。在这个例子中，原型 2 在吸引力、清晰度、效率和可信度上的得分明显更高。

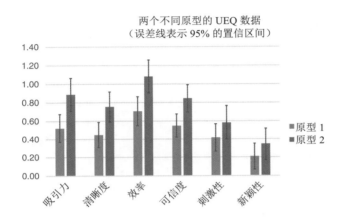

图 5.11　使用 UEQ 对两个原型进行比较的样本数据。数据和图表使用来自 UEQ 网站的电子表格生成

UEQ 网站还提供了一个电子表格，可以将研究结果与源于其他许多研究中的基准数据进行比较，如图 5.12 所示。本示例显示了 UEQ 研究结果与六个维度基准值的比较情况。与基准数据相比，可信度和新颖性得分低于平均值，而其他得分处于平均或良好水平。

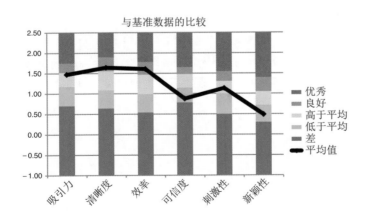

图 5.12　样例数据显示了 UEQ 研究结果与基准数据的比较。数据和图表使用 UEQ 网站的电子表格生成

值得注意的是，UEQ 的一个简短版本，即 UEQ-S，也是可用的，它仅由 8 个评分题项组成（Schrepp，Hinderks & Thomaschewski，2017）。然而，这种简短是有代价的。完整的 UEQ 对用户体验（吸引力、清晰度、效率、可信度、刺激性、新颖性）的 6 个不同方面给出了详细的反馈，但简短的版本只有实用性和享乐性的区分。

5.4.5　AttrakDiff

与 UEQ 一样，AttrakDiff 由一个德国用户体验研究团队开发，主要成员是 Marc Hassenzahl、Michael Burmester 和 Franz Koller（Hassenzahl，Burmester & Koller，2003）。AttrakDiff 是一个由 28 个双极词对组成的语义差异量表。可以使用 AttrakDiff 网站设置并执行一个 AttrakDiff 研究。

AttrakDiff 分析的结果使用四个量表进行总结。

- 实用性质量（Pragmatic Quality，PQ）：这是我们通常所认为的产品可用性——它在多大程度上可以帮助用户完成目标。
- 享乐性质量 – 刺激性（Hedonic Quality-Stimulation，HQ-S）：该维度表示产品在多大程度上支持用户在新颖、有趣和刺激的互动方面形成或获得良好的需求体验。
- 享乐性质量 – 认同感（Hedonic Quality-Identity，HQ-I）：该维度表示产品在多大程度上令用户对其产生认同。
- 吸引力（ATTractiveness，ATT）：该维度表示产品在多大程度上被认为具有感染力、诱人性、吸引力和令人愉悦。

最后，如图 5.13 所示，AttrakDiff 网站还提供了一个图表，显示了研究结果落在 3×3 表格中的哪个区域，这些区域是以实用性质量和享乐性质量（上述两种享乐质量进行了合并）两个维度来划分的。在图 5.13 中，结果大部分落在中心，被认为是"中性"区域。蓝色矩形表示研究结果处于该位置的不确定性程度，确定程度越高，矩形越小。

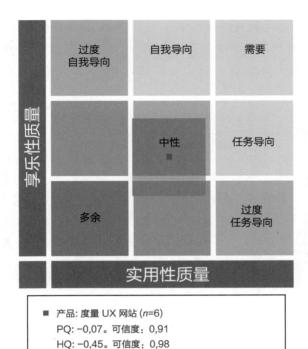

图 5.13　AttrakDiff 网站的研究结果落在"九宫格"上的情况（以实用性质量和享乐性质量这两个维度划分的 3×3 网格）

5.4.6　净推荐值

净推荐值（Net Promoter Score，NPS）是一个迅速发展起来的自我报告度量指标，尤其在高级管理人员中更为流行。它用来衡量顾客忠诚度，最初由 Fred Reichheld 在 2003 年发表于《哈佛商业评论》的一篇名为"One Number You Need to Grow"的文章中提出（Reichheld, 2003）。NPS 的效用似乎源自它的简单。它只使用一个问题："你有多大的可能性把你的公司（产品、网站等）推荐给你的朋友或同事？"受访者在一个标度从 0 分（绝无可能）到 10 分（极有可能）的 11 点量表上作答。根据得分，受访者被分为三类：

- 贬损者（detractors）：评价为 0~6 分的受访者。
- 被动者（passives）：评价为 7 分或 8 分的受访者。
- 推荐者（promoters）：评价为 9 分或 10 分的受访者。

可以看出，贬损者、被动者和推荐者的分类并不是对称的。虽然特意将推荐者的值设得很高，但还是很容易就会被归为贬损者。NPS 的计算很简单，即用推荐者（评价为 9 或 10 分）的百分比减去批评者（评价为 0~6 分）的百分比。在计算中忽略被动者。理论上，NPS 的范围从 −100 到 + 100。

计算净推荐值的小技巧

　　一些人使用 NPS 面临的一个问题是，它只是计算了一个整体分数（推荐者 %−贬损者 %）而非计算每个受访者的分数。这使得为分数计算置信区间变得更具挑战性。然而，有一个计算"诀窍"可供使用，即在以传统方法计算出的整体分数基础上给每个受访者加上一个得分。只需对每个 NPS 评分进行重新编码：推荐者为 +100，被动者为 0，贬损者为 −100。这些得分的均值将与按正常方式计算的 NPS 相同。但是这样可以获得每个个体的分数，这意味着你可以使用 CONFIDENCE.T 函数计算一个置信区间。

　　NPS 并非没有其自身的贬损者。一种批评认为，把基于 11 点量表作答而获得的分值只缩减成三类（贬损者、被动者和推荐者），会导致统计效用和精确程度上的减损。这和本章前面讨论的使用"首项"或"前 2 项"方法时，其精确程度减损的情况类似。而且，当使用两个百分比的差值（推荐者 %−贬损者 %）时，减损的精确程度将进一步加大，这与用首项分数减去末项分数类似。（每个百分比（推荐者百分比和贬损者百分比）都有自己的置信区间（或误差界限）。两个百分比差值的置信区间本质上综合了两个单独的置信区间。）至少有一项研究（Stuchbery，2010）已经表明，如果要使 NPS 的误差范围等同于传统的前 2 项分数的误差范围，那么通常需要将样本量扩大 2~4 倍。

感知可用性能否预测顾客忠诚度

　　Jeff Sauro（2010）想知道通过 SUS 度量的感知可用性（perceived usability）是否能预测通过 NPS 度量的客户忠诚度。他分析了 146 名参与者的数据，这些参与者被要求完成针对一系列产品（包括网站和财务软件）进行 SUS 问题和 NPS 问题的回答。结果发现二者是相关的，$r = 0.61$，且高度显著（$p < 0.001$）。他发现推荐者的 SUS 平均分为 82，而贬损者的 SUS 平均分是 67。

5.4.7 用户体验自我报告度量的其他工具

如本章前文所述，用户体验自我报告度量的工具太多，无法一一详细介绍。我们已经涵盖了一些比较流行的、我们已经使用的工具。但是还有更多工具，其中一些可能恰好满足用户体验研究者的需要。值得注意的是，这些工具有些免费，而有些则需要许可证。如下所述：

- NASA 任务负荷指数（NASA Task Load Index，NASA-TLX）：NASA-TLX 是一个多维评估工具，它对感知工作负荷进行评分，以此评估系统的有效性。它是由 NASA 艾姆斯研究中心（Hart & Staveland, 1988）开发的。与这里的大多数其他工具相比，它更加侧重传统的人因工程内容。TLX 有六个维度：脑力需求、体力需求、时间需求、挫折水平、努力程度和任务绩效。TLX 的度量分两步。首先，要求受访者通过这六个维度配对（共 15 对）比较的方式对其重要性进行判断。其次，他们使用从低到高或从好到差的七点标度分别从这六个维度对系统或过程进行评分。然后将这六个维度上的原始得分与第一步中算出来的权重相乘，这样就可以得到总体工作负荷得分。参见 Sauro（2019）的综述性文章。值得注意的是，有一个苹果 iOS 应用程序可用于 NASA-TLX 的执行。

- 研究后系统可用性问卷（PSSUQ）：PSSUQ 由 Jim Lewis（1991）开发，是一个有 18 个题项的李克特量表，可用于度量用户对产品的感知满意度（例如，"这个系统给出的出错信息清楚地告诉我应该如何解决问题"）。对 PSSUQ 数据进行分析后可以得到一个总体分数。PSSUQ 有系统质量、信息质量和界面质量三个维度。

- 用户界面满意度问卷（QUIS）：QUIS 是由马里兰大学的一个团队开发的，自 20 世纪 80 年代（Chi，Diehl & Norman，1988）开始使用。它由 27 个十点标度的题项组成，分为五个维度：总体反应、屏幕、术语 / 系统信息、学习和系统能力。

- 软件可用性度量量表（SUMI）：SUMI 由 Jurek Kirakowski（Kirakowski & Corbett，1993）开发。有 50 个评分题项（例如，"该软件对输入的响应太慢"），但所要求的应答只有"同意""不确定"或"不同意"。SUMI 分析的结果分为六类：效率、情感、帮助、控制、可学习性和总体可用性。SUMI 报告还告知所测产品如何与 2000 多个在用商业软件相比，其可用性如何。SUMI 目前有 20 种语言版本。

- 标准化用户体验百分位数等级问卷（SUPR-Q）：该工具是由 Jeff Sauro（2015）历时五年，基于 4000 名受访者对 100 多个网站所进行的体验评分数据开发而成的。该问卷共 8 个题项，采用李克特量表同意程度评价的形式（例如，"在网站内部进行导航是容易的"）。结果包含四个因素：可用性、信任 / 可信度、外观和忠诚度。

更多的信息可以参考 Sauro（2018）的书。

- 技术接受模型（TAM）：TAM在管理信息系统领域有着广泛的应用，而其他大多数度量工具来自用户体验/可用性领域，这一点有所不同。它最初是由Fred Davis（Fred Davis，1989）开发编制的，是其MIT学位论文的一部分。TAM的基本前提是产品只有既有用又能用，才能被人们所接受。尽管经过多年的发展，TAM变化了很多，但最初的版本使用了12个李克特式的评分题目：6个用于可用性、6个用于易用性（有关概述请参考：Sauro, 2019）。

- 用户体验度量（Usability Metric for User Experience，UMUX）：UMUX 由 Kraig Finstad（2010）开发，是一个包含四个条目的李克特量表。它被专门设计用来获得类似于 SUS（含有 10 个题目）的结果，但题目要少，同时也紧扣 ISO 对可用性的定义，包括效率、有效性和满意度。它与 SUS 的总体相关性较高（$r = 0.96$，$p < 0.001$）（Finstad，2010）。UMUX 的其他版本也已经被开发出来，包括只有两个项目的 UMUX-Lite（Sauro，2017）。

- 可用性、满意度和易用性问卷（USE）：Arnie Lund（2001）发表了可用性、满意度和易用性问卷，该问卷由 30 个评分题项组成，分为四个类别：可用性、满意度、易用性和易学性。每个题目都是正向的表述（例如，"我会把它推荐给朋友"），受访者在七点标度上对他们的同意程度进行评分。

- 微软净满意度（NSAT）：NSAT 由微软公司开发，用于度量用户对自身产品（Microsoft，n.d.）的满意度。NSAT 基于一个满意度问题，类似于"根据你在过去几个月的体验，评价你对这个产品的总体满意程度"。评分用的是从"非常满意"到"非常不满意"的四点标度。NSAT 得分基于各选项被选择的比例，即在测试用户中选择"非常满意"的百分比减去选择"有些不满意"和"非常不满意"的百分比之和。最后，在结果中加上 100 以保持数字为正。从概念上讲，这与 NPS 相似，但在评分标度数量明显要少。值得注意的是，关于 NSAT 的公开文章非常少。

5.4.8　总体自我报告度量的比较

Tullis 和 Stetson（2004）报告了一项在线测试，用来度量用户对网站的反应，主要对几种不同的测试后问卷进行比较。我们研究了以下问卷，按照适合网站评价的方式进行了改编。

- SUS：每个问题中"系统"一词都被"网站"代替。
- QUIS：最初的三个评分项目看起来不适合对网站进行评定，所以删掉了（如"记住命令的名字和使用"）。"系统"一词被"网站"代替，"屏幕"一词基本上被"网页"代替。
- CSUQ："系统"或"计算机系统"一词被"网站"代替。
- 微软的产品反应卡：每个词都由一个复选框来呈现，要求用户选择出最能描绘他们与网站交互时的形容词。他们可以自由地选择，并且选择词卡的数量不受限制。
- 我们自己的问卷：我们在网站可用性测试中已经使用这个问卷好几年了。该问卷包括 9 个正向陈述（例如："这个网站从视觉上吸引人"），用户在一个七点李克特标度（从"强烈反对"到"强烈同意"）上进行评价。

我们使用这些问卷在一次在线测试中对两个门户网站进行评价。该研究一共包括 123 名参与者，每名参与者用这些问卷中的其中一个问卷对两个网站进行评估。在完成问卷之前，每名参与者都需要先在每个网站上完成两个任务。当我们分析所有参与者的数据时，发现所有 5 个问卷的结果都显示：网站 1 明显比网站 2 得到了更好的评分。然后对不同样本量（从 6 到 14）的数据结果进行了分析，如图 5.14 所示。在样本量为 6 的时候，只有 30% 到 40% 的参与者可以明确表示更喜欢网站 1。但是当样本量为 8 的时候（这个样本量在很多实验室测试中是很常见的），我们发现 SUS 得分中有 75% 的参与者可以明确表示更喜欢网站 1（这个比例比通过其他任何问卷得出来的比例明显都要高）。

探索为什么 SUS 根据相对小的样本可以产生更一致的评分结果，这是非常有意义的。一个原因可能是，它既包括正向陈述，又包括负向陈述（用户必须对此给出他们的同意程度）。这样会使参与者更警觉。另一个可能的原因是它并没有设法把评估分解为更详细的成分（如易学性、导航的容易程度）。SUS 中的 10 个评分项目都只是要求对网站做一个总的评估，只是在呈现方式上略有差别。

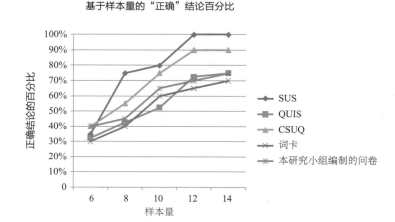

图 5.14　数据表示了从 6 到 14 的随机子样本的正确结果。图中显示不同样本量的情况下的随机样本在多大样本比例上可以与总样本数量产生相同的答案。CSUQ，计算机系统可用性问卷；QUIS，用户界面满意度问卷；SUS，系统可用性量表。改编自 Tullis 和 Stetson（2004），已授权使用

5.5　用SUS对设计进行比较

有许多针对具有相似任务的不同设计而进行的可用性研究，在这些研究中都已经把 SUS 当作一种比较方法（通常除绩效数据之外）而加以使用。

Kortum 和 Sorber（2015）使用 SUS 对手机和平板电脑这两种移动终端平台上的 App 的可用性进行了比较，均包括 iOS 和 Android 系统的版本。共有 3575 名参与者对 10 款流行 App，以及另外 5 款用户认为使用频率较高的 App 进行了可用性评价。所有平台中，前 10 款 App 的平均 SUS 评分为 77.7，最高分和最低分之间有接近 20 分的差距（从 67.7 到 87.4 分）。总体而言，手机平台上的 App 被认为比平板电脑上的 App 更有用。

在另一项针对移动应用的研究中，Kaya、Ozturk 和 Gumussoy（2019）调查了四种常用移动应用（WhatsApp、Facebook、YouTube、Mail）在 iOS 和 Android 操作系统上的可用性。共有 222 名年轻参与者参加研究，他们被要求使用 SUS 评估手机上的 App。研究结果表明，所有 App 都是令人满意的，这其中 WhatsApp 的可用性得分最高，而 Facebook 的可用性得分最低。

Boletsis 和 Cedergren（2019）使用 SUS 评估了虚拟现实运动方式，包括原地行走、控制器 / 操纵杆和瞬时移动（teleportation）。共有 26 名成年参与者参加了这项研究，并

使用每种技术操作了类似游戏的任务。原地行走的 SUS 评分最低（67.6），而控制器（84.3）和瞬时移动（82.7）的 SUS 评分都比较高。

Wichita 州立大学软件可用性研究实验室的 Traci Hart（2004）开展了一项研究，比较了三个不同的老年人使用的网站：SeniorNet、SeniorResource 和 Seniors-Place。在每个网站都尝试完成任务，之后参与者用 SUS 问卷对每个网站分别进行了评分。SeniorResource 网站的 SUS 平均分是 80，明显高于 SeniorNet 和 Seniors-Place 网站的平均分，这两个网站的平均分都是 63。

Rice 大学的 Sarah Everett、Michael Byrne 和 Kristen Greene（2006）进行了一项可用性研究，比较了三种不同类型的纸质选票（Paper Ballots）：圆圈、箭头和开放式回答。这些选票是在 2004 年美国大选所用的实际选票的基础上设置的。使用这三种选票在一个模拟选举中进行投票，42 名参与者根据 SUS 问卷对每种选票分别进行了评分。他们发现圆圈选票比其他两种选票都明显得到了更高的 SUS 评分（$p < 0.001$）。

还有一些证据表明，对产品有更多使用经验的参与者比缺乏经验的参与者更倾向于给出较高的 SUS 分数。McLellan、Muddime 和 Peres（2012）在测试两个不同的应用程序（一个基于 Web，另一个基于桌面）时发现，与没有经验或经验有限的用户相比，对产品有更多经验的用户给出的 SUS 分数要高出约 15%。

5.6 在线调查

越来越多的公司开始重视获得他们网站用户的反馈。目前流行的术语就是倾听"客户的声音"或 VoC 研究。这基本上和测试后自我报告度量是一样的过程。主要的差别是 VoC 研究通常在在线网站上进行。通用的方法是随机选择一定比例的网站用户，给他们呈现一个弹出式调查问卷（pop-up survey），以收集他们与网站交互过程中在某个点上的反馈。这些过程点通常与注销、退出或完成交易有关。另一种方法是在网站的若干个地方提供一个标准的途径以得到反馈。下面介绍一些这样的在线调查方法，这里所介绍的在线调查方法虽然没有穷尽所有，但至少都是有代表性的。

5.6.1 网站分析和度量问卷

网站分析和度量问卷（Website Analysis and Measurement Inventory，WAMMI）是一个在线服务，它是从早期的一个名为软件用户体验度量问卷（Software Usability Measurement

Inventory，SUMI）发展而来的。这两个问卷都是由爱尔兰库克大学的人因工程研究团队（Human Factors Research Group，HFRG）研发的（Kirakowski，Claridge & Whitehand，1998；也参考 Kirakowski & Cierlik，1998）。尽管 SUMI 最初是设计用来评估软件应用的，但是 WAMMI 是为了评估网站而设计的。

WAMMI 包括 20 个陈述项（例如："浏览本网站是困难的"），每项都要求在一个五点李克特量表上进行同意程度的评分。和 SUS 一样，一些陈述项是正向的，另一些是负向的。对大部分欧洲语言来说，WAMMI 都有相应的版本可用。WAMMI（用户可以创设自己的问卷和相关的评分量表）的主要优点是它已经被用来对世界范围内的几百个网站进行了评估。当用于评估网站时，测试结果可以和他们的参考数据库进行比较，这个参考数据库的构建基础是几百个网站的测试结果。

WAMMI 分析的结果被分成 5 个区域：吸引力（attractiveness）、控制能力（controllability）、效率（efficiency）、辅助性（helpfulness）、易学性（learnability），再加上一个总体可用性分数。每个分数都是标准化的（与他们的参考数据库进行对比），因此，50 分是一个平均分数，100 分是最完美的分数。

5.6.2 美国客户满意度指数

美国客户满意度指数（The American Customer Satisfaction Index，ACSI）是在密歇根大学的 Stephen M.Ross 商学院研制的。它涵盖的行业范围很大，包括零售、自动化和制造业。Foresee Result 使用 ACSI 方法完成对网站的分析。ACSI 已成为分析美国政府网站非常流行的工具。例如，他们的 2018 年 ACSI 联邦政府报告（ACSI，2019a）提出，国防部和内政部（在 100 点的标度上得分都是 78）的 ACSI 得分最高，而住房部和城市发展部得分最低（54）。同样，他们发布的"2018—2019 年零售和消费者运输报告"（ACSI，2019b）显示，Costco 以 83 分的成绩领先 Amazon。自 2010 年蝉联榜首后，Amazon 以 82 分的成绩跌至第二名。排在第 81 位的是 Etsy、Kohl's、Nordstrom 和 Nike。Walmart 和 Sears 分别以 74 分和 73 分垫底。

ACSI 问卷由 14 个核心问题构成。每个人都要求使用十点标度的形式对信息的质量、内容的新鲜度、网站组织的清晰度、总体满意度和再次使用该网站的可能性等不同属性进行评分。ACSI 的具体实施过程通常会增加额外的问题或评分题项。一个网站的 ACSI 结果可以被分成了 6 个质量类别，分别是内容（content）、功能（functionality）、外观及感觉（look & feel）、导航（navigation）、搜索（search）和站点绩效（site performance），合并后可以获得总体满意度分数。另外，对两种"未来行为"（再次使用和推荐给他人的可能性）也提供了平均评分。所有分数都以 100 分制呈现。

最后，他们也评估了每一种质量分数对总体满意度的影响。这会看到一个四象限的结果，纵坐标轴表示质量分数，横坐标轴表示对总体满意度的影响。右下象限（高影响、低分数）表明应该集中改进的区域，以获得满意度和投资的最大回报。

5.6.3　OpinionLab

OpinionLab 采用了一个在某种程度上有所不同的方法，它提供用户对网页页面层面的反馈（page-level feedback）。在某种程度上，可以把这种页面反馈类比于前面所讨论的任务层面的反馈（task-level feedback），OpinionLab 通过浮动图标来处理这种页面反馈，这个图标总是位于页面右下角，而不管滚动条在哪里。

单击图标，就会引出获取反馈的一个方法。OpinionLab 使用的是五点评分等级，只是简单地标为：－－、－、＋－、＋ 和 ＋＋。 OpinionLab 提供了很多视觉化呈现网站数据的方法，这种方法可以很轻易地看到哪些页面获得了最负面的反馈，以及哪些页面获得了最正面的反馈。

5.6.4　在线调查需要注意的问题

当使用在线调查（live-site survey）时，下面是一些需要解决或关注的问题。

- **问题的数量**。问题越少，回答率可能就越高。这就是为什么像 OpinionLab 这样的公司把调查问题的数目保持在最小范围内的原因。在得到所需的信息和"吓退"潜在的回答者之间，需要保持平衡。对每个要增加的问题，都要问问自己这个信息是否绝对有必要。一些用户体验研究者认为在这种类型的调查中，20 个问题应该是最大的数量。
- **回答者的自我选择**。由于回答者自己可以选择是否完成调查，所以用户体验研究者至少应该考虑一下，以某种形式给回答是否会带来偏差。一些用户体验研究者坚信对网站不太满意的人比那些对网站满意的人会更有可能完成调查。如果用户体验研究者的主要目的是揭示站点中那些需要改进的地方，那么这种偏差应该不是问题。
- **回答者的数量**。许多在线调查都要有一定比例的访问者参加调查。由于在线调查是基于网站流量的，所以可能会出现访问者比例很小，但也可以得到大量的回答。

应该密切监视回答，如果需要，可以增加或减少访问者比例。

- **回答者的非重复性。** 当调查已经提供给访问者之后，这种在线调查服务大部分都会提供一种记录或标识的方法（通常通过浏览器 Cookie 或 IP 地址实现）。只要用户不清除他的 Cookie，而且使用同样的计算机，那么在一个特定的时间段内，该调查就不会再次呈现。这会防止来自同一个人的重复回答，而且也会防止打扰那些不想回答的用户。

5.7　其他类型的自我报告度量

截至目前，我们所描述的许多自我报告方法都试图评估用户对产品或网站的整体印象，或评估用户对在使用产品或网站完成任务时的反应。但由于可用性研究的目的不同，用户体验研究者可能想评估用户对产品的特定属性（attribute）或具体部分（part）而产生的反应。

5.7.1　评估属性优先级

一个普遍的需求是确定产品特征或属性的相对优先级，尤其是在新产品开发的早期。用户体验研究者可能正试图决定给一个产品提供什么样的特征组合，或者正试图决定提供什么样的过滤设置，用来缩小一个冗长的备选方案清单。

第一个方法是简单地列出所有属性，并要求受访者对每个属性的重要性进行评分。虽然这可能会奏效，但受访者也可能会表示所有的属性都是极其重要的。虽然可能确实如此，但在现实中，应该有一些属性比其他的更重要。

另一种方法是向受访者展示所有的属性配对，并要求他们指出其中的哪个属性对他们更重要。然而，很快就会发现这招不怎么方便。成对组合数的计算公式为 $n!/(n-2)!2!$，其中 n 为属性个数。例如，10 个属性有 $10!/8!2!$，或 $3628800/(40320×2)=45$ 个属性组对。虽然从两两比较中分析数据的方法有很多，但一个非常简单的方法是查看各属性组对中，每个属性被选中次数的百分比。

联合分析是一种来自市场调查的方法，也可以用于评估优先级（例如，Green & Rao，1971；Green & Srinivasan，1978）。联合分析有助于确定人们如何看待并评估不同属性（特征、功能、效益）。需要注意的是，联合分析的重点实际上是由一组属性定义的产品或服务，而不是属性本身。将一组受控的潜在产品或服务展示给受访者，通过分析他们如何在这些产品之间做出选择，以此确定构成产品或服务的单个属性的隐含价值。

与联合分析非常相似的是一种称为 MaxDiff 算法的方法，或称最坏缩放（例如，Louviere & Woodworth，1983）。MaxDiff 算法只需要受访者在一系列属性或特征集合选项中选出"最好"和"最坏"的选项。通常建议每个集合不超过 5 个属性。然后，向受访者呈现 5 个属性的不同集合。若集合数量足够多，则每个属性就不会只呈现一次，进而会得到最好的数据。MaxDiff 算法分析的结果包括属性的等级排序，以及每个属性的重要性评分（这是贝叶斯平均）。

Kano 模型（Kano，Seraku，Takahashi & Tsuji，1984）采取了不同的方法来确定优先级。Noriaki Kano 和他的同事认为，在用户眼中产品或服务的所有属性并非都是平等的，某些属性比其他属性创造了更高水平的用户忠诚。具体而言，他们确定了下述五类属性。

- 基本质量：用户期望的、理所当然的属性。
- 期望质量：当实现时用户满意，未实现时会导致不满的属性。
- 兴奋质量：当完全实现时用户满意，但未实现时也不引起不满的属性。
- 无差异质量：既不好也不坏，不会导致用户满意或不满的属性。
- 反向质量：导致用户不满意的属性，有时因为并非所有用户都是一样的。

用户对产品特征的看法是通过两个题项来评估每个属性的：如果产品具备这个属性，你感觉如何；如果产品没有这个属性，你感觉如何。每个题项的标度都是"我喜欢它""我期待它""我是中立的""我可以忍受"或者"我不喜欢它"。对 Kano 模型研究中的数据进行分析，结果可以将每个产品特征放置于二维空间的四个象限：魅力、期望、无差异和必备。有关如何开展 Kano 模型研究（包括分析数据）一个好的综述，请参考 Daniel Zacarias（未注明出版日期）的文章。

5.7.2 评估特定属性

下面是用户体验研究者可能感兴趣想要评估的产品或网站的属性。

- 视觉吸引力（visual appeal）
- 感知效率（perceived efficiency）
- 自信程度（confidence）
- 有用性（usefulness）
- 愉悦性（enjoyment）
- 可信度（credibility）

- 术语的适当程度（appropriateness of terminology）
- 导航的易用性（ease of navigation）
- 响应程度（responsiveness）

有很多方法都可以用来评估属性，但是对所有这些方法都进行详细的介绍，已超出本书的范围。下面举几个对具体属性进行评估的可用性研究的例子。

Carleton 大学的 Gitte Lindgaard 和他的同事饶有兴趣地研究了用户在多快的时间内可以对网页的视觉吸引力形成印象（Lindgarrd 等，2006）。在他们的研究中，他们让参与者观看闪现 50ms 或 500ms 的网页。他们用一个视觉吸引力的总体量表对每个网页进行评分，所有的评分都在两级评价标度上进行，如：有趣 / 沉闷、好的设计 / 差的设计、好的色彩 / 差的色彩、好的布局 / 差的布局，以及富有想象力 / 无想象力。他们发现所有这 5 个评分都与视觉吸引力有很强的相关（$0.86 \leq r^2 \leq 0.92$）。他们还发现 50ms 和 500ms 这两个呈现时间的结果是一致的，表明即使在 50ms 内（或 1/20 秒），用户也能对网页的视觉吸引力形成一个统一的印象。

Bentley 大学的 Bill Albert 和他的同事（Alber，Gribbons & Almadas，2009）对这项研究进行了扩展，他们想知道：通过非常简短的方式呈现网页的图片，能不能使用户快速形成关于对网站可信度方面的看法。他们使用 50 张很受欢迎的金融和卫生保健网站的截图。每个截图仅浏览 50ms 后，参与者被要求在一个九点量表上给出他们对网站信任度的评分。稍作休息后，他们对同样的 50 张截图再次重复相同的测试程序。结果发现两个测试中可信度分数显著相关（$r = 0.81$，$p < 0.001$）。

Pengnate 和 Sarathy（2017）从两个维度设置了 4 个网站的设计：视觉吸引力（高或低）和易用性（高或低）。共有 192 名参与者完成了研究；每名参与者被随机分配到四个研究条件中的一个（网站）。参与者使用指定的网站完成任务后，用多个不同的评分量表对其评分。这些量表包括 TAM 问卷（前文已述）、改编的 4 个视觉吸引力相关题项（Cyr，Head & Ivanov，2006）、改编的 4 个信任题项（McKnight & Chervany，2001）、改编的 4 个行动意向题项（Jarvenpaa，Tractinsky & Vitale，2000）。他们发现，视觉吸引力显著影响易用性，并且视觉吸引力对信任的影响比易用性更强。

斯坦福诱导技术实验室（Stanford Persuasive Technology Lab）的 B.J. Fogg 和他的同事进行了一系列研究，以探讨哪些因素会使一个网站更可信（Fogg 等，2001）。例如，他们使用了一个包括 51 个题项的问卷来评估网站的可信度，每个题项都是一个有关网站某些方面的陈述句，诸如："这个网站使得广告和内容难以区分"，使用的是七点评分，标度从"非常不可信"（much less believable）到"非常可信"（much more believable），用户在这个七点标度上评价这些方面的内容对该网站可信度的影响。他们发现来自51 个题项的数据可分为 7 个分量表，这 7 个分量表被分别标识为：现实感（real-world feel）、易用性（ease of use）、专业性（expertise）、可信赖度（trustworthiness）、适应性（tailoring）、商业应用（commercial implications）和业余性（amateurism）。例如，51 个题项中在"现实感"分量表上权重最大的是"该网站列出了机构的实际地址"。

5.7.3　评估具体部分

除评估一个产品或网站的特定属性外，用户体验研究者可能对评估它们的具体部分或内容也感兴趣，诸如使用说明、FAQ（常见问题解答）、在线帮助、首页、搜索功能或站点地图。对具体元素而做出的主观反应，其评估方法基本上等同于评估特定属性的方法。只需要求参与者聚焦在具体部分，然后呈现一些相应的评价量表即可。

Nielsen Norman Group（Stover，Coyne & Nielsen，2002）开展过一项研究，专门对10 个不同网站的站点地图进行了考察。与网站完成一些交互任务后，参与者完成一个包括 6 个与站点地图有关的陈述题项的调查问卷：

- 该网站地图容易被发现。
- 该网站地图上的信息是有帮助的。
- 该网站地图容易使用。
- 该网站地图使我能容易地发现自己所查找的信息。
- 该网站地图使我对网站结构的理解变得容易。
- 该网站地图使网站上可获得使用的内容更清楚。

每个陈述句都伴随着一个七点李克特标度的评分，评价标度从"强烈反对"到"强烈同意"。然后他们把 6 个题项的评价分数合并起来求平均分，这样每个网站中的网站地图都获得一个总体评价分数。就网站的某一个部分（网站地图）来说，获得通过要求参与者对该部分进行几个不同题项的评分，然后把几个分数合并起来求得一个平均分，这样得出的评分更可靠。

Tullis（1998）进行了一项研究，该研究聚焦于某网站的几个可能的首页设计。（事实上，这些设计仅仅是一些只包括"占位符（placeholder）"或"假文字（lorem ipsum 文本的模板）"。为了比较不同的设计，他所使用的一个方法是要求参与者在 3 个评价题项上对每个设计进行评估，分别是：页面样式、吸引力和色彩搭配。每个评价都以 5 点标度（–2、–1、0、1、2）（从"糟糕"到"优秀"）方式进行。（请提醒自己和他人：不要再使用这种量表。用户在使用这种标度方法评分时会倾向于避免使用负值和零。但如果我们的兴趣点在于比较不同设计的评分间的相对差别，那么结果仍然有效。）其结果如图5.15所示。得到最好评价的设计是模板1，得到最差评价的是模板4。这是在对不同设计方案进行比较时常用的研究方法。要求参与者对这5个设计模板按照最喜欢到最不喜欢进行排序。该研究中，48%的参与者把模板1列为首选，而57%的参与者把模板4列为最后。

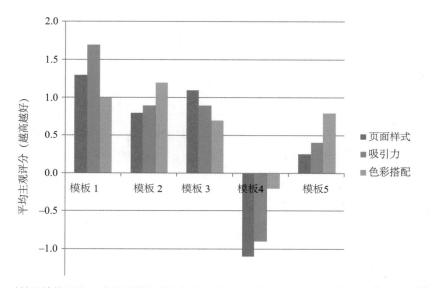

图5.15　对某网站首页的5个设计模板进行评价的数据，用户分别在三个维度上进行评价：页面样式、吸引力和色彩搭配。改编自Tullis（1998），已授权使用

5.7.4　开放式问题

除前面介绍的几种评价量表外，可用性研究中的大部分问卷都包括一些开放式问题。事实上，一个常用的方法就是允许参与者填写任何与评价量表有关的评论。尽管这些评论不便于具体度量的计算，但是它们对确认产品改进的方向是非常有帮助的。

在用户体验研究中常用到的另一个开放式问题是：要求参与者回答他们最喜欢该产品的哪些方面（3到5个）及最不喜欢该产品的哪些方面（3到5个）。通过计算相同的方面被提及或被列出的数目，然后报告这些内容的出现频率。上述定性数据可以被转化成度量指标。当然，也可以把参与者思考时自言自语的话（出声思维）当作这类口头评论来分析。

有些专著专门介绍了如何使用我们通常所说的文本挖掘技术来分析这类口头评论（例如，Ignatow & Mihalcea，2017；Ignatow，2016；Liu，2015；Miner 等，2012），在文本挖掘领域还有很多工具可用（如，NVivo、Clarabridge、IBM SPSS 文本分析等）。我们仅介绍几个收集和汇总这些评论的简单方法。

汇总开放式问题的结果始终是一个挑战。我们还没想出一个快速而且简便的解决方案。开放式问题越具体，越利于分析回答的结果。例如，让参与者描述对界面的困惑比让他们直接发表"评论"会更容易回答。

我们喜欢的一个非常简单的分析方法是，将所有受访者对问题的反馈评论复制到一个工具中生成词云，就像 Worldle.net 一样。例如，图 5.16 展示了一个根据问题反馈得到的词云，这个问题是请参与者描述当他们访问 NASA 网站查找阿波罗计划时遇到的任何挑战或挫折（Tullis，2008b）。在词云里，大字号的文本用来展示出现频率更高的词汇。从词云里明显可以看出，用户对网站的"搜索（search）"和"导航（navigation）"功能给出了更多的评价。（因为 NASA 网站主题的关系，诸如"阿波罗"这样的词汇出现频率很高是不足为奇的。）

图 5.16　使用 Wordle.net 对 NASA 网站在线研究中的用户反馈所创建的词云图。在这项研究中，参与者要回答一个有关阿波罗空间计划的问题，他们可以使用与这个网站相关的任何让他们特别受挫或感到挑战的词语

> ### 找到所有包含某个特定词汇的评论
>
> 在研究了词云之后（也包括大部分此类工具可以生成的词频），有时候找到所有包含某个特定词汇的评论是很有帮助的。例如，在看了图 5.16 所示的词云后，找到所有包含"导航（navigation）"的评论或许会比较有用。这可以先通过 Excel 中的 SEARCH 函数实现，然后对 SEARCH 函数搜索的结果列进行排序。包含目标词汇的条目会有一个数值（实际上是目标词汇在该条目中开始出现的位置），没有包含目标词汇的条目会出现"#VALUE!"错误。

根据我们的经验，口头评论的分析往往最终归结为人工分析。（我们最近在用户体验领域看到了一些招聘广告，招聘的主要工作是分析口头评论！）手动文本分析的两种常见方法包括分类和标记。这两种方法都可以在 Excel 中完成，其中电子表格中的每一行都是一条评论文本。请注意，通常研究人员需要首先识别一行中的多个评论文本再将它们逐个分开。当然，用户体验研究者会希望维护与评论相关的所有人口统计数据，因为根据人口统计数据分类口头评论有时很有用。

在对评论进行分类时，用户体验研究者要浏览所有的评论，并为每个评论分配一个单独的类别（例如，开户和字体大小）。首先快速浏览一下评论样本有助于识别类别。标记评论是类似的，但是可以为每个评论关联多个标记（类似于类别）。从逻辑上讲，在对评论进行分类时，通常会在电子表格中添加一列来包含分类（一般在下拉列表中）。在标记时尽可能添加多的列，然后在要标记的每一列中添加一个"X"（或其他）。有关人工编码和评论分析的概述，请参阅 Sauro（2017）。

5.7.5 知晓度和理解

有的方法在一定程度上模糊了自我报告数据和绩效数据之间的区别，比如，当用户在设备或网站上完成一些任务后，问他们一些关于他们在与设备或网站的交互过程中，看到的或记得的一些内容或问题，而且在回答问题时不允许他们再查看或使用该设备或网站。这种方法一般用于检测用户对网站特征的知晓度（awareness）。例如，检测如图 5.17 所示的 NASA 首页时，首先会给参与者一个机会浏览该网页并完成几个非常一般的任务，比如：阅读最新 NASA 的消息、获取哈勃太空望远镜（Hubble Space Telescope）拍摄的图片。然后该网站不再给参与者看了，之后给他们一个问卷，问卷中列出了 NASA 首页可能包括，也可能不包括的内容。

　　问卷中的内容一般与要求参与者完成的具体任务没有直接关系。用户体验研究者感兴趣的是有些内容对参与者来讲是否足够"凸显"。参与者需要根据记忆标示出哪些内容是他在网站上看到的。例如，问卷上的两个项目可以是："JAXA 航天器发射取消"和"给 NASA 的下一个火星探测器命名"。这两个项目都是首页上的链接。设计这样一个问卷的难点是：该问卷必须包括逻辑"干扰"项目，即该干扰项目没有出现在网站（或网页，如果你把研究限制在一个网页的话）上，但是看起来应该出现在网站或网页上。

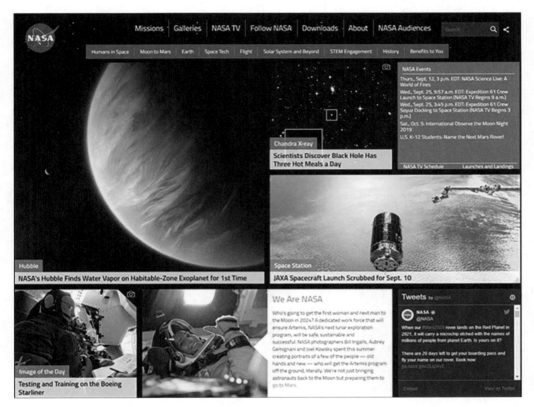

图 5.17　以 NASA 首页为例对评价"注意力撷取"（attention-grabbing）网页内容的方法进行说明。 在让参与者与其交互后，你可以让他们在一系列内容项中确认哪些是网站上确实有的内容

　　一个与此紧密相关的方法是度量用户对网站上一些内容的学习和理解。在与一个网站进行交互后，给他们安排一个测验以测试他们对网站上一些信息的理解。如果这些信息是参与者在使用该网站前就了解的信息，那么就有必要进行一个前测以确定那些他们已经了解的信息，然后把该结果与后测结果进行比较。当参与者在与网站的交互过程中没有明显地注意到该信息时，这通常被称为"无意学习"（incidental learning）方法。

5.7.6 知晓度 – 有用性差距

一种非常有价值的方法是分析用户对特定属性或功能的知晓度（awareness）和有用性（usefulness）感知之间的差距。例如，假设许多参与者开始没有发现某功能，一旦他们注意到该功能，他们就会发现该功能非常有用，那么应该在后续设计中推进或强调该功能。

为了分析"知晓度和有用性"之间的差距，必须同时进行知晓度度量和有用性度量。一般用一个是/否的问题度量参与者的知晓度。例如，"在参加本研究之前，你知道这种功能吗？（是/否）。"然后我们接着问："在一个 1 到 5 的标度上，这个功能对你有多大用处？（1=没有一点用；5=非常有用）。"这种方式需要参与者有几分钟的时间去摸索一下该功能。下一步，需要把等级评价数据转化为一个前 2 项分数，以便进行一一对应的比较。简单地把知晓该功能的用户百分比与发现该功能有用的用户百分比绘制在一起。这样，两个条形图之间的差距就叫作"知晓度–有用性差距"（awareness-usefulness gap）（见图 5.18）。

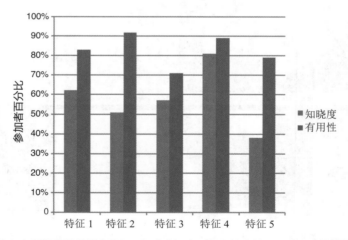

图 5.18　知晓度 – 有用性差距的研究数据。知晓度和有用性评价中差距最大的（如特征 2 和特征 5），就是用户体验研究者应该考虑如何让它们在界面上更明显的特征

5.8　总结

自我报告度量有许多不同的方法。在实际使用中，有以下关键点。

1. 在任务层面和总体层面，都可以考虑收集自我报告数据。任务层面的数据可以帮助用户体验研究者确认那些需要改进的部分。总体层面收集的数据可以帮助用户体验研究者了解总体用户体验。

2. 考虑使用一个标准的问卷评估用户对系统的主观反应。系统可用性量表（SUS）已被证明是相当有效且灵活的，即使在参与者数量相对较小（如 8~10 人）的情况下也是如此。

3. 如果用户体验研究者有兴趣将产品与其他产品进行比较，请考虑使用如 SUS、UEQ、SUPR-Q、WAMMI 或 ACSI 这样的评价工具，即具有大的比较数据集或可供使用的已发表文献。

4. 为了了解用户对特定属性或具体部分的优先级看法，可以考虑使用联合分析、MaxDiff 算法或 Kano 模型。

5. 除简单的评分量表外，在使用其他方法时既要有创造性，又要谨慎。如果可能，要求用户以不同的方式对一个给定的题目进行评价，然后把几个结果平均，以得到一个更符合实际情况的数据。在编制任何新的评分问卷时都要很认真。恰当地使用开放式问题，并可以尝试考虑度量用户在与产品交互之后对产品的知晓度。

第6章
可用性问题度量

很多用户体验从业人员会把发现可用性问题及提供设计建议作为他们工作中最重要的组成部分。一个含义模糊的术语、一段费解的内容、一种不清晰的导航方式，或者一处本该被用户看到却没有很好地提醒用户注意的界面设计，都可能带来可用性问题。此类问题连同其他许多问题通常会被视为对设计方案进行迭代式评估与改进流程的一部分。这一流程为产品的设计提供了不可估量的价值，也是用户体验研究的基石。

一般认为，可用性问题纯粹是定性的。典型的可用性问题会描述一名或多名参与者所遇到的问题，并评估背后的可能原因。多数用户体验从业人员还会对如何解决这些问题提供有针对性的建议，也会报告积极的发现（也就是说特别有用的结果）。

多数用户体验从业人员不会将可用性问题与度量强行捆绑在一起。一个可能的原因是在可用性问题中发现灰色地带，而另一个可能的原因是发现可用性问题被视为迭代设计流程中的一部分，而度量在这一流程中的作用却有限。但事实是，可用性问题不仅可以度量，而且可以在不拖延迭代设计流程的情况下为产品的设计创造新的价值。

本章会介绍几种简单的可用性问题度量，同时也会讨论几种用于发现可用性问题及对不同类型的可用性问题进行优先级评估的方法，以及在度量可用性问题时需要考虑的因素。

6.1　什么是可用性问题

可用性问题是什么？可用性问题是基于用户使用产品行为提出的。用户体验从业人员的责任就是要解释这些问题背后的原因，比如，让人难以理解的术语或藏得很深的导航方式带来了可用性的问题。这些可用性问题的例子包括：

- 影响任务完成的行为。
- 导致用户"偏离航线"（off-course）的行为。
- 用户表达出来的挫败（感）。
- 用户没有看到本该看到的内容。
- 用户自己说已经完成任务但实际未完成。
- 导致任务失败的操作。
- 对内容的错误解读。
- 使用网页导航时点击了错误的链接。

在确定可用性问题时，需要考虑的一个关键点是如何解决这些问题。最常见的场景是在迭代式设计流程中聚焦于产品改进。在这种情况下，最有用的可用性问题应当指出如何改进产品。换句话说，只有包含可操作行为的可用性问题才会有帮助。即便他们没有直接指出是界面的哪一部分出现了可用性问题，也应当给予一些提示，告诉设计者应当从哪里开始排查。比如，我们曾在一份可用性测试报告中看到了这样一个可用性问题的描述"该应用软件的心理模型不符合用户的心理模型。"可以看到，这种描述没有提及任何操作行为，然而它的确就是这么写的。在理论层面上，这确实是一个对行为表现的有趣描述，但这样的描述对设计者和开发人员解决问题几乎没有什么帮助。

另外，需要考虑类似这样的问题描述："许多参与者被上层导航菜单搞得晕头转向（描述一种行为），常常不知所措地跳来跳去，试图找到他们想找的目标（还是在描述行为）。"这个描述会十分有助于解决问题，尤其是在后面给出诸多问题细节。这一描述会告诉设计者从哪里开始查找问题（上层导航菜单），后面的问题细节也有助于集中精力找出可能的解决方案。Molich、Jeffries 和 Duman（2007）曾对如何提出可用性建议和如何使可用性建议更有效做了一项有趣的研究。他们建议所有的可用性建议都要着眼于提升被测产品的整体用户体验，要考虑到商业和技术上的限制，同时还要具体和清晰。

当然，不是所有的可用性问题都是应当规避的，有些可用性问题是正面的。有时会把这些问题称为"可用性发现"，因为"问题"一词通常都会引起负面的联想。下面就是一些正面可用性问题的例子：

- 所有参与可用性研究的用户都能顺利登录这个应用。

- 完成搜索任务时没有发生错误。
- 参与者能很快创建一份报告。

报告这些积极的发现的主要原因除了为项目团队提供积极的反馈，还可以确保在以后的设计迭代中这些不错的界面设计点不会被"毁掉"。

对用户体验研究者而言，最有挑战性的工作任务之一就是确定哪些问题是真正的可用性问题，哪些问题只是偶尔发挥失常的结果。最明显的可用性问题通常是多数（如果不是全部）参与者都会遇到的问题。比如，多数参与者会在一个用词很差的菜单中选错选项，然后是错误的菜单路径，继而一错再错，花费了大量的时间在产品中以错误路径寻找目标。几乎对所有人而言，导致这些行为的原因都是"无须思考"即可轻易发现的。

还有一些问题则要模糊很多，或者用户体验研究者不是很清楚这是不是一个真问题。比如，10 名参与者中只有一名参与者认为网站上的某些内容或术语表达不清楚，或者 12 名参与者中仅有一名参与者没有注意到应当看到的内容，这类情况能否被看作可用性问题？有时候用户体验研究者需要对他所观察到的问题是否有可能在更大的人群中重复出现做出判断。在这种情况下，就需要搞清楚用户在操作任务的过程中表现出的行为、思考过程、感觉或者决策是否符合逻辑。换句话说，这些行为或思考的背后是否有合理的背景故事或者逻辑推理。如果答案是肯定的，那么即便只有一名参与者遇到了这种情况，它也可能是一个可用性问题。相反，如果行为背后没有明显的规律或者原因，就说明这种情况很可能并不是一个可用性问题。如果参与者无法解释他的逻辑，而且这种情况只发生了一次，那么就说明这很可能只是一个特例，我们可以忽略它。

例如，观察到一名参与者点击了网页上的一个链接并开始了完成任务的错误路径。在任务结束时，可能会问参与者为什么点击那个链接。如果参与者说只是因为它就在面前，那么研究者可能会认为这是一个假的可用性问题。另外，如果参与者说链接的描述看起来是一个开始任务的合理位置，研究者则会说这是一个真的可用性问题。

6.2　如何发现可用性问题

发现可用性问题最常用的方法是在研究中直接与参与者接触 / 交互。具体可以通过面对面或者借助电话的远程测试技术来实现。有种不太常用的方法是利用诸如在线学习之类的自动化技术或者通过观察一个参与者的使用视频来发现可用性问题，类似于usertesting 网站上生成的内容。之所以使用这种方法，通常是因为用户体验研究者无法直接观察用户而只掌握了行为记录的和自我报告的数据。通过这类数据来挖掘可用性问题虽然具有相当高的挑战性，但可行性依然很好。

用户体验研究者有可能已经预测到了会出现的可用性问题，而且在测试环节中也捕捉到了。但请注意，用户体验研究者真正需要做的是观察可能出现的任何问题，而不仅仅是去寻找预期会发生的那些问题。很明显，如果用户体验研究者知道自己要找的问题是什么，那么整个发现问题的过程会非常顺利，但是这样也会让用户体验研究者漏掉没有考虑到的问题。在我们的测试中，虽然我们通常都知道自己要寻找的目标是什么，但我们同时会抱着一种开放的心态来"抓取"那些出乎意料的问题。从来没有所谓的"正确"方法；一切都取决于评估的目标是什么。如果是在早期的概念设计阶段对产品进行评估，很有可能对什么地方会出现可用性问题并没有预设。而随着产品的不断完善，就会对要寻找的具体问题有清晰的看法。

预想的不一定是最终的

在最早公开发布的软件界面设计指南中，有一本苹果公司发布的名为 *Apple lle Design Guidelines* 的书。其介绍了一个苹果公司早期做可用性测试时发生的有趣故事。那时候，苹果公司正在开展一项名为"用 Apple 展示 Apple"的项目，即在计算机卖场中向用户做演示。在设计师未太注意的一个界面上，有一个问题问用户自己使用的显示器是单色的（monochrome）还是彩色的。最初的问题是这样设计的："你是否正在使用一台黑白显示器？"（他们估计用户理解"单色"这个词会存在问题）。在第一次可用性测试中，他们发现多数使用单色显示器的用户都没有正确回答这个问题，因为他们的显示器中的字是绿色，而不是白色的。

之后一环接一环的滑稽问法接踵而来，比如"你的显示器是否能显示多种颜色"或者"你在显示屏上是否看到了多种颜色"等。一些参与测试的用户对这些问题只能给出错误的回答。百般无奈之下，他们甚至考虑找一位用过很多计算机的开发人员来回答这些问题，最后他们终于设计出了一个有效的问法："上面的文字是否能够以多种颜色显示？"总之，预想的不一定是最终的。

读者可以使用本书中的许多指标对可用性问题进行全方位的度量。通常，任务级别的数据最有帮助。例如，考虑图 6.1 所示的任务成功数据。这些数据来自 L 团队在"比较可用性评价（Comparative Usability Evaluation，CUE）研究"项目第 8 号研究报告（Molich，2010）。

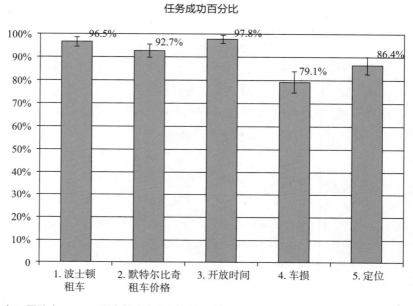

图 6.1　来自 L 团队在 CUE-8 研究报告中的任务成功百分比（Molich，2010）

从图 6.1 中可以清楚地看出，参与者在任务 4（车损）中遇到的困难明显大于其他任务。来自同一份报告的其他数据也强调了这一点。在任务放弃百分比（见图 6.2）中，相比于其他任务，放弃任务 4 的参与者要多得多。

这种结果就会引导用户体验研究者聚焦一个特定的任务（关于租车时的丢失损害免责声明（Loss Damage Waiver，LDW）），然后研究人员就可以明确问题是什么。该可用性问题甚至可以简单地表述为"参与者难以理解'丢失损害免责声明'"。

任务完成后的自我报告评分也有助于发现可用性问题。例如，我们有时会在每个任务后进行"任务信心"评分，例如，我相信我成功地完成了这个任务：

非常不同意○ ○ ○ ○ ○ ○ 非常同意。

如果完成一项任务的成功率很低，但信心评分很高，那么这可能是一个特别有问题的情况。这表明许多参与者在完成任务中失败了，但他们认为自己是成功的。

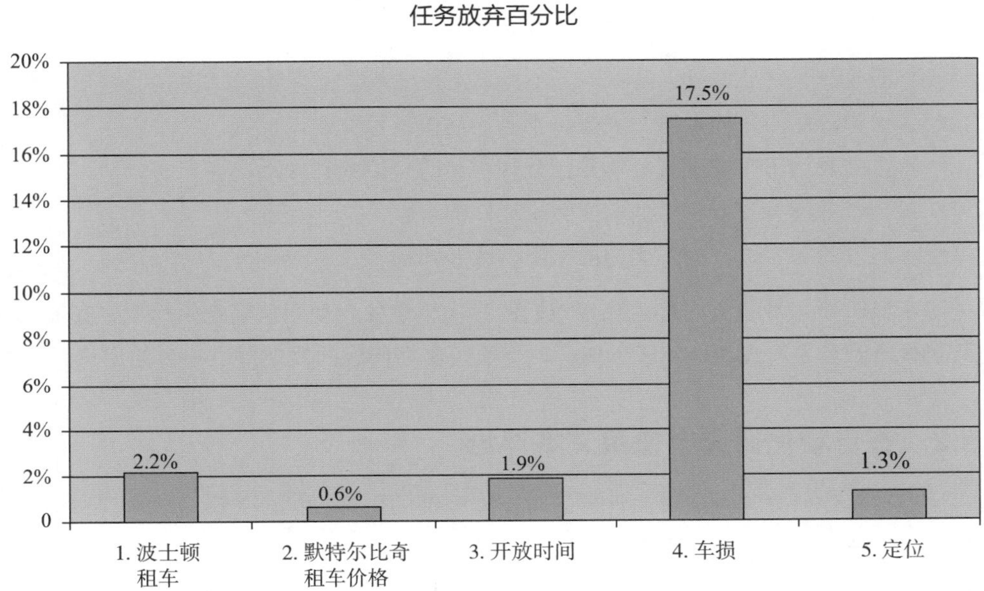

任务放弃百分比

图 6.2　来自 L 团队在 CUE-8 研究报告中的任务放弃百分比（Molich，2010）

6.2.1　在一对一研究中使用出声思维

使用出声思维（think-aloud）脚本或提纲，再加上对参与者行为的观察，是在一对一（one-to-one）用户体验研究中确定可用性问题的最佳方法之一。在以往，最常见的方法是即时性出声思维（Concurrent Think-Aloud，CTA），即要求参与者在完成任务的同时把他们的思考过程说出来。最近，回顾式出声思维（Retrospective Think-Aloud，RTA）作为一种变式被提了出来，这主要是因为担心 CTA 可能会改变参与者的操作行为。例如，Van Den Haak、de Jong 和 Schellens（2003）发现 CTA 对任务绩效有负面影响，特别是对于复杂任务。在 RTA 中，参与者先"默不作声"地完成任务，任务结束后通常再让他们回看任务操作的记录视频并同时说出他们的想法。有时，这还会结合观看（任务操作时的）眼动追踪的轨迹记录或回放（例如，Elling，Lentz & de Jong，2011）。CTA或 RTA 哪个更有效尚不完全清楚，但这两种方法都被证明可以发现可用性问题。例如，Van Den Haak 等人（2003）发现 CTA 发现可用性问题更多地基于观察，而 RTA 发现可用性问题更多地基于口头言语。

无论使用上述哪种方案，参与者通常都要说出他们正在做什么、他们想要做什么、对自己的决定有多大把握、预期是什么，以及操作行为背后的原因是什么。从本质上讲，这种做法就是聚焦于参与者在产品交互过程中的意识流。在使用出声思维的过程中，需要关注如下方面的内容：

- 言语中表达出来的疑惑、失望、不满、愉悦或惊奇。
- 言语中表达出来的有关具体操作行为对错的自信或犹豫不决。
- 参与者并没有说或者做他们应当说或做的事。
- 参与者的非言语行为，比如面部表情或肢体语言。

除了倾听参与者说的内容，观察他们的行为也重要。观察他们在做什么、在哪儿碰到了困难，以及如何成功地完成了任务，会给可用性问题的发现提供丰富的信息来源。

6.2.2 在自动化研究中使用文本评论

通过自动化研究来发现可用性问题时需要仔细的数据收集。关键是要允许参与者对界面或任务进行逐字逐句的评论。多数研究都会针对每个任务收集如下数据：完成状态、时间、易用性评分和文本评论。文本评论是帮助我们理解潜在问题的最佳方式。继续前面的 CUE-8 例子（见图 6.1），L 团队报告了以下与任务 4（车损）相关的文本评论："我不确定我是否真的做对了。我很难理解'丢失损害免责声明'条款，而且即使我找到了一条，我也不确定它到底说了什么"（Molich，2010）。

收集文本评论的一种方式是让参与者在每个任务结束后提供自己的看法。这虽然会获得一些有趣的结果，但却无法确保总能获得最佳的结果。另一种方式可能会更有效，就是视情况让用户适时进行详细说明。如果参与者对任务给出的易用性评分不高（比如，不是评分标度中最高的两个等级之一），就可以进一步追问参与者给出这样一个分数的原因是什么。指向性更明显的问题通常会获得更有针对性的和可操作的结果。比如，用户可能说他们不知道某个词是什么意思或者无法在某一页上找到想找的链接。这种针对每个任务的具体反馈通常比完成所有任务后（post-study）问一个问题的方式能提供更有价值的信息。这种方法的唯一不足就是：在被问了几次问题后，参与者可能会调整评分，以避免回答开放式的问题。

6.2.3 使用网站分析

如果你正在研究一个网站，一些可用性问题或潜在的问题区域可以从网站分析中识别出来。例如，Hasan、Morris 和 Probets（2009）使用谷歌分析（Google Analytics）试图发现三个不同电子商务网站的可用性问题。他们对比基于谷歌分析发现的可用性结果与专家对网站进行的启发式评估结果。他们研究了 13 个关键指标，包括每次访问的页面浏览量、弹出率、订单转化率、每次访问的搜索量和结账完成率等。他们发现，与第三个网站相比，另外两个网站的单次访问页面浏览量相对较高（分别为 17 和 13），而第三个网站的单次访问页面浏览量要低得多（6）。这说明第三个网站存在潜在的导航问题，这与启发式评估结果是一致的，专家发现第三个网站有 42 个导航问题，而其他两个网站只有 7 个和 11 个导航问题。作者得出的结论是，网站分析对于快速发现一般可用性问题和网站中存在可用性问题的特定页面非常有用。但是，网站分析不能提供页面特定问题的详细信息。

6.2.4　使用眼动追踪

正如第 7 章所讨论的，眼动追踪技术在用户体验研究中的应用变得越来越广泛。虽然，它在发现可用性问题方面的应用正在增长，但究竟如何将眼动追踪数据与可用性问题联系起来尚不清楚。例如，如果用户在一个元素上停留了相当长的时间，比如一幅图，这是一件好事还是坏事？ 这可能意味着他们发现该图非常有用，并想从中提取信息，但也可能意味着他们对该图感到困惑，并试图理解它。

Ehmke 和 Wilson（2007）通过研究两个不同的网站回答了这个问题，即如何使用眼动追踪数据来发现可用性问题。他们邀请了 19 名参与者在两个网站上完成了一些任务并记录了他们的眼动追踪数据，之后，他们先是使用一套明确定义的标准从原始数据中确定了可用性问题。这种方式基于直接可观察的数据，而不是眼动追踪数据。然后，他们将这些可用性问题与眼动追踪数据关联起来。他们发现，可用性问题不仅与单一的眼动追踪模式有关，还与特定的模式序列有关。例如，"过载、无效的呈现"这一可用性问题在眼动追踪数据中显示为：在单个区域上停留时间较短，然后是较长时间的扫视及退回（回顾）到具体元素。

6.3　严重性等级评估

不是所有的可用性问题都是一样的：有的问题会比其他问题更严重。有些问题会让用户感觉心烦或沮丧，另一些问题则会导致用户做出错误的决定或丢失数据。很显然，这两类可用性问题会给用户体验带来不同的影响，严重性等级评估是评估影响的有效方式。

严重性等级评估有助于集中精力解决关键可用性问题。对开发人员或者商务人员来讲，没有什么会比拿到一份包含 82 个可用性问题的清单，而且清单上的每个问题都需要立即解决更恼人了。通过对可用性问题进行优先级排序，可以减少与设计和开发团队其他人员的冲突，继而更有可能为设计带来积极的影响。

虽然有多种方法可用于可用性问题的严重性等级评估，但多数评估系统可以被归成两大类。在第一类评估系统中，严重程度完全取决于问题对用户体验的影响程度：用户体验越差，严重程度越高。在第二类评估系统中则会综合考虑多种因素，比如商业目标和开发成本等。

6.3.1 基于用户体验的严重性等级评估

许多严重性等级评估方法只会考虑对用户体验的影响程度，即基于用户体验的严重性等级评估。这种评估方法易于实施，而且能提供有用的信息，通常将可用性问题的严重程度分为三级评估：低、中、高。有的评估系统中还会有"灾难"级的问题，这种问题实质上会中断开发流程（导致产品的市场投放或发布的滞后——Nielsen，1993）。

选择什么样的评估系统，取决于组织机构和被评估的产品类型。通常，三个级别的评估系统就能满足多数情况的要求。

- **低**：会让参与者心烦或沮丧，但不会导致任务失败的问题。这类问题会导致参与者走了错误的操作路径，但参与者仍能找回正确的操作路径并完成任务。这类问题可能只会稍微降低效率和 / 或参与者满意度。
- **中**：这类问题会显著提高任务的难度，但不会直接导致任务的失败。遇到这类问题时，参与者经常会绕很多弯子才能找到需要寻找的目标。这类问题肯定会影响任务完成的有效性，同时也很有可能影响效率和满意度。
- **高**：所有直接导致任务失败的问题。遇到这类问题后基本没有可能再完成任务。这类问题对效率、有效性和满意度都有极大的影响。

需要注意的是，这套评估系统是对任务失败（也是一种度量用户体验的方法）的评估。一项测试中若没有失败的任务，就没有高等级严重性问题。

高等级严重性问题的案例

　　Tullis（2011）讲述了一个我们认为问题严重性等级已经达到极限的案例。20世纪 80 年代早期，他对一个用于检测金属表面高压电的手持设备的原型进行了可用性测试。这个设备有两个指示灯：一个表示设备工作正常，而另一个则表示电压过高，这将会是致命的问题。遗憾的是，两个指示灯都是绿色的，而且紧挨着，也没有任何标志。他恳请设计师修改设计，未果，之后他决定进行一个快速可用性测试。他让 10 名参与者用这个设备做了 10 次模拟任务。这个原型被设计为至少 20 次提示电压过高。在参与者操作的 100 次任务中，有 99 次任务，指示灯显示正确，仅有一次显示"高压危险"。这个可用性问题会给用户带来严重的伤害甚至造成死亡。最终，设计师被说服对设计做了重大的修改。

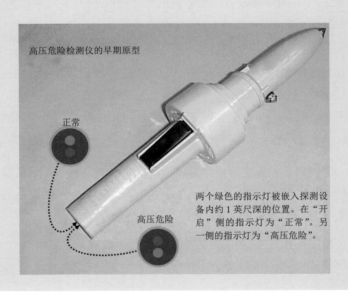

高压危险检测仪的早期原型

正常

高压危险

两个绿色的指示灯被嵌入探测设备内约 1 英尺深的位置。在"开启"侧的指示灯为"正常"。另一侧的指示灯为"高压危险"。

6.3.2　综合多种因素的严重性等级评估

　　综合多种因素的严重性等级评估系统通常以可用性问题对用户体验的影响、相关任务的使用频率和 / 或对商业目标的影响作为评估依据。Nielsen（1993）提供了一种简便易行的方法，对用户体验的影响和使用频率这两个因素进行严重性等级综合评估（见表 6.1）。这种评估系统非常直观，而且容易解释。

表 6.1 综合考虑可用性问题发生频率和对用户体验影响的严重性等级评估

来源：改编自 Nielsen（1993）

	极少用户遇到了问题	很多用户遇到了问题
对用户体验的影响很小	严重程度低	严重程度中等
对用户体验的影响很大	严重程度中等	严重程度高

还有一种方案会考虑三个甚至四个维度，比如对用户体验的影响、预期的发生频率、对商业目标的影响和技术／实现成本。可以综合四种不同的三点标度来评估问题的严重性：

- 对用户体验的影响（0 ＝低，1 ＝中，2 ＝高）。
- 预期的发生频率（0 ＝低，1 ＝中，2 ＝高）。
- 对商业目标的影响（0 ＝低，1 ＝中，2 ＝高）。
- 技术／实现成本（0 ＝低，1 ＝中，2 ＝高）。

把这四个分数加起来，就会得到一个介于 0 到 8 之间的总体严重性等级分数。当然，在做等级判定时会掺杂一些猜测的成分在里面，但是其可取之处在于这种方法综合考虑了所有的四种因素。或者，如果想做得更炫一点，可以根据组织机构内的一些优先级考虑给每个标度赋予一定的权重。

Sauro（2013）指出，在确定用户体验问题的优先级时，我们可以借鉴一种名为故障模式和影响分析（FMEA）的方法，该方法是 20 世纪 50 年代为可靠性工程开发的。对于每个用户体验问题，这种方法涵盖了对三个因素的估算：

- 问题的频率（1~10）：最不常见的问题得 1 分，最常见的问题得 10 分。
- 问题的严重程度（1~10）：表面问题为 1 分，任务完全失败、财务损失或生命损伤为 10 分。
- 问题的发现难度（1~10）：容易发现的问题得 1 分，难以发现的问题得 10 分。

风险系数（Risk Priority Number，RPN）是这三个因素评级的乘积：

$$RPN ＝ 频率 \times 严重程度 \times 发现难度$$

理论上，这个风险系数可以在 1~1000 之间。这里可以试图找出每个用户体验问题的根本原因。

6.3.3 严重性等级评估系统的应用

在建立了严重性等级评估系统后，还有几件事情需要考虑。

首先，确保一致，只选用一种评估系统，然后在所有的研究中都采用这种系统。使用相同的严重性等级评估系统，能在不同的研究之间进行有价值的比较，也有助于引导受众去理解不同严重性等级的差异所在。受众越认可这种评估系统，设计方案就越有说服力。

其次，清晰地说明每个严重性等级的意义。对每个严重性等级都尽可能用实例说明。这对团队中可能也会参与评估的其他可用性专家来讲尤为重要，对开发人员、设计师和商业分析师理解每个严重性等级所代表的意义也非常重要。"非可用性"领域的受众对每个严重性等级理解得越透彻，就越容易对高等级严重性问题的设计解决方案施加影响力。

然后，设法让多个用户体验研究者参与每个问题的严重性等级评估。一种行之有效的方法是先让这些研究者单独对每个问题的严重程度做评估，然后对评分结果不一致的问题进行讨论，并尝试给出一个达成一致的合理评分。

最后，还存在是否应当把可用性问题作为问题追踪系统一部分的争论（Wilson & Coyne，2001）。Wilson 认为有必要将可用性问题作为问题追踪系统的一部分，这样可以突出可用性问题的重要性，增加可用性团队的威信，从而提高修改问题的可能性。Coyne 认为发现和修改可用性问题比典型的产品问题复杂得多。因此，将可用性问题放在一个独立的数据库中更合理一些。无论如何，重要的是对可用性问题进行追踪，并确保它们能得到解决，而不至于被遗忘。

6.3.4 严重性等级评估系统的应用注意事项

不是每个人都相信严重性等级评估的。Kuniavsky（2003）建议让受众自己给出他们的严重性等级评估。他主张只有那些非常熟悉商业模式的人才有能力对每个可用性问题的相对优先等级给出判定。

Bailey（2005）则强烈反对任何形式的严重性等级评估系统。他引证了几项研究成果，这些研究表明可用性专家在对任一给定的可用性问题的严重性进行等级评估时很难达成共识（Catani &Biers，1998；Cockton & Woolrych，2001；Jacobsen，Hertzum，& John，1998；Molich & Dumas，2008）。这些研究普遍表明在判定高等级严重性问题时，不同的可用性专家几乎没有交集。很明显，在这种情况下，如果很多重要决策都是基于严重性等级评估做出的，那么就会带来麻烦。

　　Hertzum 等人（2002）强调了在进行严重性等级评估中可能还存在的另一个不同的问题。在研究中，他们发现当多个可用性专家作为一个团队分工协作时，每个专家对自己发现的可用性问题的严重性等级判定都要高于对其他人发现的可用性问题的判定。如果仅依赖于一位用户体验专业人员进行严重性等级评估，那么这种做法会带来严重的后果。作为专业人士，我们目前尚不清楚为什么不同专家的严重性等级评估会不一致。

　　那么，我们应当怎么做？我们相信虽然严重性等级评估不是完美无缺的，但对我们来讲依旧是有用的。它至少可以帮助我们关注那些最迫切需要解决的问题。如果没有严重性等级评估，设计师或者开发人员就会设置他们自己的优先级列表，而该列表可能就会根据最容易解决或实施成本最低等潜在规则来确定。即便在进行严重性等级评估时会掺杂一些主观因素，严重性等级评估至少有也比没有好。我们相信，大多数相关人员都知道，严重性等级评估中的艺术成分要多于科学成分，他们也会在一个更大的认知场景内去理解或诠释严重性等级评估。

6.4　分析和呈现可用性问题度量

　　一旦确定了可用性问题及其优先级后，对这些可用性问题本身进一步分析有助于用户体验研究者的工作。这就需要用户体验研究者提炼出一些可用性问题度量。用户体验研究者如何准确地提炼这些度量，在很大程度上依赖于用户体验研究者头脑中已有的各种类型的问题。借助于可用性问题度量，我们就可以回答下面的三个基本问题。

- 该产品的总体可用性如何？如果只想对这个产品的表现有个总体的认识，那么回答这个问题就会很有用。
- 产品的可用性是否随着每一次设计迭代而提高？如果想知道可用性在每次新改进的设计迭代中的变化情况，就应当关注这个问题。
- 应当着力于哪些方面以改进设计？如果需要决定该将资源集中于哪些方面，那么知道这个问题的答案就会有帮助。

　　无论是否有严重性等级评估，我们都要完成这些分析。严重性等级评估只是增加了一种过滤问题的方式。有时，严重性等级评估可以帮助我们将焦点聚集于高等级严重性问题；而另一些时候，同等对待所有的可用性问题则会更合理一些。

6.4.1　独特可用性问题的发生频率

最常用的可用性问题度量方法就是数一数有多少个独特问题（unique issues）。如果想知道设计过程中每次新的设计迭代能带来多少可用性方面变化，那么通过分析可用性问题的多少就能达到目的。比如，在前三次设计迭代中可用性问题的数量从 24 降到了12，再降到了 4。很显然，设计在朝着正确的方向发展，但这并不一定证明设计效果得到了大大的提高。或许剩下的这 4 个问题比没有再次出现的其他问题都要严重得多，如果不解决它们，解决其他一切问题都无关紧要。因此，我们建议在呈现这类数据时，要针对可用性问题进行全面透彻的分析和解释。

请记住这里说的频率仅代表独特问题的数量，而不是所有参与者遇到的问题总数。比如，参与者 A 遇到了 10 个问题，而参与者 B 遇到了 14 个问题，但参与者 B 遇到的这些问题中有 6 个与参与者 A 一样。假如只有这两名参与者参与测试，那么总的问题数应当是 18。图 6.3 的示例说明了在比较多次设计迭代时如何呈现独特可用性问题的数量。

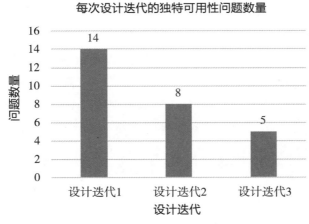

图 6.3　样例数据：每次设计迭代的独特可用性问题数量

同样的方法还适用于对那些已有严重性等级评分的可用性问题进行分析。比如，用户体验研究者如果已经将可用性问题的严重性分成三个等级（低、中、高），那么可以很轻松地知道每个等级的可用性问题有多少个。当然，最有说服力的数据是每次设计迭代后高等级严重性问题数量的变化。如图 6.4 所示，通过分析不同严重等级的可用性问题的数量，就能知道我们在每次设计迭代中是否解决了最重要的可用性问题。

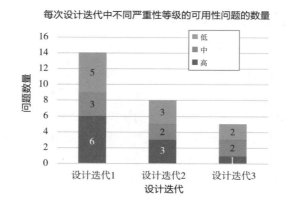

图 6.4　样例数据：每次设计迭代中不同严重性等级的可用性问题的数量。其中最重要的是严重性等级评分最高的问题数量变化

6.4.2　每名参与者遇到的可用性问题数量

通过分析每名参与者遇到的可用性问题数量，也能获得有价值的信息。在一系列的设计迭代中，用户体验研究者会希望看到这些可用性问题的数量连同总的可用性问题数量一起降低。图 6.5 说明了在三次设计迭代中每名参与者遇到的问题平均数量。当然，我们还可以进一步分析每名参与者所遇到的可用性问题在不同严重等级上的平均分布情况。如果在一系列设计迭代中每名参与者遇到的问题平均数量没有减少，但问题的总数量却减少了，说明用户遇到的问题开始趋同。这一现象还说明，少数用户遇到的那些问题得到了解决，但多数用户共同遇到的普遍问题则有待解决。

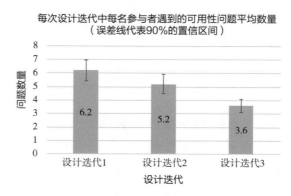

图 6.5　样例数据：每次设计迭代中参与者遇到的可用性问题平均数量

6.4.3 遇到可用性问题的参与者数量

另一个可用性问题度量的有效方法是观察遇到某个可用性问题的参与者数量。比如,用户体验研究者会关注参与者是否正确使用了网站上新添加的一些导航元素。用户体验研究者可以报告说在第 1 次迭代设计中有一半的参与者遇到了某个可用性问题,但在第 2 次迭代设计的 10 名参与者中只有 1 名遇到了同样的可用性问题。在关注某个特定设计元素的可用性改善而不是整体的可用性是否提升时,这个方法非常有用。

在进行这类分析时,要确保在不同的参与者和设计之间所采用的判定标准保持一致,这一点非常重要。如果对某个可用性问题的描述模糊不清,那么数据结果就没有多大意义。一个好的做法是把某问题具体是什么明确写下来,这样就能减少在不同用户或设计之间可能存在的理解偏差。图 6.6 提供了一个此类分析的例子。

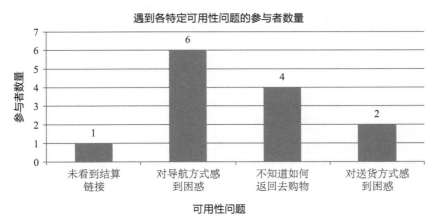

图 6.6 样例数据:遇到各特定可用性问题的参与者数量

这种分析严重性等级的方法适用于以下两种情形。首先,通过严重性等级评估只将分析集中在高等级严重性问题上。比如,用户体验研究者报告一共有 5 个突出的高等级严重性问题,并且遇到这些问题的用户数量随着每次设计迭代而逐渐减少。另一种情形就是将所有高等级严重性问题结合起来分析,进而报告遇到高严重性等级问题的参与者百分比。这可以帮助用户体验研究者从总体上了解可用性在每次设计迭代中的变化情况,但无法帮助用户体验研究者确定是否要解决某个特定的可用性问题。

6.4.4 将可用性问题分类

有时候知道应当着重改进产品哪些方面的设计会更容易些。因为实际上可能只是产品的某些方面导致了多数的可用性问题，比如导航、内容、术语等。在这种情况下，建议把可用性问题归纳成几大类。只需要先将可用性问题分类，再查看每一类别中的问题数量。问题分类的方式有多种，需要确保分类方式对用户体验研究者和受众都能解释得通，使用的类别也不能太多，在通常情况下，3~8 类即可。如果类别太多，就没有多少指导意义。图 6.7 提供了一个对可用性问题进行分类分析的例子。

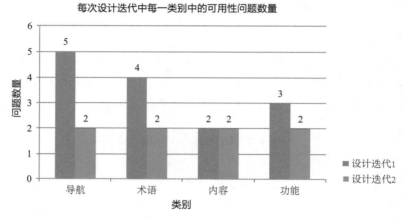

图 6.7　样例数据：将可用性问题进行分类后的每一类别中的问题数量。可以看出，与设计迭代 1 相比，设计迭代 2 在导航和术语两方面都有所改进

6.4.5　按任务分析可用性问题

我们还可以按任务分析可用性问题。用户体验研究者也许想知道哪一个任务中存在的问题最多，那么就可以报告每个任务上出现问题的数量。这有助于发现在下一阶段的设计迭代中需要着重关注哪些任务。或者，也可以报告每个任务中遇到可用性问题的参与者数量。这些数据会告诉用户体验研究者某个具体问题的普遍性。出现问题越多的任务，就越应该受关注。

如果已经对每个问题都进行了严重性等级评估，那么进一步分析每个任务中高严重性等级问题的出现频率会非常有用。尤其是在着重解决某些大问题及把设计重点放在特定任务上时，这种方法尤为有效。除此之外，在使用相同的任务来比较不同的设计迭代时，这种方法也非常有用。

6.5 可用性问题发现中的共识

在发现可用性问题并对其进行严重性等级评估时，关于如何确保共识和避免偏差的著述众多，但情况却不乐观。很多研究都表明：人们对何为可用性问题及问题严重程度难以达成一致。

由 Rolf Molich 协调组织的"比较可用性评价（Comparative Usability Evaluation，CUE）研究"可能是最详尽的一系列研究项目。从 1998 年到 2018 年，他们一共进行了10 个独立的 CUE 研究（Molich，2018），绝大多数研究都采用了相似的研究方法。来自不同小组的可用性专家都对同一个设计进行评估。每个小组都报告了他们的发现，包括发现的可用性问题和设计建议。第一个研究，CUE-1（Molich 等，1998）结果表明在找到的问题中几乎没有重复。事实上，在所确定的 141 个问题中只有 1 个问题是由 4 个小组共同发现的，而其中的 128 个问题则只有 1 个小组报告了。几年后，CUE-2 的结果也没有更加鼓舞人心：所有问题中有 75% 的问题只有 9 个小组中的 1 个小组报告过（Molich 等，2004）。CUE-4（Molich & Dumas，2006）也发现了类似的结果：60% 的可用性问题，只被参与研究的 17 个小组中的 1 个小组报告过。这些研究结果的不一致，至少有部分是由于评价团队选择了不同的评价任务所造成的，但这肯定不是全部的原因。

CUE-9（Molich，2018）关注的是评估者效应或罗生门效应[1]。可用性研究中的评估者效应最先是由 Jacobsen、Hertzum 和 John（1998）报告的，在研究中他们让四个评估者观看同一个可用性测试视频。他们发现：在 93 个问题中，只有 20% 是由四个评估者共同发现的，而 46% 只被个体评估者发现。

CUE-9 的目标之一是看看可用性和用户体验研究领域是否已经成熟到评估者效应要么消失了，要么至少不那么明显了。CUE-9 与之前 CUE 研究的不同之处在于，所有的团队都利用相同的五个 30 分钟的测试视频来进行分析。这些视频是对 U-Haul 网站进行的测试。35 位引领性的用户体验专业人员参与了 CUE-9，他们每个人都根据所观看的五个视频独立撰写了一份测试报告。这 35 个人发现了 223 个可用性问题。其中只有 4 个问题被至少 26 人所共同报告，90 个（或 40%）问题仅由单人报告。遗憾的是，评估者效应仍然相当明显。Hertzum、Molich 和 Jacobsen（2014）研究了 CUE-9 的细节，以确定评估者效应明显的原因。他们总结出有以下五个方面的主要原因。

---

1 罗生门效应（Rashomon Effect），以黑泽明1950年的电影《罗生门》命名，这部电影讲述的是：四个证人以四种相互矛盾的方式描述了同一事件。

- 可用性问题的发现、评分和报告，涉及人对不确定性情况的判断。他们得出了与 Hertzum 和 Jacobsen（2003，201页）相同的结论，即"评估者效应的主要原因在于可用性评估是一种认知活动，需要评估者给出判断。"
- 可能需要专业的领域知识来评估用户与系统交互的某些部分是否合适，而一些评估者可能不具备这些专业的领域知识。
- 一些评估者可能只报告了他们所发现问题的一部分，这可能基于他们的固有认知，即他们认为重要的问题才是最为重要的问题。
- 评估的目标可能并不明确，或者可能存在不同的理解。这可能会导致一些评估者采取了与其他评估者不同的评价立场（例如，维护用户的利益与实现客户的追加销售目标）。
- 一些评估者会报告他们认为有问题的可用性问题，但这些问题并没有得到测试视频的直接支持。他们的逻辑是，其他用户可能会遇到这些问题。

我们不可能完全消除评估者效应，但了解一些产生这种效应的原因有助于减少评估者效应。

6.6　可用性问题发现中的偏差

影响可用性问题发现的因素有很多。Carolyn Snyder（2006）总结了许多可能会给可用性问题发现带来偏差的原因。她认为偏差无法彻底消除，但这是可以理解的。换句话说，即使方法有瑕疵，也依旧是有效的。

我们对可用性研究中导致偏差的各种原因进行了提炼，并归为以下七大类。

参与者：测试的参与者至关重要。每一名参与者都有一定水平的专业技术、专业知识和动机。有的参与者可能非常清楚参加的目的，而有的参与者则可能不清楚。有的参与者在实验室环境里感觉很自在，有的则不是这样的。所有这些因素对最终发现的可用性问题都有很重要的影响。

任务：选择什么样的任务对发现什么样的问题有很大影响。有些任务的结束状态定义得非常清楚，而有些任务则没有一个明确的结束状态，还有一些则可能是由参与者自己制订的任务。选择什么样的任务，从根本上决定了产品的哪些方面受到了检验，以及检验的方式是什么。尤其是对复杂的系统来讲，选择什么样的任务会对发现什么样的问题起着主要作用。

方法：评估的方法也很关键。这些方法可能包括传统的实验室测试或某些类型的专家评估法。其他方面的一些决策也很重要，比如每个测试单元要持续多长时间，是否使用用户出声思维，或者探查问题的方式与时机等。

产品：被评估的原型或产品也会对发现什么样的问题有很大的影响。交互方式会因测试时使用的是纸面原型、功能型或半功能化原型，还是一个完整的产品系统而存在很大差异。

环境：物理环境也有作用。这些环境因素可以是与参与者的直接交互，也可以是通过电话会议、单向玻璃甚至是在用户家中发生的间接交互。其他的一些物理环境因素，如照明、坐姿、单向玻璃后的观察者和录像等都会对问题的发现带来影响。

测试主持人：测试主持人（moderator）本身的差异也会对发现什么样的问题产生影响。用户体验从业人员的经验、专业知识和动机都起着关键作用。

预期：Norgaard 和 Hornbaek（2006）发现很多用户体验从业人员在进行测试时对界面中哪些区域最有可能存在问题是抱有预期的。这些预期对他们报告什么样的内容会有很重要的影响，还会经常让他们错过很多其他重要的问题。

Lindgaard 和 Chattratichart（2007）进行过一项有趣的研究可以解释造成这些偏差的原因。他们对 CUE-4 中 9 个小组的报告做了分析，这 9 个小组都进行了由真实用户参与的正规的可用性测试。他们对每项测试中的用户数量、任务数量和报告的可用性问题数量做了分析。一方面，他们发现测试参与者的数量与发现问题的比例之间并没有显著的相关关系。另一方面，他们确实发现在任务数量与发现问题的比例间存在显著的相关关系（$r = 0.82$，$p < 0.01$）。如果只看新发现的问题比例，它与任务数量之间的相关度更高（$r = 0.89$，$p < 0.005$）。如 Lindgaard 和 Chattratichart 得出的结论，这些结果表明"在参与者招募环节严格细致的前提下，扩大任务覆盖面要比增加用户数量更富有成效。"

在可用性测试中扩大任务覆盖面的一种行之有效的方法，是定义一套所有的参与者都必须完成的核心任务，以及另一套只适合某名参与者的任务。这些额外的任务既可以根据参与者的特征（比如现有客户或者潜在客户）来选定，也可以随机选取。采用这种方法对参与者进行比较时，要多加小心，因为不是所有的参与者都完成了相同的任务。在这种情况下，用户体验研究者可能只对核心任务进行分析。

特殊案例：眼动追踪研究中的测试引导人偏差

在测试过程中观察哪些内容是可用性研究的难点之一。测试引导人或主持人通常会观察参与者及其在屏幕或其他界面上的交互。在通常情况下，这样做能取得不错的效果，但在眼动追踪研究中却是一个例外。多数眼动追踪研究都会度量参与者看了什么，以及参与者是否注意到了界面上的关键要素。作为测试引导人或主持人，很难做到在参与者扫视界面的时候不去看目标测试元素。测试参与者很容易就能觉察到这一点，然后就开始注意测试引导人看的地方，从而一步步利用这些信息找到目标测试元素。这一切都在不知不觉中迅速地发生。虽然这种行为在用户体验文献中没有被提到过，但我们在自己的眼动追踪研究中的确观察到了。对这个问题，最好的处理方法就是有意识地避免，如果引导人发现自己的眼睛开始瞟向目标测试元素或其附近，就需要重新将目光转回到参与者身上，观察他们正在做什么，或者迫不得已的时候让自己看页面上的其他元素。还有一种办法是：如果有条件的话，不要与参与者坐在同一个房间中。眼动追踪研究中，当测试引导人与参与者坐在一起时，参与者很有可能会不自觉地将视线从屏幕上挪开而去看测试引导人员。

6.7　参与者数量

在一个可用性测试中，需要多少名参与者才能确保发现的可用性问题是可信的。有关这一问题的争论有很多（有关这些争论的整理，请参考 Barnum 等，2003）。几乎每一位用户体验从业人士对此都有自己的看法。针对这个问题，不仅有很多不同的观点，而且还开展了不少扣人心弦的研究。这类研究可以分成两大阵营：认为五名参与者就足够发现多数可用性问题的人，以及认为五名参与者还远远不够的人。

6.7.1　五名参与者足够

一个阵营的人认为，通过有五名参与者的测试就会发现大多数或者 80% 的可用性问题（Lewis，1994；Nielsen & Landauer，1993；Virzi，1992）。这就是所谓的"魔法数字 5"。估计可用性测试中需要多少名参与者的最重要的方法之一就是测量 p 值，即单个测试参与者发现某个可用性问题的概率。需要注意的是，这个 p 不同于显示性检验中使用的 p 值，这种概率因研究而异，但平均值一般在 0.3 或者 30% 左右（综述性的文章，请参考 Turner，Nielsen & Lewis，2002）。在一篇研讨会的文章中，Nielsen 和 Landauer（1993）基于 11 个不同研究结果表明，发现可用性问题的平均概率是 31%。即：在每名参与者的测试过程中，平均能发现 31% 左右的可用性问题。

图 6.8 说明了当发现问题的概率是 30% 时，发现问题的比例与测试用户数量之间的函数关系（需要注意的是，这个函数关系假设所有的问题都有同等被发现的概率，这或许是一个大的假设）。正如读者所看到的：当第 1 名参与者完成测试后，会发现 30% 的问题；当第 3 名参与者完成测试后，大约会发现 66% 的问题；而当第 5 名参与者完成测试后，约有 83% 的问题被发现。这一主张不仅得到了数学公式的支持，也得到了实践的检验。许多用户体验专业人士在设计迭代中只测试 5~6 名参与者。在这种情况下，除了个别例外情形，参与测试的参与者数量一般不会超过 12 名。如果产品的适用范围很广或者有明显不同的用户群体，就非常需要测试 5 名以上的参与者。

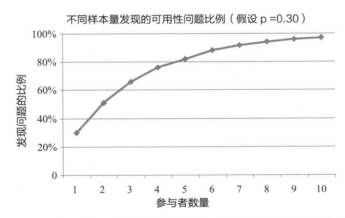

图 6.8　样例数据：在可用性研究中，当问题发现概率为 30% 的情况下，发现问题的比例与参与者数量之间的关系

6.7.2　五名参与者不够

最近，有些研究人员对"魔法数字" 5 的观点提出了质疑（Molich 等，1998；Spool & Schroeder，2001；Woolrych & Cockton，2001）。Spool 和 Schroeder（2001）让参与者在三个不同的电子网站上购买不同的产品。在测试了前 5 名参与者后只发现了 35% 的可用性问题，这远低于 Nielsen（2000）估计的 80%。然而，尽管购买物品的任务定义得很清楚，但是这项研究中被评估网站的范围非常大。Woolrych 和 Cockton（2001）因此对"五名参与者足够"的说法不以为然，主要的原因是这种说法并没有考虑参与者之

间的个体差异。

Lindgaard 和 Chattratichart（2007）对 CUE-4 中的 9 个可用性测试进行了分析，也对"魔法数字 5"提出了质疑。他们比较了 A 组和 H 组的结果，这两个组都完成得非常出色，分别发现了全部可用性问题的 42% 和 43%。A 组只用了 6 名参与者，而 H 组有 12 名参与者。乍一看，这也证明了"魔法数字 5"的正确性，因为 6 名参与者发现的问题数量与 12 名参与者发现的问题数量一样。但是进一步的分析却得出了一个不同的结论。在对这两个组报告的问题的重叠部分进行专门分析后发现，只有 28% 的问题是两个小组共同发现的。也就是说，有超过 70% 的问题只被其中的一组报告了，因此就排除了 5 名参与者的规则也适用于该案例的结论。

6.7.3　怎么办

Faulkner（2003）开展了有 60 名参与者使用员工时间报告在线系统的测试，以研究"5 名参与者足够"的假设。她随机分析了 5 名或更多参与者的组，想看看每组参与者会发现多大比例的可用性问题。虽然其中一些组发现了多达 99% 的问题，但另一些只发现了 55%。她发现，在 10 名参与者的组中，任何一组参与者发现问题的比例最低为 80%，而在 20 名参与者的组中，这一比例达到 95%。她很快指出，这与 Virzi（1992）和 Nielsen（1993）最初的发现是一致的，他们用概率和置信区间呈现了他们的结果。但这一点被"5 名参与者足够"假设的支持者普遍忽视了。

Macefield（2009）很好地总结了这一争论双方的文献：对于这个挑战，没有"一刀切"的解决方案，然而，对于与问题发现相关的研究：3~20 名参与者通常有效，5~10 名参与者是一个合理的基础范围。在这些情况下，样本量通常应该随着研究的复杂性和情景的重要性而增加。在早期概念原型更多关注发现严重性等级高（"显示停止"）的问题时，5 名参与者的样本量通常是有效的。对于要检验结果在统计上显不显著的比较研究，8~25 名参与者一般是有效的，10~12 名参与者是一个合理的基础范围（Macefield，2009，第 43 页）。

显然，对于这个问题没有一个简单的答案。这又回到了我们在本书中以各种方式提出的观点：在很大程度上，答案取决于用户体验研究者对能发现多少可用性问题有多自信。在迭代产品开发过程的早期阶段，用户体验研究者可能不那么自信，但在后期，用户体验研究者会更加自信些。产品使用场景显然也会对此产生影响：与自动体外除颤器（AED）相比，照片共享 App 带着一些可用性问题所造成的后果要小得多。也有许多其他因素会影响用户体验研究者选择样本量大小，包括正在评估的系统的复杂性、目标用户的多样性、计划如何使用数据、准备使用的任务数量，当然还有预算和时间等这些需要考虑实际的因素。

6.7.4　我们的建议

我们建议在确定可用性测试中的参与者数量时要采取灵活变通的策略。所需的最低数量，可以视具体情况而有所不同。在满足如下条件的前提下，5~10 名参与者是可以接受的。

- 漏掉几个可用性问题无关大碍。用户体验研究者更关心如何发现一些严重的可用性问题，然后进行设计迭代和再测试。因此，任何改善都是受欢迎的。
- 测试的产品只有一个主要的用户群，而且用户体验研究者判断这些用户对设计和任务的看法是相当相似的。
- 设计所涵盖的范围有限。界面、页面或任务的数量是可管理的。

如果出现如下情况，那么我们建议将测试参与者的数量增加到 10~25 人，并让多个用户体验研究者独立发现可用性问题。

- 用户体验研究者需要发现尽可能多的用户体验问题。换句话说，一旦漏掉了任何一个严重的可用性问题，都会带来重大的负面影响。
- 用户体验研究者试图进行统计比较（例如，比较不同的设计或将之与基线进行比较）。
- 有一个以上用户群，或者用户特征特别多样化。
- 设计所涵盖的范围很广。在这种情况下，我们也建议增加测试任务的涵盖面。

我们充分意识到不是每个人都有机会接触多个不同的用户体验研究者。在这种情况下，就需要尽力从任何其他观察者那里获取反馈。没有人能看到所有的问题。同时，还得承认有些严重的可用性问题就是有可能会被漏掉的。

6.8　总结

许多用户体验从业人员都以发现可用性问题和提供可操作的改进建议为生。虽然进行可用性问题度量并不是常见的工作，但却可以与任何人的日常工作轻松地结合在一起。度量可用性问题可以帮助用户体验研究者回答一些基本的问题，比如设计得好（或坏）、每次设计迭代后可用性的变化情况，以及需要把资源集中在哪些方面以解决突出的问题。在发现、度量和呈现可用性问题时，应当谨记如下几点：

1. 可用性问题可以通过用户体验度量指标（例如，低成功率）、出声思维中的观察和评论、在线研究的文本评论、网络分析数据，以及眼动追踪数据来发现。对相关专业领域内容了解得越多，就会越容易发现问题所在。同时，有多名观察者参与也非常有助于发现可用性问题。

2. 当费尽心思确认一个可用性问题是不是真的问题时，用户体验研究者首先应当问问自己：在用户的思考和行为背后是否存在一个与之符合的合理场景。如果故事背景是合理的，那么这个问题就有可能是真实的。

3. 可以使用多种方法来确定可用性问题的严重性。任何严重性等级评估都应当考虑相关可用性问题对用户体验的影响。其他一些因素（如使用频率、对商业价值的影响及持续性等）可能也需要考虑进去。有些严重性等级评估是基于简单的低、中、高的等级评估系统；在另一些评估系统中则会使用数字来量化评估。

4. 度量可用性问题的常用方法包括：计算特定问题的发生频率、遇到某个具体问题的参与者百分比，以及不同任务或类别中问题的出现频率。针对那些高等级严重性问题，或从一个设计方案迭代升级到另一个设计方案时发生变化的问题，可以做一些追加分析。

5. 在发现可用性问题时，会存在一致性的理解偏差。造成偏差的原因有很多，通常是因为对一个问题的产生原因缺少共识所造成的。因此，重要的是，需要团队协同工作，关注高等级严重性问题，以及了解不同的偏差来源会如何影响最终的结论与判断。尽量扩大任务覆盖面可能会是消除偏差的关键因素。

6. 对于需要多少名参与者才能发现大多数可用性问题，没有一个简单的答案。如果用户体验研究者的重点是发现问题，并且测试的是一个相对简单的非关键的系统，那么5~10名参与者可能是一个合理的范围。如果被测系统很复杂/关键，或者用户体验研究者需要进行统计推断，那么就需要更多的参与者。让多名用户体验研究者来共同发现问题是非常有用的。

第7章
眼动追踪

眼动追踪是用户体验研究的一个强大的工具，可用于深入了解人们如何在不同的场景中进行视觉观察，例如网页、移动应用程序、杂货店货架，甚至是地铁站台上的广告牌。眼动追踪是一种有价值的方法，可以使用户体验研究者更好地了解人们如何与所有的刺激进行视觉交互，并回答了一些基本问题。例如：

- 他们注意到了什么？
- 他们看了多长时间？
- 他们首先看到的是什么？
- 他们没有注意到什么（他们应该注意到的）？

眼动追踪技术早在 20 世纪初就已经出现了。Huey（1908）设计了一种系统，让人们戴上瞳孔处有一个小孔的隐形眼镜，然后将这个隐形眼镜物理连接到一个定点设备上，这样用户体验研究者就可以在人们阅读文本时观察他们眼球的运动。值得庆幸的是，我们自那时起已经取得了长足的进步。眼动追踪技术现在价格是可以承受的（对于大多数预算来说），高度准确，能够度量在各种刺激和场景中的眼球运动，便携（通过眼镜），分析和可视化工具功能强大且易于使用。另外，也不需要往任何人的眼睛里注射墨水！

在用户体验研究中，眼动追踪通常以两种方式之一进行。一种方式为：眼动追踪基于一系列需要分析眼球运动的研究问题，例如，比较两种不同网页设计的视觉注意力模式。为了回答这个问题，用户体验研究者必须收集和分析眼动数据。在这种情况下，"命中率"会表示参与者在两个网页设计中注意到（或注视）一个对象的百分比的比较结果。

眼动追踪的另一种常用方式是生成实时定性洞察。利益相关者可能对实时观察眼球运动，或将其作为参与者行为记录的一部分感兴趣，而不打算进行数据分析。观察眼球运动会得到数据以外的信息，从而可以获得更完整的用户体验拼图。有时，唯一相关的可交付成果是带有全部相关指标的热区图。无论你采用什么方式进行眼动追踪，在任何工作开始之前确定目标和预期产出都是至关重要的。

眼动追踪系统提供的信息在用户体验研究中非常有用。仅仅是让观察者实时地看到参与者注视的位置就非常有价值。即使你没有进一步分析得到的眼动追踪数据，这种实时显示也能提供其他方法无法实现的洞察。例如，假设参与者正在网站上执行一项任务，主页上有一个链接，可以直接将他带到完成任务所需的页面。参与者不断地探索这个网站，进入"死胡同"，返回主页，但从来没有到达所需的页面。在这种情况下，你想知道参与者是否在主页上看到过正确的链接，或者他看到了链接，但因为认为它不是自己想要的（或者因为它的措辞）所以没有理会。虽然你可以随后询问参与者这个问题，但他们的记忆可能并不完全准确。通过眼动追踪系统，你就可以判断参与者是否至少在链接上停留了足够长的时间来阅读它。

7.1 如何进行眼动追踪

虽然实现的技术细节有差异，但许多眼动追踪系统（见图 7.1）都使用红外摄影机和红外线光源来追踪参与者的注视位置。红外光在参与者眼球表面形成反射（称为角膜反射），然后系统将该反射的坐标位置和参与者的瞳孔位点进行对比，相对瞳孔的角膜反射位置随参与者的瞳孔移动而改变。

图 7.1　Tobii 公司的眼动追踪系统。这款眼动追踪硬件易于携带，可以插入电脑的 USB 接口

进行眼动追踪研究时，首先要求参与者注视一系列已知点来进行系统校准。随后，系统可以基于角膜反射的坐标位置来对参与者的注视位置进行定位。用户体验研究者，一般会看在 X 轴视平面和 Y 轴视平面上偏离的角度，检查系统校准的质量。偏离角度小于 1° 时通常被认为是可以接受的，小于 0.5° 被认为是非常好的。大多数眼动追踪系统会告知校准结果，同时，也会提供另外一种校准的方式以提高精度。校准结果符合要求是至关重要的，否则，眼动数据的所有记录和分析都没有价值。如果没有进行较好的系统校准，参与者实际注视的位置与用户体验研究者认为参与者注视的位置之间将存在偏差。进行系统校准之后，研究主持人必须确保眼动数据被较好地记录。往往最常遇到的问题是参与者在座位上坐立不安。有时需要研究主持人让参与者前/后移动、左/右移动，或者升高/降低他们座椅的位置来重新抓取参与者的注视点。

校准说明

根据我们的经验，有几条简单的指导说明可以让参与者和研究者都能轻松地完成任务，并提供可靠的眼动追踪数据。

（1）确保参与者坐在合适的高度，并与显示器或你正在追踪的任何设备（界面）保持适当的距离。理想情况下，椅子最好是带轮子的，且座椅高度可调节。

（2）让参与者知道校准过程是快速且简单的，没有什么东西会碰触到他们。

（3）当你在屏幕上显示动态校准点（通常是一个小圆圈）时，告诉参与者当圆圈在屏幕上移动时要让目光跟随它。当圆圈在每个位置暂时停止时，确保他们看着圆心。

（4）根据校准质量，你可能需要要求参与者再次完成这个校准过程。你只需简单地说："谢谢你这么做——我们要再做一次，这样我们就能最准确地捕捉到你的眼球运动。"除非研究需要，否则我们通常不会进行第三次校准。

（5）在研究过程中，参与者可能会移动，这样你就无法跟踪到他们的眼睛了。只需要求他们重新调整自己的位置，使他们的眼睛再次被追踪。如果他们经常动，你可以考虑要求他们尽可能保持静止。

难以校准的参与者

在大多数参与者那里完成良好的校准是很容易的。然而，也有一些情况会带来特殊的挑战。如果有人戴着边框很窄的眼镜，系统将很难区分镜框和瞳孔。此外，如果有人化了浓妆，尤其是反光眼妆，这将使校准具有挑战性。最后，如果有人在椅子上坐立不安，比如一个孩子，那么将意味着很多时候你会失去眼睛的位置，用户体验研究者需要请他们把自己重新调整到一个合适的位置上。除了在招募期间明确招募要求，以及在热身时给出明确的指导说明，能做的不多。不过，不要因此而气馁。根据我们的经验，90% 以上的参与者都会进行很好的校准，即使是那些戴眼镜的人。

7.2 移动眼动追踪

本节内容由 Modernizing Medicine 的 Andrew Schall 贡献。

与桌面环境中的交互相比，用户与移动设备的交互非常不同。想想你在使用智能手机和笔记本电脑执行任务时的区别。还要考虑你在哪里进行这些活动，以及环境如何影响你的体验。移动体验通常发生在人们在路上需要快速完成任务的时候，这可能会受到使用环境的显著影响。眼动追踪提供的眼球注视行为对于了解人们如何在移动设备上查看内容，以及可用性指标（如瞬读性，glanceability）非常理想。

7.2.1 度量瞬读性

瞬读性被定义为能够快速查看和理解信息。移动体验通常依赖于用户注意到移动应用程序中出现的细微的视觉线索，然后迅速采取行动。在度量瞬读性时可以解决的一些问题包括：

- 当用户外出跑步时，他们需要多长时间来注意并阅读智能手表上的通知？
- 用户能以多快的速度找到发车时间，以确定下一趟到达目的地的地铁列车？
- 在会议中，用户能以多快的速度识别来电并决定是否接听电话？

一个界面是否具有高度瞬读性可以通过相对较低的注视次数、较短的注视持续时间和较短的扫视来确定。这些眼动追踪度量指标应该与任务绩效度量配对，以确定用户根据其观察到的信息成功完成任务的速度。

图 7.2 显示了一名参与者使用移动应用程序将商店中某产品的价格与网上的售价进行比较。这段眼睛注视的视频显示，该用户快速浏览了产品名称（由红圈表示），以确保它与店内的商品匹配。

图 7.2 在移动设备上使用眼动追踪技术的示例

7.2.2 在具体情景中理解移动用户

眼动追踪可以深入了解用户所处的环境和情况如何影响他们的体验。眼动追踪可以帮助我们回答的一些问题包括：

- 地铁上的干扰因素如何影响用户对手机上的社交媒体内容进行的消磨式阅读？
- 在咖啡店排队过程中用智能手表查看银行账户余额的时候，设置和使用双重身份验证有多容易？
- 在与朋友发短信时，用户会查看哪些信息来确定他们当前位置附近在步行距离内的评分最高的酒吧？

图 7.3 显示了在真实环境中可以使用眼动追踪的各种情景。眼动追踪眼镜提供了一个第一人称视角，这名参与者在候机时试图设置和使用阿拉斯加航空公司的 iPhone 和 Apple Watch 应用程序。

图 7.3　跨多种设备和媒介的移动眼动追踪示例

　　所有这些情况都需要用户体验研究者走出用户体验实验室，将眼动仪带到现场，看看移动应用程序是如何在现实环境中使用的。眼动追踪可以告诉我们这些环境如何影响用户在移动设备上执行任务时的视线。

7.2.3　移动眼动追踪技术

　　使用移动设备进行眼动追踪研究有一些独特的挑战。首先，考虑到参与者、设备和眼动仪都不是静止的。这可能会影响眼动仪准确、一致地追踪参与者的能力，也有可能会使其难以捕捉多名参与者的眼动数据。此外，移动技术已经发展到包括智能手机以外的许多其他设备。研究人员需要评估用户在平板设备、智能手表和其他可穿戴设备上的体验。

　　如下几种技术可以用于移动设备的眼动追踪。

- 眼镜式和穿戴式眼动追踪：参与者佩戴的包含眼动追踪硬件的眼镜，与便携式记录设备配合使用。

- 支架式眼动追踪：用于固定移动设备和眼动仪的平台和机器臂。
- 软件式眼动追踪：一款在移动设备中使用嵌入式摄像头的软件应用程序。

7.2.4　眼镜式眼动追踪

眼镜式眼动追踪（见图 7.4）可以准确地向我们展示一个人在任何现实环境中自由移动时所看到的内容。眼镜提供了一个第一人称视角，帮助我们理解用户在他们的环境中看到了什么，并为他们在使用移动设备时的体验提供更多的背景。

图 7.4　如何使用眼镜式眼动追踪来了解用户在当地咖啡店喝拿铁时如何在手机上浏览新闻的示例（此图片可用于编辑目的，版权归 Tobii AB 所有）

虽然眼镜式眼动追踪为参与者提供了高度的自由，但要比较不同参与者之间的眼动追踪数据还是非常难的。我们建议只将眼镜式眼动追踪用于定性研究，并依靠眼睛的注视记录来标记关键的观察结果。

7.2.5　支架式眼动追踪

当标准化测试环境（用户与设备交互）非常重要时，最好使用移动设备支架（见图 7.5）。该支架通过将移动设备与眼动追踪装置一起固定在一个平台或支架上使用。摄像头通过机械臂固定在支架上，并对准移动设备的表面。通过限制移动设备和眼动仪的移动，可以将来自不同参与者的眼动追踪数据叠加起来，以生成综合的可视化数据，如热区图和扫视路径图。

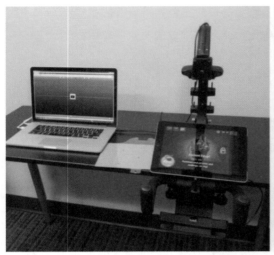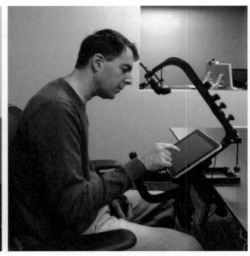

图 7.5 Tobii 移动设备支架与 Tobii ×2 眼动仪配合，该支架平台可以与任何型号的平板电脑或智能手机一起使用

　　需要注意的是，这种配置为使用移动设备创造了一种人为的环境。参与者与移动设备互动时，移动设备是放在支架上，而不是拿在手里。

7.2.6　软件式眼动追踪

　　眼动行为因人而异，差别很大。为了总结出眼睛的视觉注意力模式，我们需要大量的眼动追踪数据。使用基于软件的眼动追踪解决方案可以使任何智能手机都成为一个眼动追踪设备。这使用户体验研究者能够在参与者与移动网站或应用程序交互时，收集数百甚至数千名参与者的眼动追踪数据。

　　要使用该解决方案，参与者需要在智能手机上安装一个应用程序，或者软件提供商需要使用 SDK 将代码嵌入它们的应用程序中。这个解决方案需要使用智能手机内置的摄像头，追踪精度可能取决于环境照明条件。

上述三种移动眼动追踪解决方案的优势和局限性如表 7.1 所示。

表 7.1 移动眼动追踪解决方案的优势和局限性

技术	优势	局限性
眼镜式	• 完全的行动自由 • 高度便携 • 最适合定性观察	• 与其他眼动追踪解决方案相比，价格昂贵 • 难以比较不同参与者的结果 • 没有定量的度量指标
支架式	• 一致的配置使参与者之间的比较更容易 • 可以产生眼动追踪的可视化效果	• 对参与者来说，自然体验较差 • 设备不太方便携带 • 定量分析能力有限
软件式	• 不需要额外的硬件 • 有收集大规模数据的潜力 • 通过眼动追踪可视化可以将不同参与者的数据叠加在一起进行分析	• 不如传统的眼动追踪系统精准 • 追踪精度可能会受到环境照明条件变化的影响

基于网络摄像头的眼动追踪精度

Burton、Albert 和 Flynn（2014）进行了一项研究，即比较了传统红外眼动追踪系统和基于网络摄像头的眼动追踪系统的准确性。基于网络摄像头的眼动追踪系统对用户体验度量来说前景广阔，因为它不仅成本大大降低，而且能够从地理位置分散的大量用户那里捕获眼球运动数据，而无须进入实验室。

这项研究非常简单。通过红外和网络摄像头眼动追踪系统，在屏幕上的 3×3 网格上向参与者展示一组图像（大小尺寸不同）。参与者被要求注视屏幕上不同位置的每张图像。结果清楚地表明，在观看屏幕中央较大的图像时，基于红外和网络摄像头的眼动追踪系统都足以捕捉到眼球运动数据。然而，基于网络摄像头的眼动追踪系统在捕捉针对较小图像的眼球运动时就不那么准确了。且当图像移动到屏幕边缘时，无论其尺寸大小如何，基于网络摄像头的追踪准确度都较低。

7.3 眼动数据的可视化

将眼动数据可视化的方法有很多，这些可视化的数据可以告诉我们人们在什么时间点关注了什么地方。这可能是利益相关者唯一真正关心的事情。所有的眼动可视化结果既可以是个体层面的（即展示一名参与者的眼动情况），也可以是群体层面的（即汇总展示多名参与者的眼动情况）。

图 7.6 显示了单名参与者在阿联酋航空公司网站上的注视点序列或顺序，又被叫作扫视路径图（scan path）。这可能是在展示单名参与者的眼球运动时最常用的方式。注视点被定义为眼球运动在某个固定区域内的一次暂停，眼球注视时间通常在 200 毫秒到 250 毫秒左右（1/5 或 1/4 秒），但变化很大（Galley，Betz & Biniossek，2015）。注视点通常都会用数字编码来标明它们的顺序。圆圈的大小与注视点持续的时长成正比。眼跳或注视点之间的移动用连线表示。在图 7.6 中，能够很容易地发现参与者的关注点主要集中在屏幕上方的假日图片和正下方的选项卡。但是，该参与者并没有看屏幕左上方的 Logo，也没有看屏幕下方的内容。扫视路径图可以非常好地展现参与者如何浏览一个页面，以及他们按照什么样的顺序看了哪些内容。

图 7.6 单名参与者在阿联酋航空公司网站上的扫视路径图

迄今为止，热区图（heat map）（见图 7.7）是最常见的将多名参与者的眼动数据进行可视化展现的方式。在这个热区图中，相对最亮（红）的区域表示注视更密集。这是一个非常好的了解页面哪些区域吸引了更多（或更少）视觉注意力的方式。正如你所看到的，REI 户外用品网站的视觉注意力集中在女性的面部，40% 的注意力集中在左侧，很少有视觉注意力集中在顶部的导航元素上。

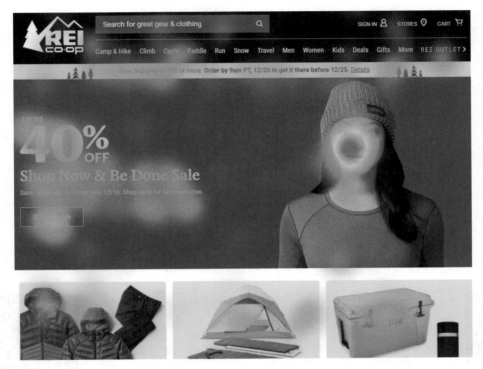

图 7.7　REI 户外用品网站的热区图示例

　　要记住的一点是，软件中很多可视化效果是允许用户体验研究者定义的，比如，用户体验研究者可以自定义什么区域是"红色"，什么区域是"橙色"。因此，用户体验研究者可以较轻松地放大热区图来显示更多或更少的颜色。我们建议使用大多数软件的默认设置。不过，尝试使用不同的表示方式来检验可视化结果也是很重要的。

7.4　兴趣区

　　最常用的眼动数据分析的方式是度量特定元素或特定区域内的视觉注意力。大多数用户体验研究者并不仅仅对视觉注意力在一个网页或界面上如何分布感兴趣，也想知道参与者是否注意到特定的事物，以及在关注这些事物上花费了多少时间。尤其是在营销领域，一个广告活动是否成功与让顾客关注到特定事物直接关联。同样，当一些特定元素对任务成功非常关键，或者可以带来积极体验时，在这些特定元素上集中视觉注意力就很重要。如果确认参与者没有看到这些特定元素，用户体验研究者要很有把握地知道问题出在哪里。

图 7.8 提供了一个如何定义页面特定区域的示例。这些区域通常被称为"注视区域"（look-zones）或"兴趣区"（Areas of Interest，AoI）。兴趣区实际上是用户体验研究者想要度量的对象（或对象的集合），使用页面上的 x 和 y 坐标来标定。在图 7.8 中，有四个 AoI，以及每个 AoI 的相关统计数据。

- TTTF：这是"首次注视所需要的时间"，或者说是参与者第一次注意到该物体需要的平均时间。从图 7.8 中可以看出，女性旁边的大文本在不到 1 秒的时间内首先被注意，而观看视频的按钮平均需要近 5 秒才能第一次被注意。

- 时间花费：这是平均停留时间，或者说是看 AoI 的平均"时间花费"。正如你所看到的，参与者平均花了近 2 秒的时间来观察屏幕中央的大图像 / 文本块（AoI 1），以及 1 / 2 秒的时间查看在屏幕右上方的四个链接（AoI 2）。

- 比率：至少有一次注视在 AoI 内的参与者数量。所有 9 名参与者（9/9）都专注于大图像 / 文本块，而 9 名参与者中只有 5 人注视着左上方的 Logo。

图 7.8　不同兴趣区的常见眼动追踪统计示例

在分析这些不同兴趣区所受到的关注时间时，谨记以下几点：

- 仔细定义每个兴趣区。在理想情况下，在不同的兴趣区之间最好保留一小块空白区域，以确保眼动数据不会同时落入两个紧挨着的兴趣区内。

- 同一兴趣区里的内容应该具有同性质，如导航、目录、广告和版权声明等。如果用户体验研究者喜欢把兴趣区再进一步细分成独立的单个元素，那么可以将其聚合作为事后分析的一部分。

- 当用兴趣区域来展现数据时，需要考虑用户在该区域里实际注视了哪些地方。因此，我们建议提供一个热区图，如图 7.8 所示，表示注视点的连续分布情况。

7.5 常用眼动度量指标

和眼动数据有关的度量指标有很多，以下列出了用户体验研究者相对常用的一些眼动度量指标。重要的是，所有的这些指标都是和特定的兴趣区相关联的，图 7.8 演示了与单个兴趣区相关的度量指标。

7.5.1 停留时间

停留时间（dwell time）是参与者关注某个兴趣区的时间总和，包括兴趣区内所有的注视点和眼跳，也包括回访的时间。停留时间是度量对特定兴趣区感兴趣程度的一个非常好的指标。很显然，停留时间越长，参与者对特定兴趣区感兴趣的程度就越高。这里有一条常用的经验法则，低于 100 毫秒的停留时间通常意味着参与者处理了较少量的信息，超过 500 毫秒的停留时间通常意味着参与者有机会进行信息加工。

7.5.2 注视点数量

注视点数量（number of fixations）就是兴趣区内所有注视点数量的总和。注视点的数量与预想的一样，和停留时间是强相关的。正因为如此，我们通常只是报告停留时间。

7.5.3 注视时间

注视时间（fixations duration）是所有注视点的平均持续时长，通常从 150 毫秒持续到 300 毫秒。注视时间与注视点数量和停留时间比较相似，表示参与者被关注对象吸引的程度。平均注视时间越长，被吸引的程度越高。

7.5.4 浏览顺序

浏览顺序是每个兴趣区首次被关注到的时间排序。浏览顺序可以告诉用户体验研究者在指定的任务背景下，各个兴趣区的相对吸引力。有时候，知道哪些兴趣区一开始就映入了用户的眼帘，哪些兴趣区在后来才被关注，是非常有用的。在通常情况下，浏览顺序是通过计算各个兴趣区被访问的平均顺序得到的。因此，请记住很多参与者可能不是按照完全相同的顺序访问的，浏览顺序只是一个估计值。

7.5.5   首次注视所需要的时间

在有些情况下，需要知道用户花费多长时间才能第一次注意到某个特定的元素。例如，用户体验研究者可能知道用户在一个页面上平均注视时间只有 7 秒，但是用户体验研究者还想知道某个特定的元素（比如"继续"或"注册"按钮）是否在前 5 秒就能被注意到了。较为实用的是，大多数眼动追踪系统都为每个兴趣区标记了时间戳（比如，每个注视点发生的精确时间）。

分析这些数据的一种方法是计算特定元素被首次注视到的所有时间的平均值。这是一个时间历程数据，即从特定元素出现开始算起，直到这个元素被注意到的时间点结束。对所有注意到特定元素的参与者来说，平均值表示首次注意到这个元素花费的时间。当然，可能一些参与者根本没有注意到这个元素，更不用说在前 5 秒就注意到了。因此，如果没有把所有的参与者考虑进去，可能得出一些有误导的虚假结果（例如，有的参与者能在非常短暂的时间内找到特定的元素）。

7.5.6   重访次数

重访次数是指参与者眼睛注视一个兴趣区，并在视线离开这个兴趣区之后，再次返回注视这个兴趣区的次数。重访次数可以代表一个兴趣区的"黏性"，度量的是用户在注视一个兴趣区又离开之后，再也没有返回继续关注，还是反复关注。

7.5.7   命中率

命中率就是在兴趣区内至少有一个注视点的参与者百分比。换句话说，就是看到兴趣区的参与者数量占总人数的比例。

人们在可用性测试中描述的关于他们所看到的信息可信吗

Albert 和 Tedesco（2010）开展了一项实验，采用眼动追踪来检查可用性测试参与者报告的他们所看到的信息是否准确。在这项研究中，参与者观看了一系列的网站首页。在每个首页展示之后，研究主持人指出一个特定的元素，其中半数参与者从三个潜在答案选项（"没有看到这个元素"、"不确定是否看到这个元素"和"看到这个元素"）中选择他们是否看到了这个特定元素，另外一半参与者在一个五分制量表上选择他们注视这些元素时都看了多长时间（五分制量表从"一点儿都没有看"递增到"看了很长时间"）。结果显示，眼球运动通常和参与者报告看到的信息是一致的。然而，大约有10%的参与者自称清楚地看到一个元素，但眼动数据显示他们根本没有注视到。在第二组参与者中，大约5%的参与者表示他们在注视一个元素时花费了很长时间，然而在相应的元素上却没有任何注视点。总之，这些结果说明在可用性测试中参与者关于他们看到了什么的自我报告数据总体上是可靠的，但确实也不完美。

7.6 眼动数据分析技巧

多年来，我们学会了一些分析眼动数据的技巧。然而最重要的是，我们强烈建议用户体验研究者仔细制订研究计划，并花时间去探索这些数据。因为仅仅凭几张热区图很容易产生错误的结论。在深入分析数据时需要记住下面一些重要的技巧。

- 控制好向每一名参与者呈现刺激材料的时间。如果他们没有用相同的时间观看同样的图片或刺激材料，就需要事先设定好只分析前 10 秒或 15 秒的数据，或者最能说明相应研究问题的任何时长。

- 如果不能控制参与者的实验测试时间，那么要分析停留时间占页面总访问时间的百分比，而不是绝对时间。因为如果某人花费 10 秒，而另一个人花费了 1 分钟，那么不但他们的眼动不同，而且实际关注每个元素的时间也不同。

- 只分析参与者的任务时间数据。剔除其他任何时间，如用户讲述其使用经历的时间，尽管此时眼动仪依然在记录数据。

- 研究期间，确保参与者的眼球运动处于实时被追踪的状态。一旦参与者开始低头或转头，就要温和地提醒他们保持最初的姿势和位置。

- 分析动态网页上的眼动数据时要格外谨慎。网页上广告、Flash、动画等经常变化，导致眼动追踪系统记录的大部分数据混乱。动态网页的每个新画面实际上是被作为单独隔离开的实验刺激物来对待。我们强烈建议在注意到这些页面不是完全相同的情况下，尽可能把类似的网页合并在一起。否则，实验结束后会发现每一名参与者都浏览了太多的网页。或者只使用静态图像，这样分析起来比较容易，只是缺少交互过程。

- 在实验开始的时候考虑使用一个触发的兴趣区来控制参与者最初看的位置。这个触发的兴趣区可能是一句话"看这里来开始实验"，这句话可能会出现在页面中间的位置。在参与者注视这句话一定时间之后，实验才开始，这意味着所有参与者从相同的位置开始浏览。这对典型的可用性测试来说可能是过分之举，但是对需严格的眼动追踪研究来说则是必要的。

7.7　瞳孔反应

在可用性研究中，与眼动追踪技术紧密相关的是瞳孔反应。大多数眼动追踪系统都必须检测参与者瞳孔的位置和直径，以确定参与者眼睛注视的位置。因此，大多数眼动追踪系统都提供了瞳孔反应信息。瞳孔反应（瞳孔的收缩和扩张）的研究称为瞳孔测量法（pupillometry）。很多人都知道瞳孔会随着光线的强度的提升而相应地收缩和扩张，但鲜为人知的是，瞳孔随认知加工、唤醒水平和兴趣变化也会相应地变化。在通常情况下，随着唤醒水平或感兴趣程度的提升，瞳孔会变大。

由于瞳孔扩张与许多不同的心理和情绪状态相关，用户体验研究者很难判断平常的可用性测试中的瞳孔变化意味着成功还是失败。但是，当研究关注的重点是思维集中程度或者情绪唤醒程度时，度量瞳孔的直径或许会有帮助。例如，如果用户体验研究者主要关心网站上的新图形所引起的情绪反应，那么度量瞳孔直径的变化（与基线水平比较）可能很有用处。进行这个分析时，只需要度量每名参与者的瞳孔直径对比基线水平的离散度百分比，然后计算所有参与者平均的离散度即可。此外，也可以度量在注视一个特定图片或者操作某项功能时，瞳孔扩张（超过一定程度）的参与者占所有人数的百分比。

7.8　总结

在本章中，我们介绍了眼动追踪作为度量视觉注意力和参与度的强大工具。眼动追踪技术正在变得更容易使用、更准确、更通用和更强大，甚至应用成本也更低。以下是一些需要记住的要点总结。

1. 眼动追踪是度量产品（如网站或移动应用程序）各个方面视觉注意力的最佳方法。眼动追踪被用于比较不同设计的有效性，以及用于计算基于兴趣区（AoI）的度量指标。

2. 眼动追踪通常使用红外技术。通过比较角膜反射点与瞳孔的相对位置，我们可以计算出任何时间点的注视方向。

3. 校准是任何眼动追踪研究的关键部分。只有获得令人满意的校准,才能准确地度量眼球运动。

4. 收集移动设备使用时的眼动追踪数据,可以采用眼镜式眼动仪,同时可能还需要一个支架式装置以更好地控制测试环境的影响。

5. 眼动追踪中的可视化描述了人们何时看何内容的情况。最常见的可视化形式是扫视路径,这可以呈现注视运动及其持续时间。另一种流行的可视化形式是热区图,它可以呈现视觉注意力的分布情况,通常是来自一群人的视觉注意力数据。

6. 兴趣区(AoI)是分析眼动追踪数据的最常用方法之一。AoI 是屏幕上的对象,例如,特定的文本、功能或图像模块。我们通常会度量:观察不同 AoI 所花费的时间、一个 AoI 被第一次注意到需要多长时间,或者不同 AoI 被注视到的顺序。

7. 与眼动追踪相关的度量指标有很多。最常见的是停留时间,或者说是关注一个对象(或 AoI)的总时间。度量浏览顺序可以告诉我们不同对象的相对重要性,以及首次注视所需要的时间(TTTF)。

8. 度量瞳孔直径的变化是一种较少使用的方法,但有时对度量唤醒或参与水平具有较高的价值。瞳孔直径的增大已被证明与感兴趣程度的提升有关,然而,它也会受外部因素(如光照水平)的影响。

第8章
情感度量

度量情感非常困难。在用户体验的所有方面中，情感可能是最难被准确地度量的。情感通常是快速变化的、隐藏的且矛盾的。因此，通过访谈或问卷的方式询问参与者正在经历的感受并不总是可靠的。许多参与者往往只是告诉了我们他们认为我们想要听到的话，或者难以描述他们的真实情感。还有一些参与者甚至在陌生人面前犹豫或者不敢承认自己的真实感受。

尽管度量情感存在困难，但对于用户体验研究者来说，了解参与者与任何产品或服务互动时的情感状态仍是十分重要的（Jokinen，2015；Schall，2015）。参与者在交互过程中的情感状态几乎总是用户体验研究者重点关注的问题（Garcia & Hammond，2016）。用户在使用某种产品时产生的情感会伴随他们很长时间，这种情感可能会随着时间的推移而改变，并在他们下次如何使用该产品，在未来是否还会选择使用它，甚至是否会向其他人推荐它等方面发挥作用（Kujala，Roto & Väänänen，2011）。

无论你是正在开发一个供员工使用的企业应用，还是在为面向家暴经历者设计的移动应用程序提供支持，通常都会有一些相关的情感来驱动体验设计。识别和度量体验中最相关的情感是每个用户体验研究者的职责所在（Farnsworth，2019）。如果不考虑用户的情感体验，那么用户体验研究者将会错过体验设计中的一个关键因素。

在本章中，我们首先对用户的情感体验进行定义，明确与情感度量相关的具体困难或挑战，并介绍一些更为常见的情感度量方法，包括言语表达编码、自我报告、面部表情分析和皮肤电反应（Galvanic Skin Response，GSR）。在这一章的最后，我们通过一个案例研究整合说明上述生物识别技术。综合以上方法和技术的情感度量将成为你的有效研究工具。

8.1　定义用户情感体验

　　许多用户体验研究者都会提到用户情感体验的重要性，但往往缺乏具体的内容。这使得情感仿佛只有单一的一种，或者所有相关的情感都被归纳成一个整体，又或者情感只被认为是有效价的（消极或积极的感觉）。例如，许多旅游地图都以其最为常见的形式将情感描述为积极的或消极的。为了度量情感，你需要将其明确化，例如喜悦、压力或者参与度，以便为你所进行的研究或设计策略提供一个重点或方向。另外，用户体验研究者可以将各种情感归类为积极或消极的性质，并从这个角度来看待一次体验。

　　我们都知道人类有各种各样的情感。其中有很多是基于人与人之间的交往而产生的，例如嫉妒、内疚、羞愧、悲伤和爱，这些情感本身在用户体验中并不起作用。然而，由于使用环境的不同，许多情感在用户体验中确实很大程度地发挥了作用。举个例子来说，我们很容易想象到有一些用户在工作中第一次使用一个复杂的应用程序时会缺乏信心，或在快速完成一项任务后感到高兴（因为他们原本认为完成这项任务会需要更长的时间）。根据多年用户体验研究的经验，我们认为有七种不同的情感在用户体验中经常出现。

　　参与感：参与感指用户对产品的情感参与程度。换句话来说，产品在使用过程中对用户的任意一种情感具有某种唤醒程度。我们可以很容易地从人们的坐姿中观察到参与感——他们是在椅子上保持向前倾斜的姿势还是瘫坐在椅子上？这两种坐姿都很明显地说明了他们的兴趣水平或参与程度。重要的是要记住，参与感可以代表任何类型的情感，无论是高兴、紧张、惊讶，还是沮丧。而缺乏参与感则可能表达了无聊或冷漠的感受。我们不建议单独地度量参与感，因为在体验过程中可能有许多不同的情感驱动了高水平的参与感，如惊喜、压力或快乐。

　　信任：信任关乎个体与另一个人或组织之间的关系。在用户体验的背景下，信任是指你的利益如何与一个组织保持一致，也有可能不一致。当用户通过使用一个机构的产品或服务而对其感到信任时，就会存在一个合理的透明度，即产品或服务会向用户提供必要的信息，即使可能会牺牲自身的利益。比如说，在结账过程中是否存在隐藏的费用，或者这些费用是立刻公开给消费者且便于查看和理解的吗？

　　压力：压力指一个人在体验过程中或体验过后感受到的压迫感或紧张程度。在同一件事情上，一方面，有的人可能根本没有体验到任何压力，在体验中感觉自己的情绪很平和或平静。但在另一方面，有的人可能在体验过程中感受到了很大的压力，最终甚至慌乱不堪。如果有一场非常受欢迎的音乐会即将举行，设想一下，当你使用一个设计不良的移动应用程序进行抢票时所感受到的潜在压力。或者，有一个售票网站可以仔细地引导你完成这个复杂的过程，并在整个过程中提供状态的更新信息，同时可以再次让你确认最后的交易。设想一下，在这一过程中你所感受到的平静。

快乐：快乐是一种幸福或愉快的感觉。就用户体验而言，快乐通常与成功完成一项艰巨的任务有关，特别是在远远超出自身预期的情况下。快乐也与完成一项任务所需的工作量有关。与预期相比，认知负荷越小，快乐或幸福的感觉就越强。与快乐或幸福相反的情感是悲伤，它在用户体验度量的过程中很少起作用。在用户体验中，也许与悲伤最接近的情感是失望。因此，我们在度量快乐这一情感时也往往在度量快乐的缺失。

挫败：挫败是指由于无法改变或无法完成某件事而产生的恼怒的感觉。挫败感在用户体验中非常重要，因为它是可用性差导致的最常见的感受之一。在体验中感受到困惑或效率低下可能造成挫败感。挫败感可以被认为是个体完成任务所需的认知努力。当人们需要付出更大的认知努力时，通常更有可能感到挫败。

信心：信心是指用户确认某件事的程度。例如，一个用户可能知晓他刚刚完成了一个交易，因为面前有一个设计良好、界面清晰、文字简明的确认对话框。但是如果确认屏幕呈现的措辞不清晰，或者根本没有确认对话框，那么用户对这次交易可能就根本没有信心。信心是人们与任何产品或服务交互时的一个关键因素。如果没有信心，就会使个体产生自我怀疑。这往往会导致个体的行为效率低下，比如重做工作，或者去联系客服确认交易状态而给企业增加了沟通成本。

惊喜：惊喜是指对出现一些意想不到的事情的感觉。在用户体验中，惊喜可能来自于新的工作流程、图像、内容，或与产品交互的一种新方式。用户体验中的惊喜通常是在一个较低的强度水平，而不会达到惊讶或震惊的程度。由于惊喜可能是正面的，也有可能是负面的，所以收集有关效价的数据十分重要。换句话说，惊喜究竟是受欢迎的（积极的）还是不适当的（消极的）呢？

当然，与用户体验相关的情感不止上述七种。根据产品和使用环境的不同，其他的情感也可能在体验中起到重要的作用。例如，期待、厌恶或愤怒等情感可能与某些产品和服务相关。随着所度量的情感不同，所使用的数据收集方法也不尽相同。举个例子来说，愤怒和厌恶可以通过面部表情有效获取，但它们通常在用户体验研究中没什么用处（Filko & Martinović，2013）。

唤醒和效价

　　任何情感中都存在两方面属性：唤醒和效价（Feldman & Russell，1999）。理解唤醒最简单的方式就是将它定义为情感的兴奋程度。例如，快乐和压力都可能具有很高的唤醒水平，当然也要取决于具体情况。类似放松或悲伤这样的情感，其唤醒程度较低。大家可能会注意到，这些例子中所提到的情感都具有积极或消极的影响。这通常被称为效价，是思考情感的另一种方式。

　　大多数情感都是沿着从积极到消极的维度变化的。比如，我们大多数人会说快乐是一种积极的情感，而压力通常是一种消极的情感。但是很容易想到的是，当你在看恐怖电影或玩电子游戏的时候，压力就可能是一种积极的情感了。图8.1示例了一种基于唤醒和效价这两个维度绘制大多数情感的方法。用户体验研究者需要考虑哪些类型的情感与你的产品最相关，然后参考这样的维度绘制这些情感。这种方法将有助于用户体验研究者识别潜在的情况，某种情感效价会随着环境的变化而变化。例如，压力就可能具有消极或积极的效价。下面是一个基于两个维度绘制两种情感（快乐和压力）的例子：唤醒和效价。请记住下面的例子并不是绝对的，只能说明在特定的环境下，对于特定的人，特定的情感可以映射在唤醒和效价的量化标度。

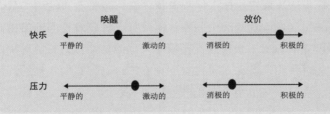

图8.1　基于唤醒和效价绘制快乐和压力的示例

8.2　度量情感的方法

　　有很多方法可以度量用户的情感。有些方法涉及技术的使用（如面部表情分析），而其他方法不需要任何特殊的手段，例如，调查或给言语编码。对于我们来说，也许最重要的是了解度量不同的情感时应该使用哪些方法。因此，想要度量的情感类型将决定不同的数据收集策略。

表 8.1 呈现了度量情感的方法。正如你所了解的，自我报告和语言表达对于度量各种情感都十分有效。其他方法，如眼动追踪和皮肤电反应，可以度量的情感则有限，侧重于参与度和压力（只有 GSR）。尽管面部表情分析非常有用，但它存在一定局限性，仅能够度量与特定情感相关的面部表情，如喜悦（微笑）、惊讶和参与感（面部表情的组合）。

表 8.1　度量情感的方法

	自我报告	眼动追踪	皮肤电反应	面部表情分析	语言表达
参与感	×	×	×	×	×
信任	×				×
信心	×				×
快乐	×			×	
挫败	×				×
压力	×		×		×
惊喜	×			×	×

当用户体验研究者在考虑使用不同的方法来度量情感时，如果可能的话，我们强烈建议考虑多种途径。例如，如果对度量参与感感兴趣，可以通过一些调查问题进行询问（自我报告），如果可行的话，也可以整合眼动追踪或面部表情分析。或者，如果要度量压力水平，我们建议使用皮肤电反应，但也要依靠自我报告和可能的语言表达。随着时间的推移，用户体验研究者无疑会感受到自己更信任哪种度量情感的方法。在理想的情况下，他们会在各种方法中观察到相同模式的结果。但是，在某些情况下，肯定会出现相互矛盾的结果。此时我们建议深入研究每一种方法，看到它们各自的局限性和误差。综合各种因素来看，我们倾向于相信自我报告和语言表达，而不是其他技术性的生物特征统计。

我们已经确定了在用户体验背景中度量情感的五个独特困难或挑战。虽然这些挑战中的每个都很难应对，但也有办法克服它们。下面详细讲述之。

1. 转瞬即逝的情感

许多情感产生得非常快，而且不会持续很久。要识别和度量诸如惊讶或沮丧这种来得快去得也快的情感，是非常困难的。如果使用自我报告度量，参与者很可能不会记得所有来来去去的情感反应，估计会对体验后留下的残余情感有印象。这些情感可能与体验本身的感受相关，也可能不相关。

建议：使用诸如面部表情分析、皮肤电反应和眼动追踪等技术来实时捕捉情感。也可以使用语言表达编码，尽管它不太可靠，因为许多情感并不是实时表达的。

2. 高度个性化

当我们度量某人对产品或服务的情感体验时，收集数据会与其个人情况紧密相关。例如，参与者的心情是好是坏，他们是否紧张，或者他们在通常的情况下是不是一个悲观的人。参与者带进研究的一切都会在一定程度上反映在收集的数据中。

建议：尽可能只将个人的数据与他们自己的数据进行比较（参见第 2 章中的主体内设计）。这样自然就有一个基线，每个人只与自己进行比较，而不是在个体之间进行比较。

3. 微弱的信号

用户体验中，许多情感显现得微弱，无法与大多数数字体验的情感强度进行比较，例如，观看一个恐怖电影预告片或一个让你想哭的广告等。因此，大多数用户体验研究者在试图准确度量较弱的情感信号时都很困难。

建议：在理想情况下，所测的产品或服务具有中等到强烈的情感质量。如果你觉得情况不是这样，可以使用面部表情分析、眼动追踪和 GSR 等方法来度量情感。此外，考虑使用自我报告工具，让参与者对他们的情感体验进行相对的评价，例如，在信心或压力水平方面对多个产品进行比较。

4. 由内容驱动

用户体验研究中的参与者往往对内容的反应更强烈，而不是设计或交互方式。例如，一名参与者可能会告诉用户体验研究者他喜欢这款产品，但他真正喜欢的是看到自己的退休金在上个月增加了多少。正因如此，能够将他的情感体验在设计和内容（你可能无法控制）上进行区分是很重要的。

建议：用生物识别技术度量，如皮肤电反应、面部表情分析或眼动追踪将无法区分对设计和内容的反应。因此，以自我报告工具作为这些技术的补充，可以更精确地关注到你所关心的体验的各个方面，并且这本身也是设计的一部分。当对语言表达进行编码时，要分离出那些与设计有关的话语或表达。

5. 噪声数据

所有这些挑战可能还不够，我们通常还要处理噪声数据。当我们询问参与者情感体验相关的问题时，需要使用具体的情感描述词，例如快乐和喜悦，或者压力和紧张。正如你可能已经猜到的那样，这些情感描述词有很多概念上的重叠。正因为如此，参与者并不总是对每种情感有相同的理解，我们不能完全依赖数据。

建议：使用不同的条目或词语询问相同类型的情感。在这种情况下，很有可能会看到每个条目的评分之间有很高的关联性。如果有机会，要深入探究以更好地理解参与者的感受，从而可以对他们所选择的情感描述词进行验证。

当参与者在使用生物识别技术时，如何与其交互

如果用户体验研究者打算使用生物识别技术（眼动追踪、面部表情分析或皮肤电反应），那么就需要在如何与参与者互动这方面有非常周全的考虑。我们强烈建议，在收集生物特征数据时不要与参与者进行任何互动。这意味着完全不说话，包括眼神接触。只要不露面就可以了，因为每一次互动都会对生物特征数据产生直接影响。例如，如果用户体验研究者向参与者提出一个发人深省的问题，或者对他们说一些夸奖的话，就会看到他们的反应反映在了生物特征数据上，而这种反应与正在研究的产品或服务无关。因此，干脆把所有的问题和评论保留到停止收集生物数据之后再讲出来。使用回顾式出声思维依然是可以的，只是在这里先不讨论了。

8.3 通过语言表达度量情感

当参与者使用产品时，未经提示的语言表达可以帮助用户体验研究者深入了解他们的情感和心理状态。参与者可能会在没有被要求的情况下发表许多评论：有些是消极的（"这很难"或"我不喜欢这个设计"）；有些是积极的（"哇，这比我想象的要容易得多"或"我真的很喜欢这个样子"）；有些评论则是中性的，或者很难解释（"这很有趣"或"这不是我所期望的"）。

与语言表达相关的一个有效度量指标是积极评论与消极评论的比率。为了进行这种分析，首先需要对所有的语言表达或评论进行编码，然后将每一条归类为积极、消极或中性。一旦完成了这一项工作，只需查看积极评论与消极评论的百分比即可，如图 8.2 所示。仅仅知道积极评论与消极评论的比率为 2：1 这个事实本身并不能得出什么结论。

在不同的设计迭代或不同的产品之间比较这些评论的百分比，会更有意义。例如，如果积极评论与消极评论的比率随着每一次新的设计迭代而显著增加，那么这将是设计改进的一个标志。另外，如果参与者与多个设计进行交互，则可以为每一名参与者计算相同的百分比，当然前提是用在每个产品上的时间是相同的。

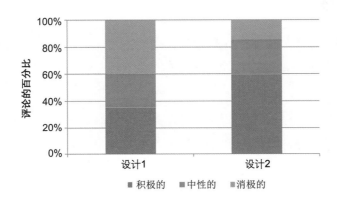

图 8.2　比较两种不同的设计中积极、中性和消极评论的百分比的示例

还可以通过区分不同类型的自发语言评论来获得更加详细的结果，比如下面这些：

- 强烈的积极评论。（例如"这真是太棒了！"）
- 其他积极评论。（例如"那很好"。）
- 强烈的消极评论。（例如"这个网站太糟糕了！"）
- 其他消极评论。（例如"我不太喜欢这种工作方式"。）
- 改进建议。（例如"如果是这样就更好了"。）
- 问题。（例如"这是如何运行的？"）
- 与预期的差异。（例如"这不是我期望得到的"。）
- 表示困惑或缺乏理解。（例如"这一页没有任何意义"。）
- 表示沮丧。（例如"现在我就会离开这个网站！"）

这些类型的数据是通过检查每个类别中各种评论的出现频率来分析的。与前面的示例一样，对不同的设计迭代或产品进行比较是最有用的。除了积极、消极或中性，对这三种类型之外的语言评论进行分类可能具有挑战性。与另一位用户体验研究者合作，就每条评论的分类达成某种程度的共识是很有帮助的。要充分利用视频记录，因为即使是最好的记录员也会错过一些重要的信息。另外，我们建议将这些评论放在一个更大的范围内来看。例如，如果参与者说他们在任何情况下都不会使用该产品，却对该产品的颜色提出了一些正面评价，那么就需要在其他度量中加以考虑，同时也要考虑如何呈现这些调查结果。虽然这些度量数据很少被收集，因为其相当耗费时间，但它们可以提供对某一特定设计的潜在感受的宝贵见解。

8.4 自我报告

询问参与者关于他们使用产品或服务的感受是迄今为止最常见的方法。我们将这些归为"自我报告"度量这个大类。因为在我们的研究中，是参与者告诉我们他们的感受，而不是通过度量他们行为或生理反应的某些方面来得到相关数据。

在第5章中，我们介绍了一些具有情感属性的度量指标，例如CSUQ（5.4.2）、产品反应卡（5.4.3）、UEQ（5.4.4）和AttrakDiff（5.4.5）。需要注意的是，这些自我报告工具度量的是设计本身的情感属性，如有趣、有吸引力或友好。它们并不直接度量人在体验中的感受或情感。在本章中，我们着重于度量情感，而不是设计本身的情感属性。

自我报告的度量指标是最容易收集的，当然也是最节省预算的。它们可以在不需要任何技术要求的情况下告诉我们某人的很多感受。关于情感体验的自我报告度量通常是在测试任务完成后进行的事后评价。自我报告度量可以测得用户情感体验的本质，而不是具体到产品或服务的任何特定部分。有许多方法可以测得这些数据。表8.2是一个可以用来度量参与感、压力和快乐（感情）的李克特量表的示例。表8.3是一个可以用来度量挫折、信任和信心的李克特量表的示例。正如可以在这些示例中所看到的那样，积极的和消极的陈述同时存在。此外，出现的词句描述了某种特定情感的两极，如有趣和无聊、紧张和放松。

表8.2　可用于度量参与感、压力和快乐（感情）的李克特量表示例

参与感	压力	快乐（感情）
这个＜系统＞使用起来很有趣	使用这个＜系统＞使我感到压力	这个＜系统＞使我恼怒/生气
我很期待在未来使用这个＜系统＞	当我使用这个＜系统＞的时候会感到焦虑（或紧张）	我喜欢使用这个系统
与＜其他＞的系统相比，我宁愿使用这个＜系统＞	当我使用这个＜系统＞有一种平静或平和的感觉	使用这个系统为我带来了快乐/幸福
我想要在闲暇时间使用这个＜系统＞	当我使用这个＜系统＞的时候紧张感增加了	当我使用完这个＜系统＞的时候我的感觉很好

续表

参与感	压力	快乐（感情）
当我使用这个＜系统＞的时候我感觉到无聊	当我使用这个＜系统＞的时候我感觉到轻松	我不喜欢使用这个＜系统＞

注：这些只是示例，尚未得到验证。

表 8.3　可用于度量挫败、信任和信心的李克特量表示例

挫败	信任	信心
当我使用这个＜系统＞的时候，我感到沮丧	我会很乐意与这个＜系统＞共享我的个人信息	当我使用这个＜系统＞的时候我感到自信
这个系统使用起来很简单	我会很乐意把我的信用卡信息告知这个＜系统＞	我觉得我在使用这个＜系统＞的时候做出了正确的选择
当我使用这个＜系统＞时，我感到很烦恼	我觉得这家公司值得信赖	我对术语感到不确定
当我使用这个＜系统＞时，我感到自己很高效	我觉得这家公司考虑到了我的最大利益	我在查找信息的时候感到自信
这个＜系统＞很好用	这个＜系统＞很透明，没有什么隐藏信息	当我使用这个＜系统＞的时候，我感觉我不得不去猜测

注：这些只是示例，尚未得到验证。

　　有一些经过验证的调查工具侧重于度量用户的情感体验。我们非常喜欢的一项调查是 Lewis 和 Mayes（2014）的情感度量效果（Emotional Metrics Outcome，EMO）调查问卷。在他们的问卷中确定了四个不同的因素，每个因素有四个相关的问题：

- 积极的关系影响（公司重视我的业务，关注我的利益，提供个性化的服务，并迅速回应问题）。
- 消极的关系影响（公司歪曲事实，对公司的意图感到忧虑，公司更关心销售业绩而不是满意度，其他人不信任这家公司）。
- 积极的个人情感（我感到自信、满足、满意和高兴）。
- 消极的个人情感（我感到烦躁、紧张、恼怒和沮丧）。

　　通过广泛研究，他们发现 EMO 是整体用户体验、推荐可能性和忠诚度的有力预测技术。

　　情感体验的自我评价量表（Self-Assessment Manikin，SAM）是另一种度量情感的常用技术（Bradley & Lang，1994）。SAM 是一种图形评估的方法，直接度量效价（快乐和不快乐）、唤醒（兴奋和平静）和支配（感觉有控制感或被控制）。由于它是一种图

形表示法，因此对低识字率人群和儿童很有效，据说还能适应不同文化。然而，有一些人担心图片很难解读，特别是围绕支配力方面的（Broekens & Brinkman，2015）。虽然SAM 不是专门为度量与用户体验相关的情感设计的，但它可以很容易地被应用于用户体验度量中。

工具介绍：Sarah Garcia的youXemotions

　　youXemotions 提供了一种快速而准确的方法来量化产品或客户体验旅程、可用性测试、日记研究、焦点小组、市场研究、人种学，以及各种其他标准研究技术中的情感（Garcia & Hammond，2016）。youXemotions 是由可用性研究人员开发的一种增强传统用户体验度量的方法，无须用到投资昂贵才能度量且令人生畏的生物特征选项。youXemotions 是采用无偏见的自我报告的方法，通过参与者用语言或者颜色来表达自己情感体验的方式，对情感进行度量。在测试或研究过程中，参与者需要在平板电脑、手机或网络界面上进行相应的选择，可以基于特定的情感类型及其强度等多个因素进行赋值，从而为研究人员提供一个可量化的情感体验结果。

　　用户体验研究者发现，该工具有助于为传统的评分度量添加一个"z 轴"，这可以给他们带来更为深入和细致的洞察。结合对情感的分析，可以使用户体验研究者能够与参与者和客户/利益相关者进行更丰富的对话，从而更好地理解印象感知背后的情感。情感是充分理解客户体验的一个关键但经常被忽视的因素。youXemotions 提供了一种灵活、自然的方法来了解客户在使用产品时的整体体验和拐点。

工具介绍：Pieter Desmet博士的PrEmo工具

　　图画式自我报告度量的优点是只需要受访者付出相对较少的努力，而且经过仔细开发可以用于度量低强度的情感，并且可以应用于各种受访者群体，包括儿童和使用不同语言的受访者（Laurans & Desmet，2008）。PrEmo 就是一个例子，它有一个可以表达 14 种情感的动画人物（Desmet，Hekkert & Jacobs，2000；Laurans & Desmet，2012，2017）。问卷是通过 Web 界面进行操作的。当参与者单击一个角色时，会播放一个时长 1 秒钟的带有肢体动作和声音的情感表达动画（animation）。PrEmo 测量了 7 种积极情感和 7 种消极情感，这些情感是基于 Ortony、Clore 和 Collins（1990）的研究工作得到的，并代表了 4 个相关的情感领域：一般的幸福情感（喜悦、希望、悲伤、恐惧）；基于期望的情感（满意、不满意）；社会背景情感（骄傲、钦佩、羞愧、蔑视）；物质背景情感（着迷、吸引、无聊、厌恶）。受访者被要求考虑动画所代表的情感，并用一个 5 分制量表对每种情感与他们当前所体验到的情感的对应程度进行评分。PrEmo 可以用于度量由产品的不同方面（如外观和香味）引起的情感，也可用于度量由产品的使用引起的情感。

PrEmo 人物剧照（来自 Laurans & Desmet, 2017）
上排：喜悦、钦佩、骄傲、希望、满意、着迷和吸引
下排：悲伤、恐惧、羞愧、轻蔑、不满意、无聊和厌恶

8.5 面部表情分析

面部表情分析是一种度量情感的有用技术。20 世纪 70 年代，Paul Ekman 和 Wallace Friesen（1975）开发了一种分类法，用于描述每一种可以想象的面部表情。他们称之为面部动作编码系统，其中包括 46 个涉及面部肌肉的特定动作。Ekman 通过研究，确定了 6 种基本情感：快乐、惊讶、悲伤、恐惧、厌恶和愤怒，每一种情感都表现出一套独特的面部表情，可以通过计算机视觉算法可靠地自动识别。

图 8.3 是基于 Affdex 面部表情识别系统对面部表情进行编码的示例。

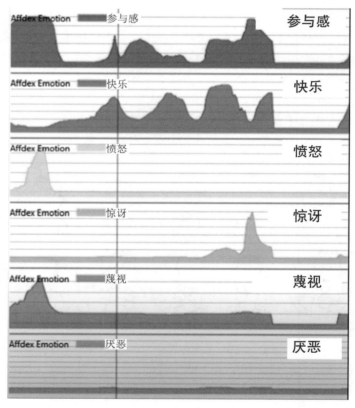

图 8.3　在 iMotions 平台中使用 Affdex SDK 进行面部表情监控的示例。竖线表示当前时刻，每种颜色表示从面部表情分析中得出的一种单独的情感

Affdex 是一个基于 Web 的以流媒体视频作为输入，并可以实时地预测出所出现的面部表情的平台。Affdex 面部表情识别可以通过采用高度值（或峰值）表示每种情感的

唤醒状态这种做法来标示相应的体验类型。此外，你可能会注意到 Affdex 并没有捕捉悲伤，但捕捉了参与感和蔑视。

面部表情是通过参与者电脑上的标准网络摄像头捕捉的。这提供了一个丰富的数据集，因为唤醒的峰值可能与积极或消极的效价相关。Affdex、Affectiva 正在建立世界上最大的自动生成面部表情数据库，这将使 Affectiva 开发出更为先进的情感分类器，可被用于预测销售额或品牌忠诚度的提升。这项强大的技术将为用户体验研究者提供一套额外的工具，可以更好地了解各种体验中的情感互动。还有其他公司提供这种技术，例如 Noldus，而且整体成本正在下降。

如果你对通过面部表情度量情感感兴趣，那么我们建议你首先让参与者执行一些"中性"任务，以确定基线。面部表情分析软件将根据每个人的基线来调整或纠正分析结果。你可以控制的最重要的参数之一是阈值（包括绝对阈值和相对阈值）。绝对阈值用于在软件中以从完全不存在（值为 0）到完全存在（值为 100）这样一种方式对某种特定的情感进行分类。相对阈值则是指研究人员可以示意软件根据个体的前 $x\%$ 的情感强度对情感进行分类。例如，你可以说，你只希望把一个人的微笑峰值中的前 20% 归类为微笑。根据所选择的阈值，应该考虑在分析面部表情时要有多保守。如果需要对捕捉到的情感有绝对的把握，那么就设置一个非常高的绝对或相对阈值。如果正处于研究的探索阶段，可以考虑设定一个较低的阈值。如果不知道从哪里开始就使用默认值，那么通常可以设置一个 50% 的绝对阈值。

面部表情的机械性——John Farnsworth

面部表情分析已经成为在用户体验研究背景下收集个体情感信息的少数工具之一。虽然这是一种间接的度量方法，但它能够提供关于用户外在表达的情感状态的信息。数据收集可以通过对面部肌肉运动的手动或自动评分，或通过面部肌电图来进行（尽管在一个特定时间内可以追踪的肌肉数量有限制）。大多数从事用户体验工作的人都会发现，自动评分最适合他们的需要，因为这是一种实施起来快速且非侵入式的方法。

在测试之前，应该定义感兴趣的面部动作，以便可以捕获相关的数据。在用户体验研究背景下，有两块面部肌肉是值得特别关注的：颧大肌和皱眉肌。

颧大肌是主要参与微笑动作的肌肉。它位于颧骨上方，从唇角延伸到颧骨边缘。虽然常识告诉我们，这通常涉及一种积极的情感，当然也有可能这种动作是人为制造的（被称为杜氏微笑）。然而，研究表明，当呈现一个正向评价的刺激时，这块肌肉的激活增加与积极情感有关。因此，只要刺激被认为是积极的，检测到这个区域内的肌肉运动就可以成为积极情感的指示。由此可见，通过颧大肌对积极情感的度量方法可以帮助了解严格控制环境中的用户体验。此外，位于内眉角的皱眉肌能够传递关于用户显示消极情感的信息。在没有其他刺激的情况下（如阳光刺眼会触发这块肌肉的收缩），这块肌肉参与了皱眉的过程，它已被证明与在负向评价刺激下的负面情感有关。

上面说明了如何选择面部表情变化的兴趣区。上述的两块面部肌肉因其在积极和消极情感中的明确参与而受到特别关注，此外还有 18 块至 19 块肌肉（取决于对它们的计数方法）在显示情感状态方面具有不同的作用和特性。这最终意味着可以将研究问题简化为对肌肉激活显著变化的分析。

微笑总是等同于快乐吗

面部表情分析软件可以根据嘴角，如嘴角的上扬，以及其他面部肌肉的运动来准确地对微笑进行分类。然而，我们已经在用户体验研究中多次看到，微笑并不总是等同于快乐。参与者微笑，会是因为他们紧张吗？或者参与者笑了，是不是因为网站显示了一些不合理且非常有趣的东西呢？基本上，除了单纯的快乐或喜悦，还有很多微笑的理由。因此，如果用户体验研究者正在分析面部表情中的喜悦，请格外小心。如果有时间，请尝试在分析中查验并尽可能过滤掉这些情况，以获得一组更干净的数据。

度量快乐的技巧

用户体验研究者经常想度量用户在使用某一特定产品时的快乐（或不快乐）程度。根据我们的经验，有一些有用的技巧可用来有效地度量快乐（或幸福）：

- 当使用面部表情分析软件时，请在一个较长时间（至少几分钟，最好更长）内度量快乐（微笑）的程度。如果只在一段短暂的时间内度量快乐，就可能还有其他因素影响微笑的表现或者缺乏微笑（见前面"微笑总是等同于快乐吗"）。
- 度量快乐建议始终包括自我报告度量，例如以李克特量表问题的形式进行调查。一些可能的示例见表 8.2。此外，也考虑用其他方法，如 PremoTool 或 youXemotions（见本章前文介绍）。
- 尝试比较不同产品或体验的快乐或幸福度量指标。这将提供一个有用的基线，以便进行比较。可关注基线和测试产品之间的差值（即 delta）。
- 如果时间允许，考虑将语言表达分类为积极、消极和中性。可比较不同产品或体验的三类评论的百分比。

8.6 皮肤电反应

皮肤电反应（Galvanic Skin Response，GSR）有时称为皮肤电活动（EDA）或皮肤电导，是一种度量皮肤对某些刺激的电导率的方法。当我们以某种方式经历某种特别情绪化的事情时，我们会以自己不知道的非常小的方式触发我们的汗腺，从而使我们的皮肤变得更加导电。因此，GSR 本质上是度量我们皮肤的电导率的微小变化，以作为对某些刺激的响应。

与情感度量的其他方面不同，皮肤电导的快速变化是自发的，是在没有意识或控制的情况下发生的，这是因为它是我们自主神经系统的一部分。虽然我们可能能够控制我们看起来的样子，甚至面部表情，但我们无法控制我们的汗腺。这使得 GSR 成为一个非常有吸引力的工具，因为这样我们就可以据此度量人的唤醒水平，而不需要他们表达自己的感受，也不需要他们隐藏自己的感受。

使用 GSR 的过程是非常简单的。图 8.4 显示了一个 GSR 传感器的工作原理。这个 GSR 传感器是由 Shimmer 制造的，通过蓝牙与电脑连接，有两个手指传感器通过搭扣贴固定在食指和中指上。正如你在图 8.4 中看到的，传感器连接在非主利手上（不是使用鼠标的手）。它非常不显眼，很容易被参与者遗忘（而不会影响实际操作）。

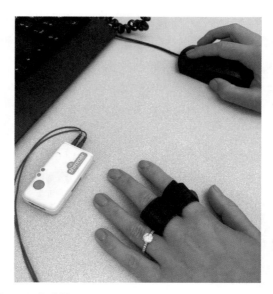

图 8.4　Shimmer 制造的 GSR 传感器

当使用 GSR 传感器时，参与者必须正常呼吸，尽量减少运动并舒适地坐着。与使用面部表情分析软件类似，在收集 GSR 数据时不要与参与者进行交谈。

GSR 数据的分析是相当简单的。从本质上讲，你是在测量一段时期内或暴露期间 GSR "峰值"的数量。峰值通常被定义为暴露于情感刺激后 1~5 秒内相位反应的爆发。峰值的数量越多，该体验中的唤醒程度就越大。

以比较的方式分析 GSR 是有用的。图 8.5 所示案例研究（在第 8.7 节有详细描述），比较了参与者在使用三个不同网站时每分钟 GSR 峰值的平均数量。在这个例子中，三个网站之间都没有显著的统计差异。由于接触时间因个人和网站而异，我们分析了每分钟 GSR 峰值的平均数量。

要注意的是，GSR 实质上是在度量情感的唤醒，而不提供任何关于效价的信息。基本上，用户体验研究者可能会看到一个 GSR 峰值，但不知道这是一个积极还是消极的体验。出于这个原因，我们不建议将 GSR 作为独立的度量。相反，应该将 GSR 与其他度量指标一起纳入研究，以进一步了解是什么促发了情感反应。

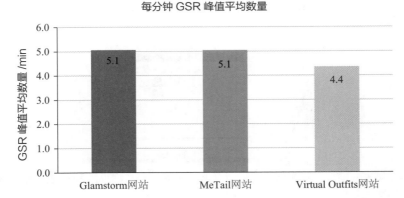

图 8.5　比较参与者在使用三个虚拟试衣间网站时每分钟 GSR 峰值平均数量的示例。无统计差异

8.7　案例分析：生物识别技术的价值

本特利大学用户体验中心报告过一个案例研究，他们想知道生物识别技术是否在更传统的用户体验研究方法之外提供了新的见解（Albert & Marriott，2019）。换句话说，生物识别技术对用户体验研究者有什么价值。

在这项研究中，Albert 和 Marriott（2019）比较了三个不同的虚拟试衣间网站。虚拟试衣间允许用户建立一个符合他们体形和整体外观的虚拟代理，从而形象化地比较不同的服装在他们穿戴后可能呈现的样子。虚拟试衣间之所以被选为案例研究的主题，是因为数据隐私（共享身体尺寸）和身体形象相关问题所引发的情感显著。

在这项研究中，所有参与者都被赋予了相同的任务——为一个朋友的婚礼寻找一件礼服。所有参与者都使用了这三个网站：Glamstorm、MeTail 和 Virtual Outfits。在参与者使用每个网站约 10 分钟后，他们完成了一项简短的调查。iMotions 平台用于收集所有生物特征数据，包括面部表情、眼动追踪和 GSR（见图 8.6）。

第一个分析是对调查结果和参与者在使用三个不同网站时的语言表达或评论进行解析。调查结果显示，在使用网站的舒适度、信心和有用性方面，参与者对这三个网站的评价没有差异。语言表达被编码为积极、消极。图 8.7 显示了三个网站的评论情况分布。虽然三个网站的积极评论频率没有差异，但与其他两个网站相比，Glamstorm 网站的消极评论更多。这在很大程度上是因为许多女性参与者认为 Glamstorm 虚拟化身的默认体型是与现实不符的。因此，仅从消极和积极评论的频率来看，我们更有可能得出结论：

与其他两个网站相比，Glamstorm 网站提供的情感体验更差。

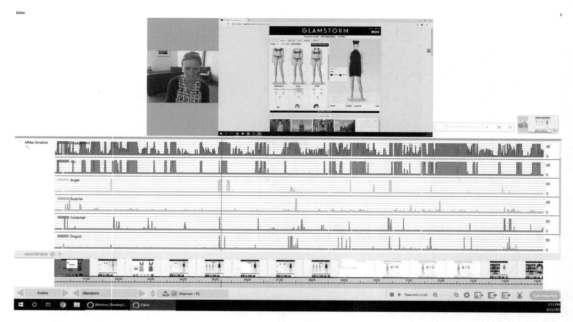

图 8.6　iMotions 平台收集生物特征数据——面部表情。GSR 和眼动追踪的示例。图像的左上角显示面部表情的校准，右上角实时显示刺激和眼球运动。下半部分显示每个面部表情和 GSR 峰值

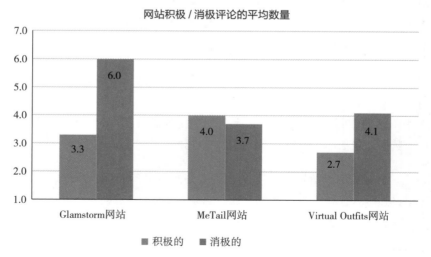

图 8.7　三个网站的积极和消极评论分布

下一步分析是考查这三个网站的参与感和注意力水平。参与感是所有情感（积极和

消极）的聚合。注意力是指视觉上在每个网站上浏览的时长。如图 8.8 显示，Glamstorm 和 Virtual Outfits 网站的参与感和注意力都显著高于 MeTail 网站（$p < 0.05$）。我们推测，Glamstorm 和 Virtual Outfits 网站的交互设计水平和视觉效果要远远好于 MeTail 网站。

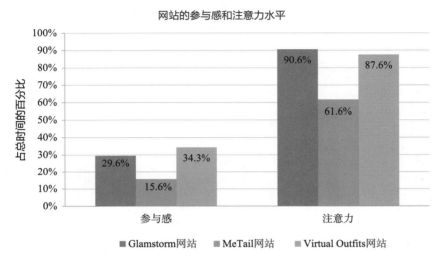

图 8.8　与 MeTail 网站相比，Glamstorm 网站和 Virtual Outfits 网站的参与感和注意力明显更高

在 iMotions 平台上，用户体验研究者可以按效价（正面和负面）聚合各类情感。喜悦和惊讶被认为是正面的，而愤怒、厌恶和轻蔑被归类为负面情感。图 8.9 显示了三个网站的积极和消极情感的总体分布。正如所看到的，Glamstorm 和 Virtual Outfits 网站的积极情感水平明显更高。这对全面了解三个网站的情感体验非常有帮助。

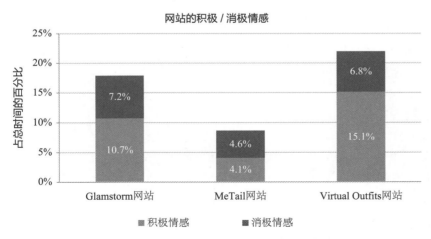

图 8.9　与 MeTail 网站相比，Glamstorm 网站和 Virtual Outfits 网站的积极情感明显更多

对快乐情感进行更详细的研究（见图 8.10），结果表明了它与图 8.9 中的积极情感具有类似的模式。与 MeTail 网站相比，Glamstorm 网站和 Virtual Outfits 网站的快乐程度显著更高（$p < 0.05$）。更准确地说，参与者在使用 Glamstorm 网站的过程中，平均有 11% 的时间体验到了快乐，Virtual Outfits 网站是 15%，而 MeTail 网站只有 4%。

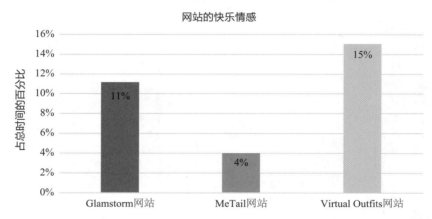

图 8.10　与 MeTail 网站相比，参与者在使用 Glamstorm 网站和 Virtual Outfits 网站时表达快乐（微笑）的时间百分比明显更高

本案例研究侧重于评估生物识别技术的价值。这已超越了更多传统的用户体验研究方法。根据对调查结果和语言表达的分析，我们可以得出结论，这三个网站之间没有太大的差异。如果说有什么不同的话，那就是参与者对 Glamstorm 网站的看法更为负面。然而，当考虑到生物识别技术时，我们就会看到一个非常不同的结果模式。我们发现，与 MeTail 网站相比，Glamstorm 网站和 Virtual Outfits 网站的参与感、关注度和愉悦度都明显更高。因此，在本案例研究中，生物识别技术通过梳理三个网站的情感体验，提供了一个更加微妙的视角。在这三个网站中，Virtual Outfits 网站可以被视为提供了最佳的整体体验，具有最高水平的参与感、注意力和整体积极情感。

8.8　总结

在这一章中，我们介绍了多种度量用户情感的方法。这些方法对洞察那些在可用性测试期间容易被忽略的更深层次的用户体验可能有价值。这些度量工具变得更加易用、精确、灵活和强大，甚至也很实惠。尽管情感度量已取得如此多的进展，但我们还是强烈建议用户体验研究者要充分利用其他用户体验度量的方法，而不是仅仅依靠单一技术来得知用户体验的一切。下面总结了一些需要记住的关键点。

1. 我们定义了用户情感体验的七个独特方面：参与感、信任、压力、快乐、挫败、信心和惊喜。分析所有情感的一种非常有用的方法是基于情感效价（一种情感是积极的还是消极的）和唤醒（情感的强度从低到高）。

2. 在用户体验的背景下，有不同的方法可以用来度量情感，包括自我报告、眼动追踪、面部表情、GSR 和语言表达。最好是使用多种方法，因为它们都有独特的优势和局限性。然而，情感度量也有独特的挑战。

3. 在用户体验研究过程中，采用结构化的方法来收集无提示的语言表达会非常有帮助。通过分析参与者在每项任务中积极评论和消极评论的比例，可以全面了解情感体验，也可以通过考虑语言表达的强度，或围绕挫折、自信或惊讶的其他表达，对情感体验进行更为精细的分析。

4. 自我报告度量是度量情感体验的最简单和最常见的方法。这可以包括开发一套自己的李克特评分量表，或者直接利用经过验证的工具，如 EMO、Premotool、youXemotions 或 SAM 等。

5. 面部表情分析软件是一个非常有用的工具，可以实时识别情感，如参与、喜悦、愤怒、轻蔑、厌恶和惊讶，可以根据许多面部肌肉的运动对面部表情进行分类，所设置的阈值将决定数据的可靠性。

6. GSR 通过皮肤电导率的微小变化来度量情感的唤醒水平。GSR 数据指通过特定时间段内的峰值数量。虽然 GSR 有助于度量整体的唤醒水平，但它无法度量情感的效价。

7. 一项案例研究表明，生物识别技术可以提供一些更多传统用户体验研究方法提供不了的额外价值。

第9章
合并和比较度量

　　诸如任务完成率、任务时间和自我报告等这些用户体验度量当然是有用的和信息丰富的，但有时用户体验研究者想要总体上了解用户体验有多好（或多坏）。用户体验研究者或许有时需要一些度量来清晰且容易地向项目团队或利益相关者传达用户体验的总体状态。那么，这时候合并和比较度量就派上用场了。这些度量不仅在呈现用户体验评估结果时很方便，而且还有助于跟踪迭代版本或上线产品在用户体验度量上的变化，同时还可以用来比较不同的设计（例如，比较不同的原型或与竞品进行比较）。

　　有两种常用的方法可以基于现有数据形成新的用户体验度量：（1）将一个以上的度量合并为单一的度量；（2）将现有的数据与专家或理想的结果进行比较。本章将介绍和评价这两种方法。

9.1　单一的用户体验分数

　　许多用户体验度量收集的度量不止一个，例如，任务完成率、任务时间和自我报告[如系统可用性量表分数（SUS）]。在大多数情况下，用户体验研究者不太关心每个单独度量的结果，而比较关心所有这些度量所反映出来的产品体验的总体情况。本节内容介绍了对多种不同的度量进行合并或表征的方法，通过这些方法可以对一个产品的用户体验或产品的不同方面（可能通过不同的任务来度量获得）形成整体的判断。

　　在一个用户体验测评之后，最常被问到的问题是"产品表现如何"，问这种问题的人（经常是产品经理、研发者或项目组的其他成员）通常想了解的不是任务完成率、任务时间或者 SUS 分数，而是某种类型的综合分数：产品表现得好不好？与前一轮可用性测试相比，它表现得如何？如果要以一种合理的方式对这些问题做出判断，就会涉及将研究中的多个度量合并为某种类型的一个综合用户体验分数。其中的难点是要解决如何恰当地把具有不同度量单位的分数进行合并（如以百分数为单位的任务完成、以分或秒为单位的任务时间）。

9.1.1　根据预定目标合并度量

也许，最简单地合并不同度量的方法是将每个数据点与预定目标进行比较，然后根据能够达到一组综合目标的参与者百分比，呈现一个单一的度量。例如，假设目标是要求参与者以平均不超过 70s 的时间成功地完成至少 80% 的任务。根据这一目标，请考虑表 9.1 中的数据，表格显示了 8 名参与者在一项用户体验研究中的任务完成率和每个任务的平均完成时间。

表 9.1　来自 8 名参与者的任务完成率和任务时间

参与者编号	任务完成率	任务时间 /s	是否达到目标
1	85%	68	1
2	70%	59	0
3	80%	79	0
4	75%	62	0
5	90%	72	0
6	80%	60	1
7	80%	56	1
8	95%	78	0
平均值	82%	67	38%

表中展示了任务完成率和任务时间的平均值，以及每名参与者是否在 70s 内完成了至少 80% 的任务目标的度量指标

表 9.1 显示了一些有趣的结果。任务完成率（82%）和任务时间（67s）的平均值似乎暗示这一测试达到了目标。即使查看达到任务完成目标的参与者人数（6 人或 75%）或达到任务时间目标的参与者人数（5 人或 62%），也会发现结果是令人鼓舞的。然而，分析结果的最恰当的方法是检验每名参与者是否都达到了既定目标（即以平均不超过 70s 的时间完成至少 80% 的任务的综合指标）。结果发现，如表 9.1 的最后一列所示，实际上仅有 3 名（或 38%）参与者达到了这一目标。这个例子说明了单独分析每名参与者数据的重要性，而不能只看平均值。对于处理样本相对少的数据，这样的做法尤其合适。

根据预定目标合并度量的方法适用于任何类型的度量。唯一需要决定的是设定什么

样的目标。预定目标可以参照商业目标和 / 或与理想的绩效进行比较。这种方法容易计算（每名参与者只是得到 1 或 0），而且结果容易解释（测试中达到既定目标的参与者百分比）。

微软研究人员 Van Waardhuizen、McLean-Oliver、Perry 和 Munko（2019）对 36 项研究进行了分析，这些研究报告了各种用户体验度量指标，如任务完成率、任务时间和自我报告评分。这包括了 13 个平台的近 500 个任务的数据，共计有 800 名参与者参与研究。他们的主要目标是确定一个单一的度量，可用于对不同产品和迭代进行比较，也可以用来与利益相关者进行沟通。他们想确定一些合理的规则以处理单一度量，尝试后得出的结论是：刚才所描述的那种分析，即与预定目标的比较是一种最简单且最容易与利益相关者进行沟通的方式。

9.1.2　根据百分比合并度量

虽然，我们非常清楚用户体验研究应该有可度量的预定目标，但实际上我们经常无法得到它们。因此，当缺少预定目标时，我们如何合并不同的度量？就合并具有不同单位的分数来说，一个简单的方法是将每个分数转换为百分比，然后求其平均值。表 9.2 显示了 10 名参与者的用户体验研究数据。

表 9.2　10 名参与者的用户体验研究数据

参与者编号	任务时间 /s	完成的任务（共 15 个）	评分（0~4）
1	65	7	2.4
2	50	9	2.6
3	34	13	3.1
4	70	6	1.7
5	28	11	3.2
6	52	9	3.3
7	58	8	2.5
8	60	7	1.4
9	25	9	3.8
10	55	10	3.6

任务时间指完成任务的平均时间，以 s 为单位。完成的任务指参与者成功完成任务的数目（共 15 个任务）。评分指五项主观评定量表的平均值，评分越高，表现越好

从这个研究的结果中获得一个总体认识，有一个方法是先将这些度量转换为百分比。就任务完成数量和主观评分来说，很容易计算百分比，因为我们知道每个分数的最大可能值（"最好的"）：任务共计 15 个，量表中可能的最大主观评分是 4。因此，我们只需用每名参与者的得分除以相应的最大分数，就得到了其百分比。

就时间数据来说，百分比的计算有些困难，因为没有预先定义的"最好"或"最差"时间，即事先不知道测量的端点。一种处理方法是让几位专家完成任务，并将其平均值作为"最好"时间。另一种处理方法是将参与者中的最短时间定义为"最好"时间（本例中是 25s），将最长时间定义为"最差"时间（本例中是 70s），并参照这一时间表示其他时间。具体地说，可以用最长时间与观测时间的差除以最长时间和最短时间的差。在这种方法中，最短时间为 100%，最长时间为 0%。使用这种转换方法后，可以得到表 9.3 中显示的数据。

表 9.3　将表 9.2 的数据转换为百分比

参与者编号	任务时间 /%	完成的任务 /%	评分 /%	平均值 /%
1	11	47	60	39
2	44	60	65	56
3	80	87	78	81
4	0	40	43	28
5	93	73	80	82
6	40	60	83	61
7	27	53	63	48
8	22	47	35	35
9	100	60	95	85
10	33	67	90	63

对任务完成数据，用得分除以 15。对评分数据，用分数除以 4。对任务时间数据，用最长时间（70s）与观察时间之差除以最长时间（70s）与最短时间（25s）之差

以这种方式转换任务时间数据时，重要的是在进行转换之前删除任务时间数据中的异常值。例如，假设一项研究的大多数时间都在 20s 到 60s 之间，但有一次是 3490s。无论根据何种我们所知道的定义，这都是一个明显的异常值。如果在数据中保留这个异常值，并将其用作转换的最长时间，那么将从根本上影响转换结果。具体来说，它将导致该异常值转换后的百分比为 0%，而其他时间的百分比将集中在 98% 到 100% 附近。

在Excel中转化时间数据

下面是在 Excel 中转化时间数据的一些步骤：

（1）在 Excel 的单列中输入原始时间数据，如这个例子，我们假设它们都在 A 列，从序号 1 开始往下输入。一定要确定除这些数据外，此列没有其他数值，比如不能在这一列的底部放上这一列的平均值。

（2）在函数栏的右侧输入公式：

=(MAX(A:A) – A1)/(MAX(A:A) – MIN(A:A))

（3）需要转换几行就将这个公式复制几次，依次粘贴到相应的位置。

表 9.3 也显示了每名参与者百分比的平均值。如果一名参与者以最短的平均时间成功地完成了所有的任务，而且在主观评分量表上给了产品满分，那么他的平均值将为 100%。相反，如果一名参与者没有完成任何一项任务，每个任务都花费了最长的时间，并且在主观评分量表上给了产品最低分数，那么他的平均值将接近 0%。当然，这两种极端情况很少见。如表 9.3 中的样例数据所示，大部分参与者的百分比分值都介于两个极端数值之间。在这个例子中，最低平均值是 28%（第 4 名参与者），最高是 85%（第 9 名参与者），总体平均百分比为 58%。

计算不同迭代版本或设计的百分比分值

这种整体分数的价值在于可以对产品的不同迭代版本或上线产品，以及不同设计方案进行比较。但重要的是，一次性对所有的数据进行转换，而不是对不同设计迭代版本或分开转换，这也很重要。对任务时间数据来讲，这就更为重要，尤其是收集的任务时间数据决定最好时间和最差时间。在选择最好时间和最差时间时，需要综合考虑拟比较的不同条件、设计迭代版本。

因此，如果必须给表 9.2 和表 9.3 所示测试结果的产品一个"总体分数"，就可以说总体得分为 58%。大多数人也许会对 58% 不太满意。因为多年的学校学习经历形成的分数概念已经给我们设置了一个思维定式：这么低的百分比意味着"不及格"。但是，也应该考虑一下这个百分比的准确性如何。因为它是根据 10 名不同参与者分数的平均值得到的，所以，可以计算它的置信区间（见第 2 章的说明）。在这个例子中，90% 的

置信区间是 ±11%，也就是 47% 至 69%。测试更多的参与者可以更加准确地估计这个值，而较少的参与者可能导致估值不够准确。

当我们将三个百分比（来自任务完成数据、任务时间数据和主观评分）进行平均时，需要注意一件事情：要给予它们相同的权重（weight）。在许多情况下，这样做是非常合理的。但是，有时候根据产品的不同商业目标而需要改变权重。在这个例子中，我们将两个绩效度量（任务完成和任务时间）和一个自我报告度量（评分）进行合并。为了对每种度量给予相同的权重，我们赋予绩效度量的权重实际上是自我报告度量的两倍。在计算平均值时，我们可以通过权重对此进行调节，如表 9.4 所示。

表 9.4　加权平均值的计算

参与者编号	任务时间 /%	权重	完成的任务 /%	权重	评分 /%	权重	加权平均值 /%
1	38	1	47	1	60	2	51
2	50	1	60	1	65	2	60
3	74	1	87	1	78	2	79
4	36	1	40	1	43	2	40
5	89	1	73	1	80	2	81
6	48	1	60	1	83	2	68
7	43	1	53	1	63	2	55
8	42	1	47	1	35	2	40
9	100	1	60	1	95	2	88
10	45	1	67	1	90	2	73

每个单独的百分比都乘以其所占的权重，将这些结果再相加，然后这个结果除以所有权重的和

在表 9.4 中，评分的权重为 2，两种绩效度量的权重为 1。最直接的影响就是在计算平均值时，评分的权重与两种绩效度量的权重之和相等。这样做的结果是，与表 9.3 中的相等权重所得平均值相比，每名参与者的加权平均值（weight average）更接近于评分。对任何指定产品的权重赋值要取决于产品的商业目标。例如，如果要测试一个供普通公众使用且有许多竞品的网站，那么可能就要给自我报告度量赋予更大的权重。因为与其他指标相比，用户体验研究者可能更关心用户对这一网站的"感知"。

另外，如果研究的产品对速度和精确度有更重要的要求，如股票操盘软件等，那么可能要给予绩效度量更大权重。用户体验研究者可以根据情况，为各个度量赋予合适的权重。但是，请记住计算加权平均值时要除以权重之和。

这些基本规则适用于对用户体验研究中的任意度量进行转换。我们在表 9.5 中列出了任务完成数（共 10 个任务）、网页访问量、满意度评分，以及有用性评分。

表 9.5　来自 9 名参与者的测试数据示例

参与者编号	任务完成数（共 10 个）	网页访问量（最少为 20）	满意度评分（0~6）	有用性评分（0~6）	任务/%	页面访问比例/%	满意度/%	有用性/%	平均值/%
1	8	32	4.7	3.9	80	63	78	65	71
2	6	41	4.1	3.8	60	49	68	63	60
3	7	51	3.4	3.7	70	39	57	62	57
4	5	62	2.4	2.3	50	32	40	38	40
5	9	31	5.2	4.2	90	64	87	70	78
6	5	59	2.7	2.9	50	34	45	48	44
7	10	24	5.1	4.8	100	83	85	80	87
8	8	37	4.9	4.3	80	54	82	72	72
9	7	65	3.1	2.5	70	31	52	42	49

任务完成数指参与者成功完成的任务（共 10 个）数量。网页访问量指用户在完成任务过程中访问过的页面总数（通常情况下，对同一页面的再访问都会被记为另一次访问）。两个评分是满意度和有用性的平均主观评分，使用的都是七点量表（0~6）。

从这些得分中计算百分比的方法和之前给的例子十分相似。用任务完成数除以 10，而另外两个得分分别除以 6。其他的度量，如网页访问量，在某种层面上与时间度量相似。但是对网页访问量而言，更可能是计算对完成任务所需的最小值，在这个例子中是 20。可以通过用实际网页访问量除以 20（最小的网页访问量）来进行数据转换。网页访问量越接近 20，则百分比越接近 100%。表 9.5 展示了原始的数值、百分比分值及等权重平均值。在这个例子中，等权重赋值（正常的平均值）也导致性能数据（任务完成度和网页访问量），以及反馈数据（两项得分）被赋予了同样的权重。

将评分转换为百分比

如果使用的主观评分要求从 1 开始，而不是从 0 开始，该怎么办呢？这种变化会对将评分转换为百分比的过程产生影响吗？答案当然是肯定的，让我们来假设评分的范围从 0~6 变为了 1~7，评分越高越好。这两种范围都是 7 分制，并且希望最低可能得分代表 0%，最高可能得分代表 100%。当评分范围是 0~6 时，仅需要简单地将每个得分除以 6（最高可能得分），就得到了期望的范围（0%~100%）。但是当得分范围是 1~7 时，这种方法就不再适合了。如果用每个得分去除以 7（最高可能得分），那么得到了最高得分所代表的正确的百分比，但是最低得分所代表的百分比却是 14%，即 1/7，并不是我们所期望的 0%。对此的解决方法是对每个得分先用其减去 1（转换为 0~6 的范围），再除以最高得分（在这里是 6）。这样，最低得分就变成了 (1–1)/6，即 0%，最高得分就变成了 (7–1)/6，即 100%。

让我们来看看另一组指标的转换，如表 9.6 所示。在这个例子中，错误数被列出来了，包括用户出现的某类具体错误的数量，如数据输入错误。很明显，用户可能（或期望）不会犯任何错误，因此犯错的最小数量为 0。但是对用户所犯错误数的最高值通常没有任何预定值。在这种情况下，转换这些数据的最好方法是将这些错误数除以错误数的最大值，然后用 1 减去所得的数值。在这个例子中，最大错误数是 5，是第 4 名参与者所犯的错误数。按这种方法得到了表 9.6 中的正确率。如果参与者没有犯任何错误（最佳情况），那么它的正确率就是 100%。而犯了最多错误的那名参与者的正确率就是 0%。应注意，在计算其中的任何百分比时，我们通常希望越高的百分比代表越好的可用性。因此，在计算错误数的例子中，将结果转换为对"正确"的度量会使数据看起来更有意义。

表 9.6 12 名参与者的测试数据示例

参与者编号	任务完成数 （共 10 个）	错误数	满意度评分 （0 ~ 6）	完成的 任务 /%	正确率 /%	满意度 /%	平均值 /%
1	8	2	4.7	80	60	78	73
2	6	4	4.1	60	20	68	49
3	7	0	3.4	70	100	57	76
4	5	5	2.4	50	0	40	30
5	9	2	5.2	90	60	87	79
6	5	4	2.7	50	20	45	38
7	10	1	5.1	10	80	85	88
8	8	1	4.9	80	80	82	81
9	7	3	3.1	70	40	52	54
10	9	2	4.2	90	60	70	73
11	7	1	4.5	70	80	75	75
12	8	3	5.0	80	40	83	68

任务完成数指参与者成功完成的任务（共 10 个）数量。错误数指用户所犯的特定错误的数量，比如数据输入错误。满意度是在一个 0~6 的量表上的打分

注意异常值

　　就像之前所提到的任务时间数据一样，在转换任何由观察值确定最小值或最大值（例如，时间、错误、页面访问）的数据时，需要特别小心异常值。例如，在表 9.6 所示的数据中，如果第 4 名参与者犯了 20 个错误而不是 5 个，该怎么办？此时，他转换后的百分比仍然是 0%，没有变化（即净作用值为 0），但其他所有人的百分比会被推得更高。检测异常值的标准方法之一是：计算所有数据的平均值和标准差，然后将任何超过平均值两倍或三倍标准差的值视为异常值。（大多数人使用标准差的两倍，但如果想要更保守一些，可以使用三倍。）为了转换数据，应该排除那些异常值。在这个修改后的例子中，错误数的平均值加两倍标准差为 14.2，而平均值加三倍标准差为 19.5。无论采用哪一种标准，用户体验研究者都应该将 20 个错误视为异常值并剔除。

　　当将用户体验度量转换为百分比数值时，一般的原则是先确定该度量可能取得的最大值和最小值。在许多情况下，这一点很容易做到。可以根据研究的具体情况事先定义好这两个值。以下是用户体验研究者可能遇到的各种情况：

- 如果最小可能得分是 0，最大可能得分是 100（如系统可用性量表分数），那么就已经获得了百分比。只需要除以 100 使之变成实际的百分比值即可。

- 在许多情况下，最小值为 0，且最大值是已知的，例如，任务完成数或者评分量表上的最高可能评分。在这种情况下，简单地将得分除以最大值就能得到百分比（这就是为什么对评分量表进行编码时，以 0 为最差值起点的量表编码起来更容易）。

- 在一些情况下，最小值为 0，但最大值未知，如例子中的错误数。在这种情况下，需要通过数据（如参与者所犯的最高错误数）来定义最大值。具体地说，就是用 1 减去所得的错误数除以参与者所犯错误数的最大值来转换数据。

- 最后还有一些情况，其中的最小可能得分和最大可能得分都没有被预先定义，如任务时间数据。在这种情况下，可以使用数据来决定最小值和最大值。假设数值越大表示越差（如任务时间数据），常常通过将最高值与观察值之差除以最高值与最低值之差来转换数据。

如何处理数值越大、实际越差的情况

　　尽管在诸如任务成功率的例子中，数值越大越好，但是在有的情况下却表示越差，比如，统计的是任务时间数据或者错误数。如果标度被这样定义（如 0~6，其中 0= 非常简单，6= 非常困难），那么评分中的数值越大也可以表示情况越糟。
在以上任何一种情况下，对这些百分比数值与其他那些常规百分比数值（即数值
越大越好）求平均值之前，都必须将其进行转换。比如，对于刚刚提到的评分方
式，就需要用 6（最大值）减去每个评分值来进行转换。这样就可以使 0 变为 6，
6 变为 0。

9.1.3　根据 z 分数合并数据

另一种将不同量纲的分数进行转换，进而合并数据的方法是使用 z 分数（示例见
Martin & Bateson，1993，124 页）。z 分数基于正态分布（normal distribution），表示特定
数值在距离正态分布的平均值上下多少个单位的位置。将一组得分转换为其相应的 z 分
数后，就会相应地得到一个平均值为 0、标准差为 1 的分布。将原始数据转换为相应 z
分数的公式如下：

$$z=(x-\mu)/\sigma$$

式中　x —— 需要转换的得分；

　　　μ —— 得分分布的平均值；

　　　σ —— 得分分布的标准差。

这种转换也可以在 Excel 中通过使用 "=STANDARDIZE" 函数来实现。表 9.2 中的
数据也可以转换为 z 分数，如表 9.7 所示。

表9.7　把表 9.2 的样例数据转换为z分数的示例

参与者编号	任务时间 /s	任务完成数（共 15 个）	评分（0~4）	z 时间	z 时间 ×(−1)	z 任务	z 评分	平均值
1	65	7	2.4	0.98	−0.98	−0.91	−0.46	−0.78
2	50	9	2.6	0.02	−0.02	0.05	−0.20	−0.06
3	34	13	3.1	−1.01	1.01	1.97	0.43	1.14
4	70	6	1.7	1.30	−1.30	−1.39	−1.35	−1.35
5	28	11	3.2	−1.39	1.39	1.01	0.56	0.99
6	52	9	3.3	0.15	−0.15	0.05	0.69	0.20
7	58	8	2.5	0.53	−0.53	−0.43	−0.33	−0.43
8	60	7	1.4	0.66	−0.66	−0.91	−1.73	−1.10

续表

参与者编号	任务时间 /s	任务完成数（共 15 个）	评分（0~4）	z 时间	z 时间 ×（-1）	z 任务	z 评分	平均值
9	25	9	3.8	-1.59	1.59	0.05	1.32	0.98
10	55	10	3.6	0.34	-0.34	0.53	1.07	0.42
平均值				0.0	0.0	0.0	0.00	0.00
标准差				1.0	1.0	1.0	1.00	0.90

对每个原始分数，将其减去分数分布的平均值，然后除以标准差，就可以得到其 z 分数。通过 z 分数可以知道某一分数高于或低于平均分多少个标准差。因为希望所有的度量指标的值越大越好，所以时间相关的 z 分数都乘以 -1

Excel技巧

如何一步步计算 z 分数

任何原始数据（时间、百分比、点击率等）转换为 z 分数都包括以下步骤：

（1）在 Excel 单列中输入原始分数。在这个例子中，我们假定它们在第 1 行第 A 列，确认在这一列中没有其他类型的数据，比如平均值之类的。

（2）在第一行最右方的单元格输入公式：

= STANDARDIZE(A1, AVERAGE(A:A), STDEV(A:A))

（3）向下复制"标准分数"公式单元格，直到与原始分数行数相等。

（4）作为复查，复制公式行到平均值和标准差行。平均值应该为 0，标准差应该为 1（均在舍入误差范围内）。

表 9.7 的最后两行列出了每组 z 分数的平均值和标准差，它们的值总是分别为 0.0 和 1.0。在使用 z 分数时请注意，我们没有必要去推断任何分数可能的最大值和最小值。实质上，我们让每组分数定义自身的分布，并重新度量它们，所以这些分布的平均值为 0.0，标准差为 1.0。按照这种方法，当对它们的总体求平均值时，每个 z 分数都对平均 z 分数具有相等的贡献度。请注意，当对 z 分数求总体平均值时，每个度量都必须具有相同的方向。换句话说，值越高，表示越好。就任务时间数据而言，值的反向才是真值。因为 z 分数的平均值为 0，通过简单地将 z 分数乘以（-1），就能轻松地使其反向。

如果将表 9.7 中的 z 分数平均值与表 9.3 中的百分比平均值进行比较，会发现基于这两种平均值的参与者排序几乎是相同的：在两种方法中，前三名参与者（编号为 9、5 和 3）相同，后三名参与者（编号为 4、8 和 1）也是相同的。

使用 z 分数的一个缺点是，不能将 z 分数的总体平均值看成某种类型的总体可用性得分。因为根据定义，其总体平均值总是为 0。那么，什么时候需要使用 z 分数呢？当需要将一组数据与另一组数据进行比较时，这种方法是有用的，比如：某一产品不同版本的迭代可用性测试产生的数据，不同组别的参与者在相同的可用性测试单元中的数据，或者同一个测试中不同条件或设计上的数据。此外，也需要选择一个合适的样本量来使用这种 z 评分方法，一般至少有 10 名参与者。

以图 9.1 中的数据为例（来自 Chadwick-Dias、McNulty 和 Tullis'2003），它表示某原型两个迭代版本的绩效度量 z 分数。这一研究考察了年龄因素对网站使用绩效的影响。研究 1 是基线实验。基于研究 1 中对参与者的观测，特别是针对年长者遇到的问题，用户体验研究者对原型做出了修改，然后用一组新的参与者进行了研究 2。z 分数是任务时间与任务完成率以相同权重合并得到的。

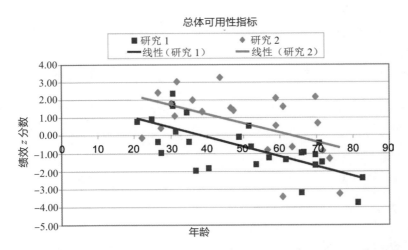

图 9.1　表示绩效 z 分数的数据［这些数据源于由不同年龄（范围较大）的参与者参与的某原型两次研究］。绩效 z 分数是任务时间和任务完成率以相等权重合并而得到的。研究 1 的原型和研究 2 的原型之间做过一些变化处理。研究 2 的绩效 z 分数显著好于研究 1，与参与者年龄无关。数据来源：引自 Chadwick-Dias 等（2003）；授权使用

需要提醒的重要一点是，z 分数转换使用了研究 1 和研究 2 的全集数据。然后在绘图时进行了适当的处理，以区分哪个 z 分数来自哪个研究。有一个重要的发现是研究 2 的绩效 z 分数显著高于研究 1，并且这一结果与年龄无关（两条线是彼此平行的）。如果分别独立地将研究 1 和研究 2 的数据转换为 z 分数，那么结果将是无意义的。因为通过这种转换，研究 1 和研究 2 的平均值都会被强制赋为 0。

9.1.4　使用单一用户体验度量

Jeff Sauro 和 Erika Kindlund（2005）开发了一个可以将多个用户体验度量合并为单一可用性分数的量化模型（另见 Sauro，2012）。他们关心的是任务完成情况、任务时间、每个任务的错误数和任务后的满意度评分（与第 5 章讲述的类似）。请注意，他们所有的分析都在任务层面，而前面章节所描述的分析是在"可用性测试"层面。在任务层面，对每名参与者而言，任务完成是一个典型的二分变量：每个人要么成功地完成了任务，要么没有。在可用性测试层面，任务完成（正如我们在前面章节所看到的）表示每名参与者完成了多少个任务，它可以表示成每名参与者的百分比。

Sauro 和 Kindlund 使用源于六西格玛（Six Sigma）（例如，Breyfogle，1999）方法体系中的技术把四个用户体验度量（任务完成、任务时间、错误数和任务评分）标准化并转换为单一用户体验度量（Single Usability Metric，SUM）。从概念上说，他们的方法与前面章节所描述的 z 分数、百分比转换的方法差别不大。另外，他们使用主成分分析的方法来判断这四个用户体验度量对单一度量的总体计算是否有显著贡献。结果发现四个用户体验度量都有显著贡献，事实上，每个度量的贡献是相等的。因此，他们决定在计算单一用户体验度量的得分时，四个用户体验度量（已标准化）的权重应该相等。

Jeff Sauro（2019c）在一项研究中提供了一个 Excel 表格用于计算单一用户体验度量分数。对测试中的每个任务和每名参与者，必须输入以下内容：

- 参与者是否成功地完成任务（0 或 1）。
- 参与者完成某个任务中所犯的错误数（也可以为每个任务设定具体的可能错误数）。
- 参与者的任务时间（单位为 s）。
- 任务完成之后的满意度评分，为三个任务评分（任务难度、满意度和知觉时间，均为 5 点标度）的均值（这与任务后问卷 ASQ 类似）。

在输入每个任务的数据后，电子表格会将这些分数标准化，并计算每个任务的单一用户体验度量分数。表 9.8 显示了每个任务的标准化数据。请注意，每个任务都计算了一个单一用户体验度量分数，用来进行任务间的总体比较。在这些样例数据中，参与者在"取消预订"任务中表现最好，在"查看用餐时间"任务上完成得最差。在这个例子中，计算得出的总体 SUM 分数为 68%。同时也计算了它的 90% 水平上的置信区间（53% 至 88%），即每个任务单一用户体验度量分数的置信区间的平均值。

表 9.8　单一可用性度量标准化数据

任务	单一用户体验度量						
	低 /%	中 /%	高 /%	任务完成 /%	满意度 /%	任务时间 /%	错误 /%
预订房间	62	75	97	81	74	68	76
查找旅馆	38	58	81	66	45	63	59
查看房间价格	49	66	89	74	53	63	74
取消预订	89	91	99	86	91	95	92
查看用餐时间	22	46	68	58	45	39	43
获得（指路）提示	56	70	93	81	62	66	71
总计	53	68	88				

输入每名参与者和每个任务的数据后，SUM 就能计算出标准化分数，包括总体单一用户体验度量分数及其置信区间。

　　这个在线工具同时还可以图示化可用性研究中的任务数据，包括单一用户体验度量得分。图 9.2 是一个图示单一用户体验度量得分的示例。

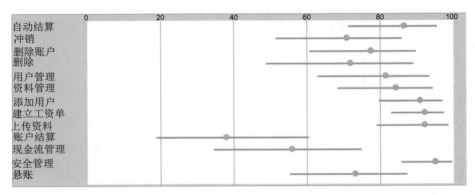

图 9.2　单一用户体验度量得分图示示例。用户体验度量所包括的任务都被列在了图形的左侧。对每一项任务，橘黄色的圆圈表示单一用户体验度量得分的平均值，而条形长度表示每个任务 90% 的置信区间。在这个例子中，很明显地可以看出"账户结算"和"现金流管理"是最有问题的任务

9.2　用户体验记分卡和用户体验框架

　　另外两种总结用户体验研究结果的技术是使用用户体验记分卡和构建用户体验框架。用户体验记分卡可以把研究结果展示在一个汇总的图表中，以图形呈现研究结果。用户体验框架则是以一种结构化的方式对研究结果进行总结和呈现。

9.2.1 用户体验记分卡

合并不同的度量以得到总体可用性得分的另一种备选方法是以图形的形式将度量结果呈现在一个汇总性的图表上。这种类型的图表常被称为用户体验记分卡。这种方法的目标是提供一种呈现测试数据的方法，能够轻松地看出其中的总体趋势和重要信息，比如，那些对用户来说非常有问题的任务。如果只有两个要呈现的度量，那么一个简单的 Excel 组合图是恰当的。例如，图 9.3 显示了某可用性测试中 10 个任务的任务完成率和任务评分。

图 9.3 10 个任务的条形图和线形图组合。条形图表示任务评分，标记在右侧坐标轴上。线形图表示任务完成率，标记在左侧坐标轴上

图 9.3 中的组合图给出了一些有趣的特征。它清晰地说明了哪些任务对参与者来说最有问题（任务 4 和任务 8），因为这两个任务在两个度量指标上的值都是最低的。还可以从图中清晰地看出在哪里出现了任务完成率和任务评分之间的不一致，例如，任务 9 和任务 10，它们只有中等程度的任务完成率，却得到了最高的任务评分（这个发现非常麻烦，因为它可能意味着有的用户并没有成功完成任务但却认为自己完成了）。最后，通过图表能够很容易地发现在这两个度量指标上都得到高分的任务，如任务 3、任务 5 和任务 6。

如何用Excel生成组合图表

下面是在 Excel 中操作步骤：

（1）在电子数据表中输入两列数据（比如，一列是任务完成率，另一列是任务评分）。为这两个变量生成柱状图。这个图看起来会比较奇怪，因为两个变量同时被表示在一个坐标轴上，相互重叠。

（2）选中两列数据中的一列，然后单击鼠标右键，在弹出的快捷菜单中选择"设置数据系列格式"，在出现的对话窗口中，选择"系列选项"。在"系列绘制在"区域中，选择"次坐标轴"。

（3）关闭对话框，图表看起来依然会很奇怪，因有两列数据重叠。

（4）选择左侧坐标轴的那一列数据，然后单击鼠标右键，选择"改变系列图表类型"。

（5）改变变量至线形图表后关闭对话框。

（是的，我们知道这种合成图表打破了我们对连续数据只能使用线形图表示的规则。但是必须打破这种规则，才能在 Excel 中使用它，而且规则本来就是用来打破的！）

如果只有两个度量指标需要呈现，这种类型的组合图是足够的。但是，如果有更多的度量要呈现呢？其中一种方法是使用雷达图（radar chart）来呈现三个或更多度量指标的总体数据。图 9.4 就是一个雷达图的例子，表示包含 5 个因素的测试综合性结果：任务完成率、页面访问、准确性（无错误）、满意度和有用性。在这个例子中，虽然任务完成率、准确性和有用性都相对较高（好），但是页面访问和满意度却相对较低（差）。

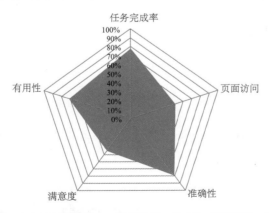

图 9.4　汇总一个可用性测试中的任务完成率、页面访问、准确性（无错误）、满意度、有用性的雷达图。每个得分都使用本章前面提到的方法转换为百分比

虽然雷达图对呈现高级层面的信息是有效的，但是它不太可能在其中呈现出任务层面的信息。图 9.4 中的例子显示的是不同任务数据的平均值。假如要呈现三个或更多度量的综合数据，并且要保持任务层面的信息，该如何做呢？其中一种方法是使用被称为哈维球的方法。这种方法因"消费者报告"而被广泛应用。例如，表 9.8 所示的数据，它呈现了一项可用性测试中 6 个任务的结果，包括任务完成率、任务时间、满意度和错误数。与之相对应，这些数据被总结在如图 9.5 所示的图表中。这种类型的对比图能够很快看清参与者在每个任务中的表现如何（体现在每一行上）或参与者在每个度量上的表现如何（体现在每一列上）。

任务	单一用户体验度量（分数）	任务完成率	满意度	任务时间	错误数
取消预订	91%	◕	●	●	●
预订房间	75%	◔	◑	◔	◑
获得提示	70%	◔	◑	◔	◑
查看房间价格	66%	◑	◔	◔	◑
查找旅馆	58%	◔	○	◔	○
查看用餐时间	46%	○	○	○	○

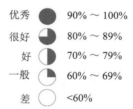

优秀	●	90% ~ 100%
很好	◔	80% ~ 89%
好	◑	70% ~ 79%
一般	◔	60% ~ 69%
差	○	<60%

图9.5　根据表 9.8 中的数据绘制出的对比任务。任务已经以其单一用户体验度量分数（由最高分开始）进行了排序。对 4 种标准分数（任务完成率、满意度、任务时间、错误数）的每个值用代表不同状态的编码元表示（即哈维球）。

哈维球

哈维球是一种小而圆的象形图，通常被应用在一个对比表中表示不同项目的取值：

哈维球以 Harvey Poppel 命名。Harvey Poppel 是 Booz Allen Hamilton 的一位咨询顾问，在 20 世纪 70 年代发明了哈维球，用于汇总描述长表格（long tables）中的数字型数据。哈维球包含 5 个图形，逐渐从一个空心圆变为实心圆。在通常情况下，空心圆表示最差值，而实心圆表示最佳值。请不要将 Harvey Balls 与 Harvey Ball 混淆，后者是笑脸表情符号 ☺ 的创造者！

BENTLEY的体验记分卡

在本特利大学用户体验中心，我们开发了一种新的方法来度量任意产品的整体用户体验。与我的同事 Heather Wright Karlson 一起，我们创造了一个体验计分卡，它在一些方面是独一无二的：

- 我们对用户体验采用一个非常广泛、全面的看法，包括可用性、设计／内容、品牌和情感。

- 不是让所有参与者都执行同一组任务，而是请参与者从有限的任务列表中选择与他们最相关的任务。

- 参与者指出他们在体验中最看重的四个属性（可用性、设计／内容、品牌和情感）中的哪一个，然后每个人的分数都被加权。

与许多用户体验记分卡类似，这种方法也有一个总的数值或得分表示用户体验。在一个案例研究中，宜家网站的总分是 87.0 分，而塔吉特网站的总分是 79.9 分。这其中可用性的贡献最大，情感的贡献最小。

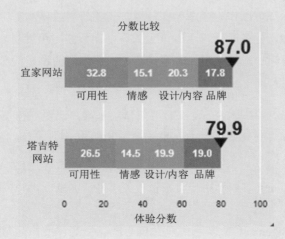

　　对于这四个体验元素的任一元素，可以绘制其重要性（由平均权重反映）和体验均值，这样对设计优先程度就可以有一个了解。在下图中，情感维度属于中等优先级。虽然其平均权重或重要性不是很高（20左右），但其平均体验评分较低（低于4.0）。因此，应该给予该情感维度（挫折、压力、信心和信任）更多的关注。

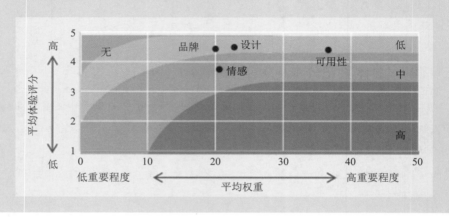

9.2.2　用户体验框架

　　用户体验框架是一种思考、总结和展示研究中的几种不同用户体验度量结果的方法。尽管术语可能是新的，但这类框架并不是特别新。也许用户体验独立指标的经典框架是ISO 9241-1对可用性的官方定义："特定的用户在特定的场景中使用特定的产品时，产品在有效性、效率和满意度方面达成特定目标的程度"（国际标准组织 [ISO]，2018）。这个定义提供了一个简单的框架，包含用户体验度量的三种类型：有效性、效率和满意度。每个类型的度量指标都可以作为考虑和比较用户体验研究结果的框架。例如，任务完成率可用于度量有效性，任务时间可用于度量效率，而系统可用性量表（SUS）评分则可用于度量满意度。持续一致地使用这些度量，可以在不同的设计或迭代之间进行有意义的比较。同时，这也有助于与利益相关者进行更清晰的沟通。

　　一个主要为 Web 应用程序而设计的用户体验框架，已经获得了一些关注，这框架是谷歌"HEART"框架（Rodden，Hutchinson & Fu，2010）。该框架包括下述五种类型的度量指标。

- 幸福感（Happiness）：表示用户自我报告的态度或满意度，通常用标准化的调查（问卷）来测查。
- 参与感（Engagement）：表示用户独自与产品交互程度，通常通过在给定时间段内使用的规律性或互动水平来测查。

- 采用率（Adoption）：反映的是在特定时间范围内新用户数量增加的情况，这能表明产品在吸引新业务方面有多成功。
- 留存率（Retention）：度量的是产品在特定时间段内留住现有用户的程度。
- 任务完成率（Task completion）：度量的是用户使用产品完成任务的程度。这包括我们讨论过的任何一种绩效度量指标（如任务成功、时间、错误）。

作者指出，并不是所有的项目都会使用所有这些度量。他们举了一个参与感可能与企业应用程序无关的例子，这是因为用户实际上没有是否使用这些应用程序的选择（权限）。他们还阐述了如何基于商业目标确定度量的过程。这个过程包括首先确定产品或功能的目标，然后确定可以表明成功的信号，最后建立具体的度量指标来跟踪。他们发现 HEART 度量框架可以帮助产品团队做出更好的决策，这些决策无论是数据驱动的，还是以用户为中心的。

9.3　分别与目标绩效和专家绩效比较

前面章节集中介绍了在没有外部标准参照情况下总结用户体验数据的方法，但是在一些情况下，可能有一个外在标准可用于比较的参照点。两个主流的外部标准是目标绩效和专家（或最优）绩效。

9.3.1　与目标绩效比较

也许评价调研结果的最好方法是将其与测试前已确定的目标进行比较，这些目标可以设定在任务层面或总体层面上。我们可以对所讨论的任何度量设定目标，包括任务完成率、任务时间、错误数、自我报告度量。下面是一些具体的任务目标示例：

- 至少 90% 的典型用户能够成功地预订到合适的旅馆房间。
- 在线启用一个账户所用的平均时间不会超过 8 分钟。
- 至少 95% 的新用户在选择产品后的 5 分钟内能够成功购买他们选定的产品。

类似地，总体目标可以包括如下内容：

- 用户能够成功地完成至少 90% 的任务。
- 用户完成每个任务所花的时间平均不到三分钟。
- 用户对该应用的系统可用性量表平均评分至少为 80%。

通常，可用性目标涉及任务完成、时间、准确性和 / 或满意度。关键问题是目标必须是可测量的。需要确定给定条件下的数据是否支持目标的达成。例如，表 9.9 中的样例数据。

表 9.9　样例数据说明了 8 个任务的页面目标访问量与页面实际访问量

任务	页面目标访问量	页面实际访问量
任务 1	5	7.9
任务 2	8	9.3
任务 3	3	7.3
任务 4	10	11.5
任务 5	4	7
任务 6	6	6.9
任务 7	9	9.8
任务 8	7	10.2

表 9.9 表示在某个网站测试中 8 个任务的数据。对每个任务而言，页面目标访问量都是事先确定的（4 ~ 10）。图 9.6 生动形象地展示了每个任务的页面访问量的目标值与实际值。

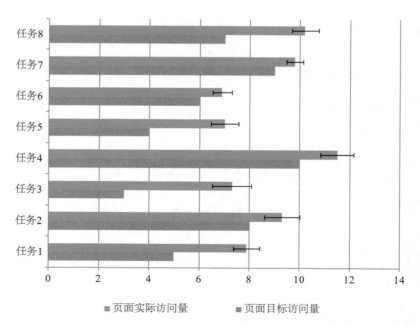

图 9.6　8 个任务中每个任务的页面目标访问量与页面实际访问量的对比。误差线表示每个页面实际访问量的 90% 的置信区间

这个图非常有用，因为它可以直接比较每一项任务的实际访问量，以及与目标值相关的置信程度。事实上，所有任务的实际访问量都明显多于目标值。只是对不同任务的绩效之间的对比关系表示不太清楚，换句话说，就是不太容易看出哪些任务的绩效更好，哪些更差。为了使这种对比更容易，图 9.7 展示了每个任务的目标访问量与实际访问量之比。这个可以被视为"页面访问效率"的指标：值越接近 100%，访问者的效率越高。这让我们更容易找到那些不容易完成的任务（如任务 3），以及那些容易完成的任务（如任务 7）。这种方法可以用于表示那些在完成任务过程中遇到问题（如时间、错误数、系统可用性量表评分）的参与者比例，既可以计算不同任务的，也可以计算整体的。

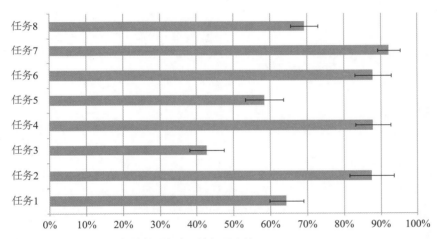

图 9.7 8 个任务中每个任务目标访问量与实际访问量之比

9.3.2 与专家绩效比较

将可用性测试结果与预定目标进行比较的另一种方法是将结果与一个"专家级"的绩效进行比较。确定专家绩效水平的最好方法是让一个或者多个假定的"专家"实际操作任务，度量的内容要与调研中度量的内容一致。显然，"专家"需要是真正的专家，即具有相关领域专业知识或技能的人，对任务和被测产品、仪器或网站都非常熟悉。如果能够将一个以上专家的绩效进行平均，那么数据会更好。某些任务本身就比较困难或耗时长，即便对专家而言也是如此，将调研结果与专家结果进行比较能够弥补这一不足。当然，最终还是要看参与者在测试中的绩效与专家绩效的实际接近程度。

在理论上，虽然用户体验研究者能够将任何绩效度量与专家绩效进行比较，但是最常见的是将之应用于时间数据的分析。对任务完成数据，通常的假设是一个真正的专家能够成功地完成所有的任务。类似地，对错误数据，也会假设专家不会犯任何错误。但是，即使专家也需要一定时间去完成这些任务。例如，请看表 9.10 中的任务时间数据，该表表示每个任务的平均实际完成时间、每个任务的专家时间及专家时间与实际时间的比率。

表 9.10　一个可用性测试中 10 个任务的样例时间数据，包括每个任务的平均实际完成时间（单位是 s）、每个任务的专家时间和专家时间与实际时间之比

任务序号	实际时间 /s	专家时间 /s	专家时间 / 实际时间 /%
1	124	85	69
2	101	50	50
3	89	70	79
4	184	97	53
5	64	40	63
6	215	140	65
7	70	47	67
8	143	92	64
9	108	98	91
10	92	60	65

用图形形式呈现专家时间与实际时间的比率后（见图 9.8），我们能够较容易地看出：与专家数据相比较，测试参与者在哪些任务上的绩效较好（任务 3 和任务 9），在哪些任务上的绩效较差（任务 2 和任务 4）。

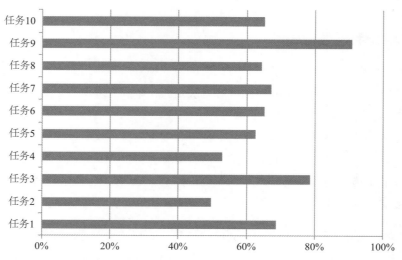

图 9.8　表 9.10 中专家时间与实际时间的之比

9.4 总结

本章的一些关键要点如下。

1. 合并不同的用户体验度量的一个简单方法是确定达成综合目标的参与者百分比。这种方法能表示在产品形成了好体验的参与者的百分比（基于预定目标）。这种方法不仅可用于任何度量组合，而且容易被利益相关者理解。

2. 将不同度量合并为一个总体"用户体验分数"的另一种方法是将每个度量转换为百分比，然后将这些百分比平均。这种方法要求为每个度量确定一个合适的最小评分值和最大评分值。

3. 合并不同度量的另一种方法是将每个度量转换为 z 分数，然后计算这些 z 分数的平均值。使用 z 分数进行合并时，每个度量的权重变得相等。但是，z 分数的总体平均值为 0。关键在于比较数据的不同子类，如源于不同的迭代版本、不同组别或不同条件的数据。

4. 单一用户体验度量技术是合并不同度量的另一种方法，特别是对任务完成、任务时间、错误数和任务层面满意度评分的合并。这种方法需要输入在这 4 个度量上的每个任务和每名参与者的数据。该计算可以为单个任务和所有的任务都计算出一个单一用户体验度量分数（表示为百分比），包含置信区间。

5. 不同类型的图形和表格在使用用户体验记分卡对测试的结果进行总结时都是非常有效的。线形图和条形图的组合图可以有效地汇总测试任务中使用两个度量方法时所获得的结果。雷达图在概括三个或更多度量的总体结果时很有效。通过用哈维球绘制对比图来表示各种度量的不同水平，能够有效地总结不同的任务在三个或多个度量的结果。用户体验框架（例如，谷歌的 HEART 框架）也可以是一种持续稳定地用于评估、呈现和比较设计或迭代的有用方法。

6. 判断用户体验工作成功与否的最好方法或许是将调研结果与一系列预先定义好的目标进行比较。在通常情况下，这些目标包括任务完成、任务时间、准确性和满意度。汇总达成既定目标的参与者百分比是一种非常有效的总结方法。

7. 把结果与预定目标进行比较的另一种合理方法是将实际绩效结果与专家绩效结果进行比较。该方法尤其适用于任务时间数据。实际绩效与专家绩效越接近，结果就越好。

第10章
专题

本章会介绍一些与用户体验度量数据分析相关的专题。这些数据在传统观点看来并不能算是"主流"的用户体验数据,包括:从网站分析中收集的信息;来自卡片分类研究、树形测试研究和"首次点击"研究中的数据;与网站可访问性有关的数据;用户体验的投资收益率数据。这些专题放在其他章节中都不太合适,但我们相信它们也是完整的用户体验度量工具箱的一个重要组成部分。

10.1 网站分析

如果用户体验研究者正在负责度量一个实时动态网站(live website),就有可能获得一堆犹如珍宝般的数据,这些数据会告诉你,网站访客在这个网站上都做了些什么:他们访问了哪些页面、点击了哪些链接,以及以何种路径浏览网站。用户体验研究者所面临的挑战通常并不是如何获取而是如何解释这些原始数据。实验室测试中会有几十名参与者,线上测试中可能会有 100 名参与者,与这些测试不同的是,在线网站实时生成的数据有可能来自上千甚至几十万名用户。

有些专著会使用全部篇幅来专门讲述网站度量和网站分析的主题(例如,Clifton,2012;Kaushik;2009;Beasley,2013),甚至还有一本专门针对这个主题的《达人迷》(*For Dummies*)图书(Sostre 和 LeClaire,2007)。很明显,在本书中,我们无法只用一章就对该专题给予全面的阐述。我们要做的是向读者介绍一些能从动态网络实时数据中获取的信息，尤其是对网站用户体验有启示的信息。

10.1.1　基本的网站分析

有些网站每天的访问用户量非常大。但无论有多少人访问（假设有人访问），都能从他们在网站上的行为中获得一些信息。下面是网站分析中一些常用术语的解释。

- 访客：访问网站的人。通常情况下，在一次报告周期中一个访客只会被统计一次。有些分析报告会用"单一访客"这个术语来说明他们不会将同一个人统计为多次。有些分析报告会用"新访客"来将第一次访问网站的用户与之前曾经访问过网站的用户区分开来。

- 访问：与网站的单次接触，有时也称为"会话"。在一次报告周期中单个访客可以多次访问网站。

- 页面浏览：网站单个页面被浏览的次数。如果一个访客重新加载了一个页面，那么一般会被计为一次新的页面浏览。同样，如果一个访客通过导航浏览了网站上的其他页面，那么也会被计为一次新的页面浏览。通过页面浏览数据可以了解网站上的哪些页面最受欢迎。

- 登录页面或进入页面：访客访问网站时浏览的第一页，通常是首页，但也可能是通过搜索引擎或书签而发现的低层级的页面。

- 退出页：访客浏览网站时最后停留的页面。

- 跳出率：访客只浏览了网站的一个页面就离开网站的访问比例。这个指标可以说明网站缺少忠诚度，也可能说明访客只看了一个页面，就找到了自己想找的内容。

- 退出率（一个页面）：从某一个页面上离开网站的访客比例。退出率是一个针对单独页面的度量指标，经常会与跳出率混淆。跳出率是针对整个网站的度量指标。

- 转化率：从随机访客到开始在网站上进行操作的访客比例，比如购买、注册索取简报或开新账户。

有很多现成的获取网站分析数据的工具。多数的网站托管服务中，都会提供基本的分析服务，还有一些免费的网站分析服务。最受欢迎的免费分析服务可能就是 Google Analytics，图 10.1 是 Google Analytics 的一个截屏示例。

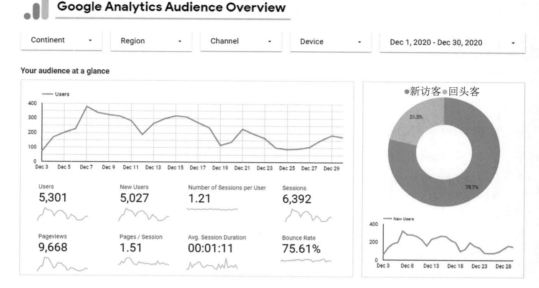

图 10.1　Google Analytics 的截屏，显示了网站访客的相关统计数据

　　图 10.1 和图 10.2 所示的是网站在一段时期内的数据指标表现，比如访问情况、平均访问时长和页面浏览情况的线性趋势图。这些有关访问和页面浏览情况的图形展示了一些网站中存在的典型模式，即周末和平时的访客量、访问次数和页面浏览量会存在一定的差异，还可以从中获得网站访客的一些基本信息，比如新访客和回头客的比例，如图 10.1 图例右侧的环形图所示。

　　只看网站上不同页面的浏览量就能获得很多启发，尤其是网站在一定时期内或不同设计迭代的变化。例如，假定网站上产品 A 页面在某个月的每天平均访问量是 100。后来改变了网站的主页，包括链接到产品 A 页面的描述。接下来的一个月的统计分析发现，产品 A 页面每天平均访问量变为 150。表面上看可以很确定的是，对主页的修改显著地提升了产品 A 页面访问量。但需要注意的是，会有其他因素并没有导致访问量的增长。例如，在金融服务领域，有些页面的访问量存在着季节性的差异。比如个人退休金账户（Individual Retirement Account，IRA）存款页面的访问量会在接近 4 月 15 日时增加，因为在美国，这一天是向前一年个人退休账户存款的最后期限。

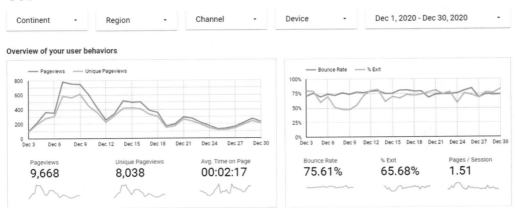

图 10.2　Google Analytics 的截屏，显示了访客在网站中的行为的相关统计数据

　　也有可能是一些事件导致网站作为一个整体开始获得更多的访客，这当然是一件好事。例如，在图 10.1 中，会看到 12 月初访客数量的一个小波动。这与一个小型营销活动相一致，突出了网站上的新内容的作用。但这也可能是由于与内容无关的因素，例如与网站主题相关的新闻事件。这也带来了"爬虫（search bots）"对网站统计数据产生影响的问题。搜索机器人或者"爬虫"是大多数主要搜索引擎使用的自动化程序，通过跟踪链接或索引页面来"爬行"网络。一旦网站深受欢迎，并被大多数主要的搜索引擎"发现"后，就会面临一个挑战，即如何过滤掉搜索引擎带来的访问量。大多数的搜索引擎（比如 Google）在做网页访问请求时都会首先识别自身带来的访问量，然后把相关的数据过滤掉。

　　应当采用何种分析方法来判断对某些页面的浏览情况是否明显异于对另一些页面的浏览情况？下面来看一下表 10.1 中的数据，这些数据是在两周内对某一个页面每天浏览量的统计。在首页上对导向这个问题页面的链接做了调整，第一周和第二周分别是新首页发布前后的该页面浏览量。

表 10.1 一个页面在两个星期内的页面访问量

	第一周	第二周
星期日	237	282
星期一	576	623
星期二	490	598
星期三	523	612
星期四	562	630
星期五	502	580
星期六	290	311
平均值	454	519

第一周是新主页发布之前，第二周是新主页发布之后。在新主页上对导向这个页面的链接使用了不同的文字

这类数据可以通过配对 t 检验来分析第二周的平均访问量（平均浏览量为 519）与第一周的平均访问量（平均浏览量为 454）相比是否存在显著差异。考虑到每周中不同日期之间存在的差异，采用配对 t 检验就非常重要，这样就可以通过将每周中的某天与前一周中的同一天做比较，以去除不同工作日之间的变异带来的影响。在本例中，配对 t 检验表明两周的浏览量之间存在显著统计差异（$p < 0.01$）。如果没有做配对样本的 t 检验，而是做了两个独立样本的 t 检验，统计差异（$p = 0.41$）就不显著。（在 Excel 中做配对样本 t 检验的详细说明请见第 2 章。）

10.1.2 点击率

点击率可以用来度量不同链接或按钮呈现方式的有效性。点击率表示的是：一个带有特定链接或按钮的页面中，访客点击了这个链接或按钮的用户比例。如果一个链接投放了 100 次而点击次数为 1，那么这个链接的点击率就是 1%。这个指标通常被用来度量网站广告的效果，但它同样也适用于度量任何链接、按钮或可点击的图片（见图 10.3）。

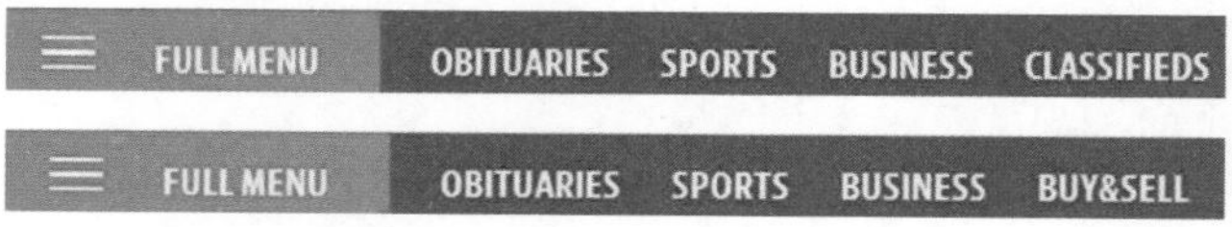

图 10.3 在产品页面上测试的两个选项卡（导航）设计示例

在确定一个链接的点击率是否显著不同于另一个链接的点击率时应当采用哪种分析方法？其中一种方法就是卡方检验（χ^2 检验）。卡方检验的结果可以帮用户体验研究者

确定实际的观测频率与期望频率之间是否存在显著的差异（更多细节参阅第 2 章）。例如，表 10.2 中的数据是两个不同链接的点击率。链接 1 的点击率是 1.4% [145 /(145 + 10289)]。链接 2 的点击率是 1.7% [198 /(198 + 11170)]。那么这两个链接的点击率之间是否存在显著统计差异？虽然链接 2 的点击率要高一些，但它的呈现次数也高。在做卡方检验时，首先需要整理一个期望频率的表格，表示链接 1 与链接 2 的点击率没有统计差异时的数据。这就需要像表 10.3 那样将原始表中的行和列的数据求和。

表 10.2　不同链接的点击率：每个链接被点击的次数和每个链接呈现后未被点击的次数

	点击	未点击
链接 1	145	10289
链接 2	198	11170

表 10.3　在表 10.2 基础上计算每行与每列的数据之和

测试对象	点击	未点击	总数
链接 1	145	10289	10434
链接 2	198	11170	11368
总数	343	21459	21802

这些数据可用于计算在点击率不存在统计差异时的期望频率

通过将每对行列数据相乘再除以总数，就会得到如表 10.4 所示的期望值。比如，"链接 1"的"点击"期望值（164.2）就是链接 1 所在行的和与所在列的和相乘，再除以总数，即 (343 ×10434)/ 21802 得到的。然后就可以用 Excel 中的"CHITEST"函数来对表 10.2 中的实际观测频率与表 10.4 中的期望频率进行比较，得出的值是 $p= 0.04$，说明链接 1 与链接 2 的点击率之间存在显著统计差异。

表 10.4　链接 1 和链接 2 的点击率之间不存在统计差异时的期望频率，依据表 10.3 中的求和数据

期望频率	点击	未点击
链接 1	164.2	10269.8
链接 2	178.8	11189.2

在进行卡方检验时请记住两个要点。首先，卡方检验的对象必须是原始的频率或计数数据，而不是百分比。通常，会用百分比来说明点击率，但在进行显著统计差异检验时，不能用百分比。其次，表中的类别相互之间没有重合，而且要包括所有的类别。这就是为什么在前面的例子中对每个链接都使用了"点击"和"未点击"来表示观测数据的类别。

这两个类别互斥，并且涵盖了与这个链接相关的所有可能的行为：用户或者点击，或者未点击。

10.1.3 弃用率

在查看站点上是否有可用性问题时，弃用率（drop-off rates）尤为有用。弃用率最适合用于观察用户在由一系列网页构成的操作流程中中途退出或放弃的位置，如开通一个新账户或完成一次购物流程。假设用户要注册某个新账户，必须在 5 个页面上填写相关信息。表 10.5 列出了开始注册并分别完成注册流程中的 5 个页面的用户百分比数据。

表 10.5　在由多个页面构成的一系列操作流程中，从第一页开始操作的用户数量和成功完成每一页操作步骤的用户的百分比

页面 1	89%
页面 2	80%
页面 3	73%
页面 4	52%
页面 5	49%

在这个例子中，所有的百分比都是与一开始填写信息的用户（也就是访问了页面 1 的用户）数量相比而得出来的。因此，可以说所有到达页面 1 的用户中有 89% 成功地完成了该页上的信息填写，80% 的用户完成了页面 2 的信息填写，以此类推，那么在表 10.5 中，用户在填写 5 个页面时哪一个页面上遇到的困难看起来最大？这关键是要看有多少用户从该页面中退出来。换句话说，需要计算在进入该页面的用户中有多少人完成了相关的操作。表 10.6 列出了每个页面上的"弃用率"。

表 10.6　表 10.5 所显示的每个页面的弃用率：到达页面与成功完成页面操作的百分比之差

页面 1	11%
页面 2	9%
页面 3	7%
页面 4	21%
页面 5	3%

很显然，页面 4 的弃用率是最大的，为 21%。如果要重新设计这一多页面的操作流程，就需要清楚了解是什么导致页面 4 的弃用率如此之高，然后在新的设计方案中解决这一问题。

10.1.4 A/B 测试

A/B 测试是一种特别的网站分析方法。在 A/B 测试中，可以控制用户看到的页面。针对网站的传统 A/B 测试，通常会为一个页面或页面上的元素提供两种备选设计方案。一部分网站的访客会看到"A"版本，另一部分网站访客会看到"B"版本。在很多情况下，这种分配是随机的，因此，浏览每种版本的访客人数基本一致。在某些情况下，多数的访客会浏览现有的网页，而少数的访客则会浏览正在测试的实验版本。虽然这类研究通常被称为 A/B 测试，但同样的理念也适用于针对某一个网页的不同备选设计方案的测试。

什么是好的A/B测试

一个好的 A/B 测试需要认真地做准备工作。下面就是一些需要记住的小技巧。

- 确保采用随机分配的方式将访客分成"A"和"B"两组。如果有人提出在早晨让所有的访客访问"A"版本，而在下午访问"B"版本就足够了，千万别相信。因为早上访问页面的用户和晚上访问页面的用户本身就会存在一些差异。

- 测试一些小的变化，尤其是一开始的时候。测试两个完全不同的版本或许会很有诱惑力，但通过测试一些小的改进点，会收获更多。如果两个版本之间完全不同，而测试的结果显示一个版本显著好于另一个版本，那么我们还是不知道为什么一个版本比另一个版本好。假如两个版本间唯一的差别就是按钮上引导用户操作的文字话术，那么我们就知道引起 A/B 测试结果差别的唯一原因就是文字话术。

- 显著性检验：或许看起来一个版本胜过另一个版本，但还需要做统计检验（比如卡方检验）来确定。

- 快捷：如果确信一个版本确实比另一个版本好，那么就"推销"这个胜出的版本（比如，让所有访客都使用这个版本），并继续做另一个 A/B 测试。

- 相信数据而不是 HIPPO（酬劳最高的人的观点）：A/B 测试的结果有时会令人吃惊和违背常理。在一个由多专业背景的人组成的团队中，用户体验研究者的一个重要作用就是尊重这些让人吃惊的发现，并用一些其他技术（比如调查、实验室测试或在线测试）来更好地让人理解这些发现。

在技术层面上，可以通过多种方式来将某一页面的访客导向任意一个备选页面，这些方法包括随机数字的生成、按某个准确时刻分配（比如，从午夜开始的奇偶秒数）或者其他的一些技术。通常情况下都会使用一个 Cookie 来标识访客访问的版本，这样访客在一定时间内再回到这个站点时，访问的将是同样的版本。切记的是，对不同备选方案的测试要在同一时间进行，这是因为在不同的时间测试，其结果就会受到我们前面提到的外部因素的影响。

严格设计的 A/B 测试可以帮助用户体验研究者深入地了解在设计网站时什么是可行的，什么是不可行的。许多公司（包括亚马逊、易贝、谷歌、微软、脸书等）都在不断地在他们的网站上做 A/B 测试，尽管多数用户都没有意识到（Kohavi，Deng，Frasca，Longbotham，Walker & Xu，2012；Kohavi，Crook & Longbotham，2009；Tang，Agarwal，O'Brien，Meyer，2010）。事实上，如 Kohavi 和 Round（2004）所说，在亚马逊 A/B 测试一直持续不断地进行着，通过 A/B 测试的方法来做实验是亚马逊网站改进的一个主要方式。

> ### 对导航菜单进行的A/B测试
>
> 来自 GuessTheTest 的 Deborah O'malley 非常友好地分享了一个来自 McClatchy 公司（麦克拉奇报业集团）的 A/B 测试案例。在美国拥有多种报纸的 McClatchy，想了解报纸顶层导航的变化如何影响用户行为。首先，McClatchy 进行了一个小样本的定性研究，发现当他们把 "Classifieds" 改为 "Buy & Sell" 时，导航功能得到了改善。
>
> 然而，管理层并不相信，他们希望利用更大的样本量进行 A/B 测试。基于超过 40 万名的访客，"Classifieds" 链接的表现比 "Buy & Sell" 链接高出 75% 以上（在 99% 的置信区间上）。他们推测，McClatchy 的核心受众更熟悉传统的 "Classifieds"，而不是 "Buy & Sell"。

10.2　卡片分类

卡片分类（card-sorting）至少在 20 世纪 80 年代早期就出现了，是一种把信息系统中的元素组织得让用户容易理解的技术。比如 Tullis（1985）就用这种技术来架构操作系统中的主菜单。最近，这项技术更是深受欢迎，被用于确定网站的信息架构（例如，Maurer & Warfel，2004；Spencer，2009；Nawaz，2012）。在过去的几年里，这项技术又从使用真实的物理卡片进行分类发展成使用虚拟卡片进行在线卡片分类。虽然很多用户体验专业人士都很熟悉卡片分类的基本技术，但很少有人知道在分析卡片分类的数据时可以采用的多种不同度量方法。

总体来讲，有两种主要的卡片分类方法：（1）开放式卡片分类，在这种卡片分类方法中，用户体验研究者给参与者提供要分类的卡片，由参与者自己定义这些卡片所属的组别。（2）封闭式卡片分类，用户体验研究者给参与者提供要分类的卡片和要分成的组的名称。虽然有些度量方法均适用这两种分类方法，但另一些度量方法则只能使用其中一种分类方式。

卡片分类的工具

有很多工具都可用于做卡片分类练习。有些是桌面应用程序，有些则是基于Web 的。多数这类工具都包括基本的分析能力（比如层次聚类分析）。下面列出了我们比较熟悉的一些工具：

- OptimalSort（基于Web）。

- UsabiliTest Card-sorting（基于 Web）。

- UserZoom Card-sorting（基于 Web）。

- UzCardSort（Mozilla 的拓展版本）。

- XSort（Mac OS X 的一款应用程序）。

当卡片的量不多时，用户体验研究者也可以用 PowerPoint（即便它不是专门的卡片分类工具）或者类似的程序来进行卡片分类。比如，新建一个幻灯片文件，在其中放上用户体验研究者希望参与者分类的卡片和一些空的方框，然后把这张幻灯片通过 E-mail 发给研究参与者，让他们把这些卡片放到这些空框中，并对其进行命名。然后他们再把结果通过 E-mail 发回即可。当然，在这种情况下，你就要自己来分析这些数据。

10.2.1　开放式卡片分类数据的分析

分析开放式卡片分类数据的一种方法是将研究中所有卡片两两之间的"感知距离"（也叫作相异矩阵）组成一个矩阵。比如，假设在一项卡片分类研究中有 10 种水果：苹果、橘子、草莓、香蕉、桃子、李子、西红柿、梨、葡萄和樱桃。假定其中的一位参与者对这些水果做了如下分组：

- "大且圆的水果"：苹果、橘子、桃、西红柿。
- "小水果"：草莓、葡萄、樱桃、李子。
- "长得很逗的水果"：香蕉、梨。

接下来可以依据下面的规则，将每一名参与者对这 10 种水果所做的两两之间的"感知距离"组成一个矩阵：

- 如果参与者将某一对水果放在同一组中，那么它们之间的距离就是 0。
- 如果参与者将某一对水果放在不同的组中，那么它们之间的距离就是 1。

依据这种规则，前面那名参与者所完成的卡片分类的结果就可以做成表 10.7 所示的矩阵形式。

表 10.7　水果卡片分类例子中一名参与者的感知距离矩阵数据

	苹果	橘子	草莓	香蕉	桃	李子	西红柿	梨	葡萄	樱桃
苹果	—	0	1	1	0	1	0	1	1	1
橘子		—	1	1	0	1	0	1	1	1
草莓			—	1	1	0	1	1	0	0
香蕉				—	1	1	1	0	1	1
桃					—	1	0	1	1	1
李子						—	1	1	0	0
西红柿							—	1	1	1
梨								—	1	1
葡萄									—	0
樱桃										—

为简单起见，我们只把矩阵的上半部分画出来，但下半部分与上半部分是一模一样的。因为我们没有定义每个卡片与自己的距离，因此对角线是没有实际意义的（为了分析需要，也可以假设其为 0）。所以对每一名参与者而言，矩阵中的距离只能是 0 或者是 1。接下来的关键一步就是将所有参与者的矩阵整合在一起。假设一共有 20 名参与者参与了对水果的卡片分类，就可以总结出这 20 名参与者的总体矩阵。就所创建的这个总体的距离矩阵而言，其中的数值在理论上会在 0（如果所有的参与者把两种水果放在同

一个组中)到20(如果所有的参与者都没有把两种水果放在同一个组中)之间。数值越高,距离就越大。表10.8给出了一个总体距离矩阵结果的示例。在这个例子中,只有两名参与者把橘子和桃放在不同的组中,而所有20名参与者都把香蕉和西红柿放在了不同的组中。

表10.8 20名参与者对水果进行卡片分类后的总体距离矩阵

	苹果	橘子	草莓	香蕉	桃	李子	西红柿	梨	葡萄	樱桃
苹果	—	5	11	16	4	10	12	8	11	10
橘子		—	17	14	2	12	15	11	12	14
草莓			—	17	16	8	18	15	4	8
香蕉				—	17	15	20	11	14	16
桃					—	9	11	6	15	13
李子						—	12	10	9	7
西红柿							—	16	18	14
梨								—	12	14
葡萄									—	3
樱桃										—

用于卡片分类分析的电子数据表

Donna Spencer(2009)开发了一种基于Excel表来对卡片分类数据进行分析的方法。这里讲的方法更侧重于统计分析,与此不同的是,她采用了一种完全不同的方法来分析卡片分类数据,包括帮助分析人员将相似的卡片进行分组,从而将这些组标准化。

除此之外,Mike Rice还开发了一种电子数据表可以将卡片分类的数据制作成一个共生矩阵。通过这类分析可以知道任意两个卡片被分在同一组中的频率有多高。他的电子数据分析表与Donna Maurer用于做分析的数据表是一样的。

在分析总体矩阵时,可以使用任何研究距离(或相似性)矩阵的标准统计方法。我们发现两种方法很有用:一种是层级聚类分析(hierarchical cluster analysis)(例如,Aldenderfer & Blashfield,1984),另一种是多维标度法(multidimensional scaling)或者

MDS（例如，Kruskal & Wish，2006）。这两种方法在很多商业统计软件分析包中都能找到，包括 SAS、IBM SPSS、NCSS，以及 Excel 的一些附加包（例如，Unistat、XLStat）。

层级聚类分析

层级聚类分析的目的是建立一个树形图，研究参与者认为最相似的卡片会被放在相近的枝节上（Macias，2021）。比如，图 10.4 就是对表 10.8 中的数据进行层级卡片聚类分析后获得的结果。解释层级卡片聚类结果的关键是要看树形图中任何一对卡片"结合在一起"的点在哪里。先结合在一起的卡片要比后结合在一起的卡片的相似度更高。比如，表 10.8 中距离最小（最短）的一对水果（桃和橘子，距离为 2）在树形图中最先结合在了一起。

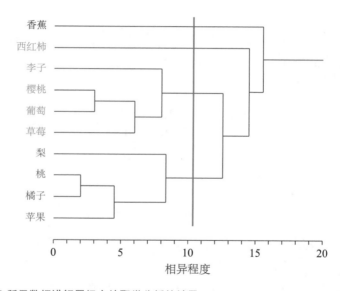

图 10.4　对表 10.8 所示数据进行层级卡片聚类分析的结果

在聚类分析中可采用不同的算法来确定"连接"生成的方法。多数支持层级聚类分析的商业软件都会让用户选择使用哪种方法来进行分析。我们认为最行之有效的一种连接方法是组平均法（group average）。但读者可以尝试一下采用其他连接方法会出现什么样的结果，并没有绝对的规则证明一种连接方法比另一种连接方法好。

在分析卡片分类的数据时，层级聚类分析之所以如此有用，是因为从层级聚类的结果中可以直接看到自己应当如何组织网站中的卡片（页面）。一种方法是对树形图进行垂直"切分"，然后就知道创建几个组。比如，图10.4中切出4个组：垂直线与四条水平线交叉在一起，形成了4个用颜色来编码的组。在做这种"切分"时应当如何确定组别的数量？这同样没有固定的规则，但我们喜欢用的一种方法是计算卡片分类研究中用户创建的组数的平均值，然后用这个平均值来估计大概需要创建几个组。

在对树形图做切分并据此确定相应的类别后，下一步就是确定如何将这些类别与原始的卡片分类数据进行比较，从本质上讲，就是为分类结果提供一个"拟合度"（goodness of fit）的指标。一种方法就是：将创建类别中的各对卡片的分类情况与卡片分类研究中每名参与者对各对卡片的分类情况做比较，然后确定这些卡片对有多少比例是一致的。以表10.7中的数据为例，45对卡片中只有7对与图10.4中的分类结果不一致。这7对不匹配的卡片对是：苹果－西红柿、苹果－梨、橘子－西红柿、橘子－梨、香蕉－梨、桃－西红柿和桃－梨。这就说明有38对或者84%（38/45）是匹配的。对所有参与者的匹配比率求平均值，可以知道所创建的分类与原始数据相比其拟合度是多少。

多维标度法

对卡片分类数据进行分析和视觉化的另一种方式就是使用多维标度（Multidimensional Scaling, MDS）。或许理解多维标度分析的最佳方式就是类比。假设有一张标有美国所有主要城市之间里程数的表格，但却没有一张有关它们具体位置的地图。多维标度法可以通过这张里程表绘制出一张近似地图，这张地图上会标明这些城市相互之间的相对位置。从本质上讲，多维标度法在竭力画出一张地图，在这张地图上所有配对项目之间的距离尽可能地接近原始距离矩阵中的距离。

多维标度法所需的输入与层级聚类分析所需的输入一样，都是一个如表10.8所示的距离矩阵。对表10.8中的数据进行多维标度法分析后的结果如图10.5所示。多维标度分析结果中最明显的一点首先就是西红柿和香蕉游离于其他所有的水果之外。这与层级聚类分析的结果是一致的，这两种水果到最后才和其他水果聚合到一起。事实上，在层级聚类分析中，我们所做的4类"切分"（见图10.4）也是将这两种水果本身作为一类来切分的。多维标度分析中另一点很明显的是草莓、葡萄、樱桃和李子聚集在了左侧，而苹果、桃、梨和橘子则聚集在了右侧。这个结果也与层级聚类的结果很一致。

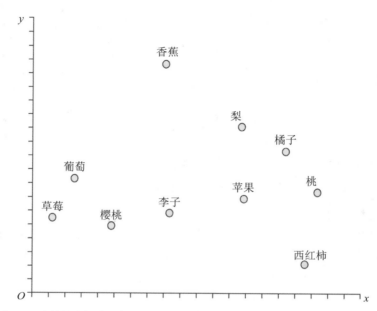

图 10.5 对表 10.8 中的距离矩阵进行多维标度分析后的结果

需要注意的是，在进行多维标度分析时也可以使用两个以上的维度，但我们很少见到因为多加一个维度就能对卡片分类数据的理解变得格外有见地的情况。还需要记住的一点是，多维标度图中轴的方向是任意的。无论如何随心所欲地旋转或翻动多维标度图，结果都是一样的。唯一重要的是所有配对条目之间的相对距离。

在评测多维标度分析图在多大程度上能反映原始数据的真实情况时，最常用的衡量指标是"应力"（stress），有时也指 Phi。多数支持多维标度分析的商业软件包也都会报告应力值。从根本上说，应力值的计算需要查看所有的条目对，找到在多维标度分析中每对条目之间的距离与其在原始矩阵中的距离之差，然后计算这些差的平方，再算出平方和。通过这种方式，图 10.5 中多维标度图的应力值是 0.04。值越小，结果越好。但是需要多小才行呢？一条不错的经验是应力值低于 0.10 时很好，而高于 0.20 则会很差。

我们发现同时进行层级聚类分析和多维标度分析是很有用的。有时会在一种分析中发现一些有趣的事情，而在另一种分析中却不明显。这是不同的统计分析方法造成的结果，因此，不能指望两种分析方法会得出同样的答案。比如，在多维标度图中很容易看出哪些卡片处于"局外"。也就是说，无法判断这些卡片明显属于哪一组。至少有两个原因说明为什么一个卡片处于局外：（1）它确实是一个局外元素，该元素与其他所有的元素都不一样；（2）它可能会"拖出"两个或多个组来。在设计一个网页时，可能会让每一种分类中的这些信息都变得有利用价值。

对一项卡片分类研究来说，需要多少参与者参与

Tullis 和 Wood（2004）进行了一项有关卡片分类的研究，其目的是说明在执行卡片分类研究时需要多少名参与者，才能从分析中获得可靠的结果。他们做的开放式卡片分类中一共使用了 46 张卡片，共有 168 名参与者参与。他们对全部参与者的分类结果和随机抽取的由 2 到 70 名参与者组成的子样本的分类结果做了分析。图 10.6 中显示了这些子样本的分类结果与全部参与者的分类结果的相关关系。

图中曲线的"拐点"看上去位于 10 到 20 之间，15 个样本量得出的分类结果与全部参与者的分类结果之间的平均相关系数达到 0.90。不同的卡片分类会有不同的研究对象或卡片数量，因此，我们很难知道这些结果能否推广到其他卡片分类研究中，但其结果至少说明 15 或许是一个不错的参与者目标数量。

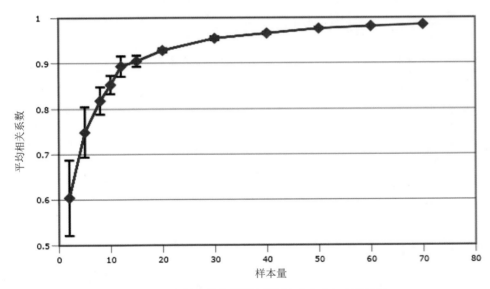

图 10.6　Tullis 和 Wood（2004）分析了卡片分类研究需要多少名参与者的结果

10.2.2　封闭式卡片分类数据的分析

在封闭式卡片分类中，不仅要给用户提供卡片，还要提供对这些卡片进行分组时的组名。封闭式卡片分类不像开放式分类那样更常用。在通常情况下，用户体验研究者首

先通过做开放式卡片分类来了解参与者在自然分类状态下会创建什么样的组，以及他们对此可能会用到的相应名称。有时候，做完一个开放式分类后紧跟着做一个或多个封闭式分类，这有助于验证用户体验研究者对功能架构和分类命名的想法。在使用封闭式卡片分类时，用户体验研究者对应当如何组织这些功能已经有了自己的想法，可以知道参与者在组织这些元素时与自己头脑中已有想法有多匹配。

我们使用封闭式卡片分类比较了架构网站功能时的不同方法（Tullis，2007）。首先，我们对 54 项功能做了开放式分类，从中获得了 6 种不同的功能架构方式；然后，通过 6 个同步进行的封闭式卡片分类研究来检测这 6 种功能架构方式。每个封闭式卡片分类都使用了同样的 54 项功能，但对这些功能进行分类时却使用了不同的组。每个"架构"（一系列的组名）内的组数从 3 个到 9 个不等。每名参与者只会看到并使用 6 种架构方式中的一个。

在查看封闭式卡片分类的数据时，用户体验研究者主要关心的是这些组是否如所想的那样，把某些卡片"拖"到了自己的名下。例如，表 10.9 中的数据说明了在封闭式卡片分类中把每张卡片分别放到各组中的用户比例。

表 10.9　在封闭卡片分类（提供了三类）中，将 10 张卡片分别放入三组中的参与者百分比

卡片	A 组	B 组	C 组	最大百分比
卡片 1	17%	78%	5%	78%
卡片 2	15%	77%	8%	77%
卡片 3	20%	79%	1%	79%
卡片 4	48%	40%	12%	48%
卡片 5	11%	8%	81%	81%
卡片 6	1%	3%	96%	96%
卡片 7	46%	16%	37%	46%
卡片 8	57%	38%	5%	57%
卡片 9	20%	75%	5%	75%
卡片 10	4%	5%	92%	92%
			平均值	73%

表 10.9 右侧呈现的另一个百分比数值是每张卡片归在每组中的最大百分比。这个百分比说明"获胜"组是如何把合适的卡片拖到自己这边来的。用户体验研究者想看到的情况应当像表 10.10 中的卡片 10 一样，有 92% 的用户把它放在了组 C 中，这是一种非常有把握的分类。而像卡片 7 则是比较麻烦的情况，有 46% 的用户把它放在组 A 中，而 37% 的用户则把它放在组 C 中。也就是说，用户在决定将卡片放在哪一组中时存在严重"分歧"。

表 10.10 示例数据表：与表 10.9 相同的数据，加入另外两列后的结果

卡片	组 A	组 B	组 C	最大值	第二大值	差值
卡片 1	17%	78%	5%	78%	17%	61%
卡片 2	15%	77%	8%	77%	15%	62%
卡片 3	20%	79%	1%	79%	20%	60%
卡片 4	48%	40%	12%	48%	40%	8%
卡片 5	11%	8%	81%	81%	11%	70%
卡片 6	1%	3%	96%	96%	3%	93%
卡片 7	46%	16%	37%	46%	37%	8%
卡片 8	57%	38%	5%	57%	38%	18%
卡片 9	20%	75%	5%	75%	20%	55%
卡片 10	4%	5%	92%	92%	5%	87%
			平均值	73%		52%

"第二大值"指的是仅次于最大百分比的次高百分比（next-highest percentage），"差值"列指的是最大值与第二大值之间的差值

所有的卡片被分到不同组的最大百分比的平均值，可以用来衡量封闭式卡片分类中使用的一系列组名是否行之有效。就表 10.10 中的数据来说，平均值为 73%。但如果卡片数量相同而设置的组别数量不同，对这两种情况下封闭式卡片的分类结果进行比较，该怎么办？只要比较的分类结果中组别数量一致，那么最大百分比的平均值就是一个很好的指标。但是像 Tullis（2007）的研究中所说的那样，如果其中的一次分类只有三组，而另一次分类中却有九组，那么最大百分比的平均值就不是一个能做到公平比较的指标。在将卡片分为三类时，如果分类者按随机的方式对三组卡片进行分类，那么他们得到的最大百分比会是 33%。如果分类者也是按随机的方式对九组卡片进行分类的，那么他们得到的最大百分比仅为 11%。所以在使用最大百分比的平均值对不同分

类结果的有效性进行比较时，组别数量多的架构方式相比组别数量少的架构方式处于劣势。

我们对几种方法进行了实验，这些方法可用于对封闭式卡片分类中组的数量进行修正。表 10.10 列出了最行之有效的一种方法，其中的数据与表 9.9 中的数据一样，只是多了额外的两列。"第二大值"列列出了每张卡片被分到各组中时百分比第二高的组的百分比值，"差值"列列出的是最大值与第二大值之间的差值。明显属于某一组的卡片，如卡片 10，通过此方法计算出的差值与最大值相比的损失会比较小。而对像卡片 7 那样分类比较分散的卡片来说，差值与最大值相比的损失会比较大。

有了这些差值后，就可以用这些差值的平均值来比较设置不同分组数量的架构方式。例如，图 10.7 就是 Tullis（2007）用这种方法所得出的数据结果。我们称之为用户认为每张卡片属于某个类别的百分比一致性。很显然，这个值越高越好。

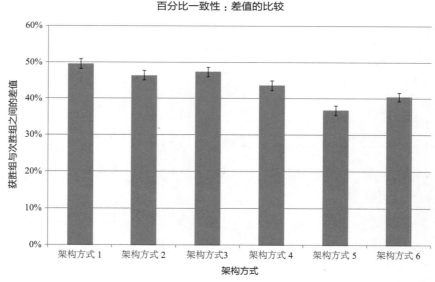

图 10.7　6 个平行的封闭式卡片分类得出的 6 种架构方式的比较。因为每种架构方式中使用的组数量不同，通过将获胜组的百分比减去第二组的百分比得到的数值来修正。摘自 Tullis（2007）；授权使用

对封闭式卡片分类的数据，也可以用层级聚类法或多维标度分析法来分析，分析的方法和开放式卡片分类一样。这样，就能很直观地了解在封闭式卡片分类中呈现给用户的信息架构是否行之有效。

10.3　树形测试

与封闭式卡片分类密切相关的一种技术就是树形测试（tree testing）。在使用这种技术时，需要将某个网站的建议信息架构方式用可交互的形式表现出来，在通常情况下，会以菜单的方式让参与者在这些信息层级中穿行。举个例子，图 10.8 给出了一个以参与者视角使用 Treejack 来做研究的样例。

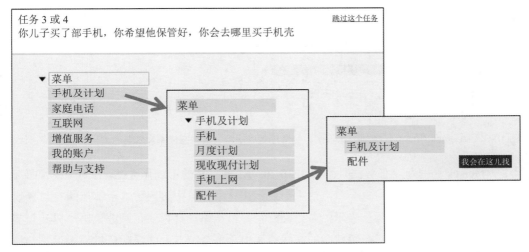

图 10.8　Treejack 研究样例。顶部列出了任务。**一开始参与者只能看到左侧的菜单。从菜单中选择"手机及计划"后，会呈现一个子菜单。这个选择过程一直到参与者选择了"我会在这儿找"按钮后才会结束。参与者在任何时候都可选择返回树的上层菜单**

尽管不同的界面会千差万别，但在信息架构的概念层面上却都跟封闭式卡片分类相似。在树形测试中，每个任务类似于一张"卡片"，参与者会告诉用户体验研究者他们希望在这个树结构中的哪个地方找到那个功能元素。

图 10.9 给出了一个用 Treejack 来做测试时某个任务的数据样例，包括如下数据：

- **任务成功率**：用户体验研究者要告诉 Treejack 在这棵树中每个任务成功完成的节点是哪一个。

- **直线完成率**：在操作任务的过程中，在树的任何节点都没有走过回头路的参与者百分比。这是一个用于判断参与者在做选择时的自信程度的指标。

- **任务时间**：参与者完成任务所耗费的平均时间。

这三个度量指标的置信区间都达到了 95%！

任务 2
你儿子买了部手机，你希望他保管好，你会去哪里买手机壳

手机及计划→配件

■ 直接成功	77	70%
■ 间接成功	17	15%
■ 失败	15	14%
■ 跳过	1	1%

※ 查看此任务

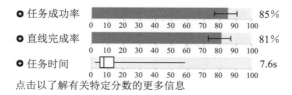

◐ 任务成功率 　　　　　　　　　　　85%
0 10 20 30 40 50 60 70 80 90 100

◐ 直线完成率 　　　　　　　　　　　81%
0 10 20 30 40 50 60 70 80 90 100

◐ 任务时间 　　　　　　　　　　　　7.6s
0 10 20 30 40 50 60 70 80 90 100

点击以了解有关特定分数的更多信息

图 10.9　Treejack 中一个任务的数据示例，包括任务成功率、直线完成率和任务时间

　　Treejack 还对每个任务提供了如图 10.10 所示的有趣的可视化数据，名为"饼状图"。在这个可视化的数据中，每个节点的大小表示在这个任务中访问了这个节点的参与者数量多少。每个节点上的颜色表示沿着正确路径、错误路径穿行或正确地说出"树叶"节点命名的参与者百分比。在饼状图的在线版本中，每个节点上的浮动信息都提供了参与者在这个节点上的详细操作。

树形测试工具

下面列出了一些我们知道的树形测试工具：

- C-Inspector。
- Optimal Workshop's Treejack。
- UserZoom Tree Testing。

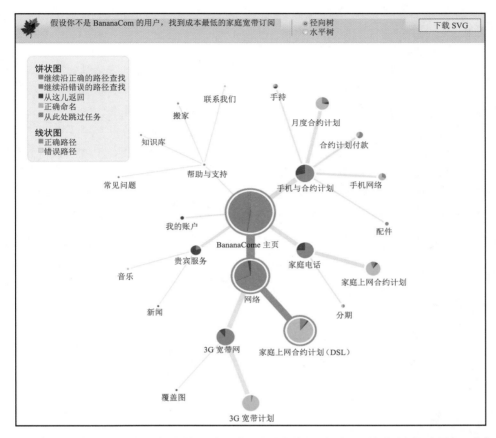

图 10.10　Treejack 中的饼状图表示参与者在完成一个任务时走过的路径，在这个例子中展示了他们预期从什么地方能找到最省钱的家庭上网合约计划。绿色部分强调了正确的路径（从中心开始）

我们经常从客户和商业伙伴那里得到的一个问题是："一个好的整体任务成功率是多少？"请记住，树形测试研究中的参与者不会得到任何反馈来帮助他们决定他们在树中选择的位置。例如，他们看不到结果页面将包含什么内容。因此，你不能期望特别高的任务成功率。

我们最近分析了 98 个树形测试研究的数据，这些研究都是我们在过去几年里使用 Treejack 进行的。我们特别关注了每项研究中的任务成功率。我们发现平均任务成功率为 60%。第 25 百分位为 37%，中位数为 62%，第 75 百分位为 83%。有趣的是，分布的形状实际上是双峰的，一些研究做得很好，而另一些研究做得很差。我们将这些结果解释为任务成功率低于 40% 为差，40%~60% 为一般，61%~80% 为好，81%~90% 为非常好，大于 90% 为极好。

树形测试能预测现场网站的性能吗

　　Albert（2016）想知道如何用原型预测现场（生产）网站的实际性能。在这项研究中，他们根据互动水平（从低到高）和视觉处理（从低到高），给参与者提供了四种不同类型的原型。然后，每种原型都给参与者相同的任务，目标是找到正确的页面。研究人员分析了四个不同的指标：找到正确页面的成功率、完成任务的时间、总点击次数和唯一页面的数量。结果表明，IA 树只能公平地预测参与者在最终现场的表现，而设计对比和高保真原型则能更良好地预测参与者在最终现场的表现。基本上，随着原型在视觉处理和互动水平方面得到完善，你将更好地预测用户在最终现场的表现。换一个角度的说法就是，如果树形测试的结果不是很好，不用担心，它并不能很好地预测你的最终表现。

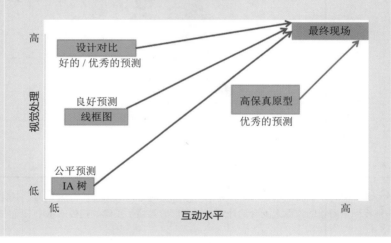

10.4　首次点击测试

　　首次点击测试，顾名思义，包括向参与者展示网页或应用程序的图像，并询问他们会点击哪里开始执行给定的任务。图片可能是一个实时网站的截图、一个新的设计概念，或者一个低保真原型（如图 10.11 所示）。例如，图 10.11 中显示的 Chalkmark 页面，这是 Optimal Workshop 的首次点击测试工具。参与者被要求完成一项任务："试着为你的手机买一个蓝牙耳机。"首次点击的位置和点击的时间都被记录下来。图 10.12 显示了首次点击测试的典型可视化，突出显示了给定任务的首次点击的分布。这有助于了解点击的分布是相当集中还是比较分散。首次点击的次数越分散，说明混乱程度越高，因为更多的链接可能是开始任务的潜在选择。在某种意义上，这是树形测试的可视化版本，尽管只是在第一级，因为只捕获第一次单击。

首次点击测试的分析很简单。大多数研究人员通常关注的主要指标是成功。在首次点击测试中，成功是指正确点击正确链接的参与者的百分比。在图 10.13 中，成功率为58%。另外，查看那些点击率也很高（通常超过 5% 或 10%）的链接也很有用；在这种情况下，是"每月计划"（35%）和"哪种计划"（23%）。第二个值得关注的指标是首次点击的时间。

图 10.11　在首次点击测试中使用的低保真原型示例。这是参与者看到的典型屏幕。图片由 Optimal Workshop 提供

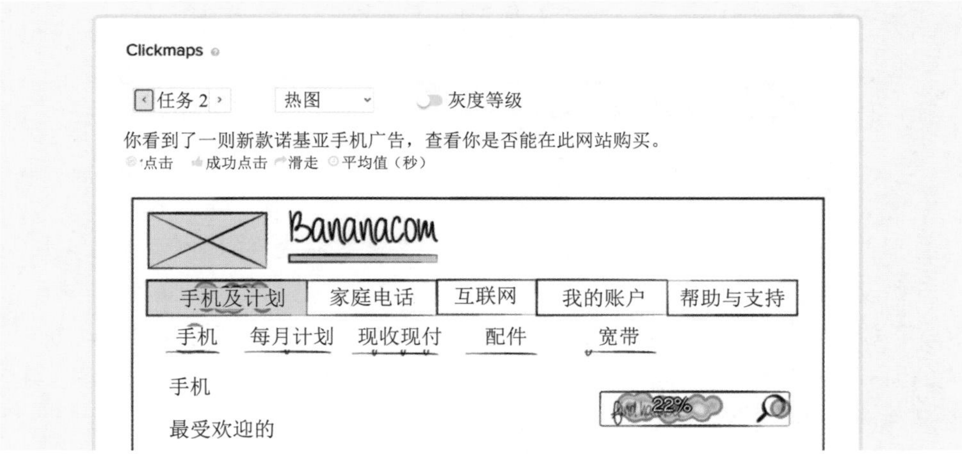

图 10.12　首次点击测试的分布可视化。图片由 Optimal Workshop 提供

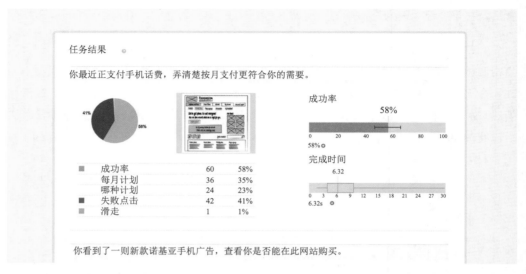

图 10.13　首次点击测试的度量的示例。图片由 Optimal Workshop 提供

　　首次点击的时间为 6.32s。通常情况下，点击的时间越短表明信心越强。虽然图 10.13 中没有显示，但一个有趣的分析比较了成功点击和失败点击所花费的时间。若没有区别，则表明不正确（不成功）的链接与成功的链接对参与者的吸引力相同。当它们具有误导性时，或者存在高度的概念重叠时，通常会出现这种情况。

首次点击工具

以下是一些我们所知道的首次点击工具：

- Optimal Workshop 的 Chalkmark。
- UserZoom 的点击和超时测试。
- UsabilityHub 的首次点击测试。

　　你可能想知道用户在网页或应用程序上的首次点击是否真的重要。毕竟，如果他们一开始没有沿着正确的道路，那么他们总是可以返回，并沿着另一条道路开始。Bob Bailey 和 Carl Wolfson（2013）对美国政府网站的 12 项可用性研究数据进行了分析。（本研究的细节请参见本书第一版的案例研究 10.3。）他们发现，如果用户首次点击是正确的，那么最终正确完成任务的概率为 87%。如果参与者的首次点击是错误的，那么他们最终正确完成任务的概率只有 46%。因此，如果参与者的首次点击是正确的，那么他们最终正确完成任务的可能性几乎是原来的两倍。Andrew Mayfield（2015）在他们的 Treejack 数据库中对数百万个树形测试响应进行了后续分析。他发现，如果首次点击是正确的，那么正确场景的概率是 70%。如果首次点击是错误的，最终得到正确场景的概率只有 24%。因此他发现，如果参与者的首次点击是正确的，那么他们成功完成任务的可能性几乎是其他人的三倍。这些结果似乎表明了获得正确的首次点击的重要性。

10.5 可及性度量

可及性（accessibility）通常指残障人士如何有效地使用某一系统、应用程序或网站（例如，Cunningham，2012；Henry，2007；Kirkpatrick 等，2006）。我们认为可及性实际上就是针对某类特殊用户的可用性。遵循这种思路时，很明显，我们在本书中讨论的多数其他度量指标（如任务时间、自我报告度量）都能用于度量不同类型的残障用户所使用的任何系统的可用性。举个例子，Nielsen（2001）报告了对 19 个网站的三类用户群进行研究时使用的四个度量。这三类用户群分别是：盲人用户，使用屏幕阅读软件来访问网站；弱视用户，使用屏幕放大软件来访问网站；控制组，不使用辅助技术。表 10.11 列出了这 4 个度量的结果。

表 10.11 对盲人用户、弱视用户和控制组所做的 19 个网站的可用性测试数据

	盲人用户	弱视用户	控制组（非残障）
任务成功率	12.5%	21.4%	78.2%
任务时间	16:46	15:26	7:14
错误	2.0	4.5	0.6
主观评分（1～7分）	2.5	2.9	4.6

资料来源：摘自 Nielsen（2001）；授权使用

这些结果说明：对使用屏幕阅读软件和屏幕放大软件的用户来讲，这个网站的用户体验要比控制组的用户差很多。另一条重要的信息就是：对一个面向残障人士使用的系统或网站来说，度量其用户体验的最好办法是找典型用户来进行真实的测试。虽然这是一个最理想的目标，但多数设计师和开发人员都没有相应的资源从可能想使用他们产品的所有残障群体中找到具有代表性的用户来进行测试。这就是可及性指南的用处所在。

可能得到最广泛认可的网站可及性指南就是来自万维网联盟（World-Wide Web Consortium，W3C）的网页内容可及性指南（Web Content Accessibility Guidelines，WCAG）第 2 版。这些指南被分成 4 大类。

1. 可感受性

   a. 对非文本内容提供文本形式的可替代内容。

   b. 对多媒体内容提供标题或其他形式的说明内容。

   c. 创建内容时要以多种方式呈现，包括一些辅助技术，且不会失去原意。

   d. 要让用户对内容的听读更简单。

2. 可操作性

   a. 通过一个键盘就能操作所有的功能。

   b. 给用户充足的时间来阅读和使用内容。

   c. 不要使用会引起癫痫的内容。

   d. 帮助用户定位和寻找内容。

3. 可理解性

   a. 文本要可读和可理解。

   b. 内容要以可预期的形式来展现和操作。

   c. 帮助用户避免和修正错误。

4. 鲁棒性（robustness）

   a. 与当前和未来的用户工具实现最大限度的兼容。

在对一个网站是否满足了这些标准进行量化分析时，有一种方法是评估网站上有多少页面没有满足这些指南中的某条或多条建议。

一些自动化软件可以找出那些明显违反指南的地方（比如，图片上遗漏了文字内容"Alt"）。尽管自动化软件发现的错误通常都是真正的错误，但它们通常也会漏掉一些错误。许多被自动化软件标识为警告的地方实际上存在真正的错误，但这种错误需要人为找出来。比如，网页上的一张图片中没有定义"Alt"的文字内容（Alt = " "），在这种情况下，如果这张图片是用于说明信息的，那么这种做法就是一个错误；而如果这张图片纯粹只是装饰用的，那么这种做法就可能是对的。确定系统是否满足了可及性指南的唯一真正准确的方法是对代码进行手动诊查，或用屏幕阅读器或其他合适的辅助技术来进行评估，这是最基本的。在通常情况下，这两种技术都需要。

检查可及性的自动化软件

检测网页可及性错误时可用的软件包括如下几种：

- Compliance Sheriff® Cynthia Says ™ Portal。
- WebAIM's WAVE tool。
- University of Toronto Web Accessibility Checker。
- TAW Web Accessibility Test。

还有几个谷歌 Chrome 浏览器的扩展程序也可用于可及性检查，比如：

- Siteimprove Accessibility Checker。
- WAVE Evaluation Tool。
- axe-Web Accessibility Testing。

在根据可及性的标准对网页进行分析时，一种总结结果的方法就是统计存在不同类型错误的网页数量。比如，图 10.14 就是根据网页内容可及性指南对某一网站进行假设分析后的结果。这一结果说明只有 10% 的网页没有错误，而 25% 的网页有超过 10 个以上的错误。多数网页（53%）存在 3~10 个错误。

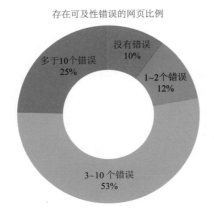

图 10.14　根据网页内容可及性指南对一个网站进行分析的结果

在美国，还有一套被称为"第 508 条例"的可及性指南，或者更技术化的说法是对 1973 康复法案中条例 508 所做的 1998 修改案（第 508 条例，1998；或见 Mueller，2003）。这条法律规定联邦机构应当保证残障人士能够使用他们的电子或信息技术，包括他们网站上的内容。所有联邦机构在开发、产生、维护或使用电子信息技术时，这条法律适用。更新后的第 508 条例需求已于 2018 年生效。

10.6　投资收益的度量

一本有关用户体验度量的书如果没有一丁点投资收益相关的讨论，那么就会显得不完整，因为我们在本书中讲到的用户体验度量对计算投资收益非常重要。但由于有些书会专门论述这个主题（Bias & Mayhew，2005；Mayhew & Bias，1994；Nielsen Norman Group，2009），因此在这里，我们的目的就是只介绍其中的一些概念。

当然，用户体验投资收益的一个根本概念就是计算一个产品、系统或网站在用户体验方面的改进所带来的财务收益。这些收益通常来自用户体验方面的改进所带来的销售量的增加、生产率的提高或支撑成本的下降等度量指标。关键是要计算与用户体验改进相关的成本，并将之与财务收益做比较。

如 Bias 和 Mayhew（2005）总结的，有两类主要的投资收益，每类都有不同类型的回报：

1. 内部投资收益。

   - 生产率的提升。
   - 用户错误的降低。
   - 培训成本的降低。
   - 在设计生命周期的早期做改进所节省的成本。
   - 降低的用户支持成本。

2. 外部投资收益。

   - 销售量的增长。
   - 客户支持成本的降低。
   - 在设计生命周期的早期做改进所节省的成本。
   - 培训成本的降低（如果培训是由公司来提供的）。

为了说明计算用户体验投资收益方面的一些问题和技术，我们看一个来自 Diamond Bullet Design（Withrow，Brinck & Speredelozzi，2000）的案例。在这个案例中，对某个州政府的门户网站进行了重新设计。研究人员对原始网站做了可用性测试，然后又通过用户为中心的设计流程创建了一个新版本。在对两个版本的测试中，都采用了同样的 10 个任务，其中的几个任务如下：

- 你想在线更新一本｛州｝驾照。
- 护士是如何获得｛州｝级从业执照的？
- 为了有助于旅行，你想找一幅州公路地图。
- ｛州｝中有哪些四年制高等院校？
- ｛州｝的州鸟是什么？

来自本州的 20 位居民参与了研究，采用组间设计（一半人使用原先的网站，另一半人使用新网站）。收集的数据包括任务时间、任务完成率及多种自我报告度量。研究人员发现新网站的任务完成时间要显著低于旧网站的任务完成时间，新网站的任务完成率也显著高于旧网站的任务完成率。图 10.15 显示了新旧网站的任务完成时间。表 10.12 显示了两个版本网站的任务完成率、任务时间和平均效率（单位时间内的任务完成率）。

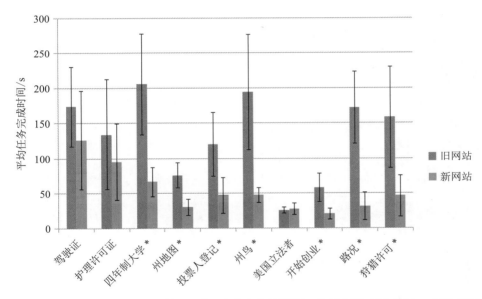

图 10.15　旧网站和新网站的任务时间（* 表示存在显著性差异）。资料来源：摘自 Withrow 等（2000）；授权使用

到目前为止，每件事情都很通俗易懂且简单地说明了我们在本书中已经讨论过的几个用户体验度量。但接下来才是我们感兴趣的地方。在开始计算因网站修改所带来的投资收益时，Withrow 等人对节省的时间做了如下假设和估算：

- 在本州的 270 万居民中，我们"保守估计"其中四分之一每月至少会用一次本网站。

表 10.12　任务操作数据汇总

	旧网站	新网站
平均的任务完成率	72%	95%
平均的任务时间 / 分钟	2.2	0.84
平均效率 [1]	33%	113%

摘自 Withrow 等（2000）；经允许使用

1 平均效率是单位时间内的任务完成率（任务完成率 / 任务时间）

- 如果每个人都节省了 79 秒的时间（本研究中的平均任务节省时间），那么每年就能节省 5300 万秒（14800 个小时）的时间。
- 将这些时间换算成劳动力成本后，我们发现每月能节省 370 个人力周（person-weeks）（每周 40 小时）或者 7 个人力年（person-years）的成本，每年能节省 84 个人力年的成本。
- 本州每位公民平均每年能拿到 14700 美元的薪水。
- 因此仅在节省的时间上就能带来 120 万美元的收益。

需要注意的是，这一系列的推理是以一个很重要的假设为前提的：四分之一的州居民每月会至少用一次本网站。因为其他的所有推算都依附于这一假设，这样肯定会惹来争论。为了让这些推算在一开始就基于一个合理的值，一种更优的计算方法就是用当前网站的实际使用数据（来计算这个合理的值）。

有了这个数据之后，再去计算在新站点上因任务完成率的提升而带来的收入增长：

1. 旧网站的任务失败率是 28%，而新网站的任务失败率则是 5%。
2. 我们假设有 10 万个用户每月至少会支付 2 美元来购买交易服务。
3. 10 万个用户中有 23% 在旧网站上失败而在新网站上成功交易，因此会带来 55.2 万美元的额外税收收入。

同样，在这一系列推算的最初有一个关键的假设作为前提：10 万个用户每月至少会向州付费 2 美元来购买一次交易服务。进行这种推算的一种更佳的方式就是：使用来自在线网站上产生费用的那部分交易频率(还有费用量)的数据。对这类数据进行转换后，也可以反映出在新网站上有更高的任务完成率。如果他们的假设成立，那么无论是计算为居民节省的时间还是计算为州带来的收入增长，这两类推算都会得出 175 万美元的年收入。尽管 Withrow 和他的同事们（2000）并没有具体说明重新设计这个门户网站的花费是多少，但我们可以确信的是肯定比 175 万美元少得多。

这个例子也反映了在计算用户体验投资收益时面临的一些困难。在通常情况下，用户体验研究者可能需要在如下两种主要情况下计算用户体验的投资收益率：产品用户是公司的雇员和产品用户是外部客户。当用户是公司雇员时，计算投资收益就更加直截了当。用户体验研究者通常都知道公司是如何为雇员支付工资的，因此节省下的任务时间（尤其是重复性很高的工作任务）就会直接转变成现金的收益。除此之外，用户体验研究者也许知道用在改正某些错误上的支出，因此，减少这类错误发生的概率也可直接转换成节省下的现金。

当用户是外部客户（或者没有一个人是公司的雇员）时，计算用户体验投资收益会相当具有挑战性，收益更为间接。比如，客户完成一项重要的能带来收入的交易所用的时间会比以前少 30%，这对用户体验研究者的账本来讲没有实际意义。因为这并不意味着他们会显著地增加这种交易。但是它则可能意味着：随着时间的推移，会增加些新客户，否则他们就成了别人的客户（假设网站上的交易时间明显短于竞争对手网站上的交易时间）。因此，收入也会相应地提高。对提高的任务完成率来讲，也可以做出同样的论断。

投资收益研究案例

有很多其他的关于可用性的投资收益研究案例。下面只抽取其中一部分来介绍。

- 尼尔森·诺曼集团对 72 个可用性投资收益案例研究做了详细的分析，发现在关键的业绩指标上实现了从 0% 到大于 6000% 的增长。这项案例研究涵盖了大量的网站，包括 Macy 的 Bell Canada、New York Life、Open Table、一个政府机构和一所社区大学的网站（Nielsen, Berger, Gilutz & Whitenton, 2008）。

- 对 BreastCancer.org 网站中讨论板块的重新设计使得该网站的访客量增长了 117%，新会员数增长了 41%，注册时间减少了 53%，月度帮助平台的花费减少了 69%（Foraker, 2010）。

- 在重新设计 Move.com 网站的房屋搜索和联系代理的功能后，用户找到一个房屋的能力从 62% 提升到了 98%，房地产代理相关的销售量增长了 150%，而且他们销售网站广告位的能力也有明显的提升（Vividence, 2001）。

- 采用以用户为中心的方法对 Staples.com 的重新设计使老顾客量增长了 67%，下单容易度的评分、总体购买体验与再次购买可能性增长了 10%。新网站上线运营后线上营收额从 1999 年的 940 万美元增长到 5.12 亿美元（Human Factors International，2002）。
- 一家大型计算机公司花了 20700 美元来改善一个供几千名员工使用的系统，以提升其登录流程的可用性。由此带来的生产率的提升在系统被使用的第一天就为公司节省了 41700 美元（Bias & Mayhew，1994）。
- 在对 Dell.com 的导航结构进行重新设计后，每天的在线购买营收额从 100 万美元增长到 3400 万美元（Human Factors International，2002）。
- 在对一个软件产品进行以用户为中心的设计后，与这个产品的最初版本（没有用户体验工作的支持）相比，其收入提升了 80%。新系统的营收比预期多了 60%，许多客户提到可用性是他们决定购买新系统的一个关键因素（Wixon & Jones，1992；见 Bias 和 Mayhew（1994）的报告）。

10.7　总结

下面是本章中的一些关键点。

1. 如果用户体验研究者正在进行一个在线网站用户体验提升方面的工作，就应当尽力了解用户在网站上做什么。不要只看页面和与浏览相关的数据，还要看一下点击率和退出率。只要有可能，就要做 A/B 测试来比较不同的设计方案（通常情况下，其差异都很小）。采用合理的统计方法（比如卡方检验）来确保所看到的任何差异都达到了统计上的显著水平。

2. 当用户体验研究者想知道如何组织某些信息或整个网站时，卡片分类会大有用武之地。可以从开放式卡片分类开始，接着做一个或几个封闭式卡片分类。在总结和呈现结果时，层级聚类分析和多维标度（MDS）分析是非常有用的技术。封闭式卡片分类可被用于比较不同的信息架构适合用户的程度。

3. 树形测试工具也是一种用于测试备选信息组织架构是否合适的有效方法。在这种研究中，用户可以与实际的菜单系统进行交互，在层级结构的信息中自由导航。任务成功度量可以帮助用户体验研究者对不同层次结构的有效性进行比较。

4. 首次点击测试是确定网页设计是否有助于用户决定从哪里开始执行各种任务的好方法。有证据表明，如果用户的首次点击是正确的，那么他们最终成功完成任务的可能性会增加两到三倍。

5. 可及性是某一类特定用户群体的可用性。要尽可能地邀请老年用户和各类残障用户参与到可用性测试中。另外，也可以用已经公开发布的可及性指南或标准来评估产品，比如网页内容可及性或第 508 条例。

6. 虽然计算可用性工作的投资收益有时很有挑战性，但在通常情况下是可行的。如果用户是公司的雇员，通常会很容易将诸如任务时间减少等转换成节省的开支。如果用户是外部客户，在一般情况下，必须把任务成功的提升或总体满意度的提高等换算成电话支持量的降低、销量的增加或客户忠诚度的提高等。

第11章
案例研究

本章介绍了五个案例研究，每个案例都聚焦用户体验度量的一个独特的方面。在第一个案例研究中，来自 Netflix 公司的 Zach Schendel 介绍了如何使用眼动追踪度量推动设计决策。在第二个案例研究中，来自 Constant Contact 公司的 Sandra Teare、Linda Borghesani 和 Stuart Martinez 提出了参与 / 竞争 / 胜出（PCW）框架。在第三个案例研究中，来自 JD Usability 公司的 JD Buckley 分享了对"用户体验－收益链"模型的研究。在第四个案例研究中，来自 UserZoom 公司的 Kuldeep Kalkar 介绍了他们是如何根据其特有的用户体验度量指标对四个医疗保健网站进行竞争性基线研究的。在最后一个案例研究中，来自 GoInvo 公司的 Eric Benoit、Sharon Lee 和 Juhan Sonin 解释了如何将用户体验度量作为移动应用程序设计流程的一部分。

11.1　在 Netflix 电视用户界面中思考的快与慢

作者：Zach Schendel，产品消费者洞察专家团队；Netflix 公司。

11.1.1　背景

Netflix 公司是一个支持全球订阅的流媒体视频服务提供商。它允许会员随时随地在任何联网的设备上查找和观看各种类型、各种语言的电视剧、纪录片和故事片。无论用户在何时何地使用何设备观看，Netflix 会员在首次体验时通常会处于下述两种场景。

1. 有目标的

会员确切地知道自己想要观看的内容，希望 Netflix 尽快提供这些内容。Netflix 通过保存书签、设计"继续观看"栏或在搜索栏中使用词汇匹配来达到此目的。

2. 探索性的

会员对自己想要观看的内容几乎一无所知，希望有些引导，便于找到新内容。Netflix 试图通过突出最新和最热门的节目提供帮助，第一时间通知会员他们一直想看的节目上线，或者通过"因为你看过 Y"来推荐 X。

虽然 Netflix 的产品团队努力满足这两种场景，但"探索性"的场景到目前为止仍有巨大的创新空间。根据会员的反馈，这个过程既费时又具有挑战性："我不知道看什么""我没听说过这些电影""你为什么向我推荐这个"。

这项基础研究的目的是激发创新，以显著改善 Netflix 在内容发现方面的用户体验。这项研究特别重视依据，即 Netflix 所提供的信息（例如，艺术作品、剧情简介、预告片等）是否有助于会员做出观看 / 不观看的决定。Netflix 试图弄清会员在需求模糊时做出内容观看决定的过程：当会员试图找一些想要观看的内容时，他们是怎么做的；他们会注意哪些信息；以及哪些信息具有特别的价值。这些方面的洞察促成了多项创新，包括个性化的信息呈现。这些都将在下面具体讨论。

11.1.2 方法

该团队选择使用两种方法进行洞察研究：深度访谈（定性）和眼动追踪（定量）。这两种方法可以分别提供隐含式的和显现式的信息。这些信息被同时用来对内容发现过程进行建模。

深度访谈

内容消费模式往往会随着产品的曝光时间而演变，因此我们招募了三组不同 Netflix 订阅年限的参与者：非会员、早期会员和终身会员。我们招募了 25 名来自弗吉尼亚州里士满地区的成年人（18 岁以上），在招募之前，他们从未成为过 Netflix 会员或使用过 Netflix（非会员）。我们给他们注册了 Netflix 免费试用版，这是他们首次接触 Netflix 电视用户界面。这样，他们离开研究机构后也能在家里访问 Netflix。他们中的大多数人（早期会员）在 45 天后返回以进行重复研究。我们还招募了 25 名已是 Netflix 会员（至少六个月）的成年人。这些参与者都拥有并熟悉 PlayStation 3（PS3），也用过游戏手柄。他们在参与研究后获得报酬。

（1）材料

电视用户界面（见图 11.1，从 2014 年开始）被选用于这项研究，它是唯一一个呈现大部分信息的 Netflix 用户界面，会员不需要点击即可访问。

研究场景布置得像客厅。一张沙发正对着一台高清平板电视（High Definition TV，HDTV）。用一台已经连接互联网的 PS3 与 HDMI（高清多媒体电缆）相连，将 Netflix 显示在 HDTV 上。通过操作游戏手柄来浏览页面。

图 11.1　2014 年的 Netflix 电视用户界面（顶部的大图位置轮播三张图片）

（2）过程

每名参与者都完成了一次长达一小时的深度访谈（In-Depth Interview，IDI）。在简短的介绍和热身之后，参与者被要求想象他们在自己家的客厅里。然后，他们被提供了 5~10 个场景（示例见下文），他们的目标是在每个场景中找到可以在 Netflix 上观看的内容。研究人员不对浏览时间做限制。当参与者按下播放键时，该场景的实验结束。研究人员只是观察并记录行为（无声发现）。

然后，利用 5~10 个额外的场景重复相同的过程。这一次，每名参与者都要口头讲述他们的行为：他们在做什么，他们暂停了什么，他们在阅读什么，等等。每个细节都至关重要。在他们操作的时候，研究人员会问：你为什么停在那里，你为什么拒绝那个标题？场景顺序是随机的，场景数量取决于浏览时间。

（3）示例场景

- 你现在是一个人，你想选一个没听说过但看起来好看的影片。
- 你想了解你的朋友们都在谈论的事情。

眼动追踪

来自加利福尼亚州圣何塞地区的 43 名参与者在研究机构中使用 PS4 完成了一项非常相似的研究。所有参与者都是成年人（18 岁以上）并且是 Netflix 会员，同时他们最近都通过他们的 PS4 在电视上观看过 Netflix。我们重复了部分深度访谈中的无声发现（silent discovery）流程。深度访谈与眼动追踪研究的主要区别在于，在实验过程中每名参与者需佩戴 Tobii 2 眼动追踪眼镜，并且参与者需要完成的任务较少。他们在参与研究后获得报酬。

11.1.3　结果

参与者快速浏览了用户界面。在浏览过程中，他们一直在参考屏幕下方三分之一处的艺术发现（影片封面）。他们特别谈到封面传达的内容：类型、风格或情绪；演员；他们以前看过或打算看的一些熟悉的元素；甚至是感觉与某类主题（例如，一排色彩鲜艳的成人动画）相匹配的艺术元素。

当一些熟悉或值得信赖的元素吸引他们的眼球时，参与者往往会停下来——"我看过这一排的两部电影""我喜欢她参演的一切""这是我最喜欢的类型"。也即当他们看见他们想要深入了解的内容时，他们往往会停下来。这时，屏幕上方的三分之二变得有用，他们会提及概要中的特定表述或他们在大幅图像中看到的演员，很少提及其余信息（例如，星级、成熟度评级）。

根据深度访谈结果，可以就会员做出看或不看决策的过程形成假设。所提炼的过程如图 11.2 所示。

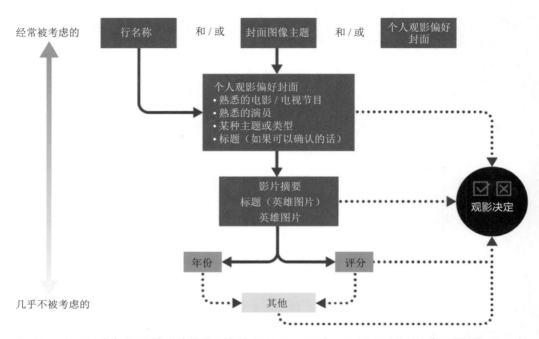

图 11.2　Netflix 内容发现过程的定性层次模型（2014）。（现在，Netflix TV 的用户交互界面和 2014 年相比有很大不同，例如，视频预告片会在屏幕上方自动播放，屏幕上有一个导航菜单。拇指图标取代了星星，而且不是所有的行 / 框图都是相同的大小和形状，仅举几例。虽然此处的见解具有历史准确性，但并不一定适用于最新的用户界面。）

　　我们用眼动追踪来检验上述假设。这些实验结果有助于我们定量地深入理解内容发现的过程。首先，会员将大约 70% 的注视时间用于快速浏览和"选书"。91% 的拒绝观看的决策是在不到 1 秒内做出的，这完全是基于对封面的快速浏览。如图 11.3 所示，大约 75% 的注视时间都花在了看封面上。在许多情况下，他们滚动翻阅得很快，以至于页面顶部的信息跟不上这样的加载速度，导致封面无法显示。对于内容发现过程中的这一阶段，UI 的其余部分（包括文本循证信息、行名称和其他图像）大多是无关紧要的。

　　对于那些在顶部图像轮播前（约 2 秒）被关注到的 9% 的标题，会员（会据此）进入第二阶段。在每个发现环节中，他们花费大约 30% 的时间更深入地关注约 5 个标题。如图 11.4 所示，他们通过阅读文本信息和查看滚动的顶部图像更深入地了解某个标题的更多信息。这些是会员在实验中极有可能"播放"的标题，尤其是那些注视时间超过 3 秒的标题。

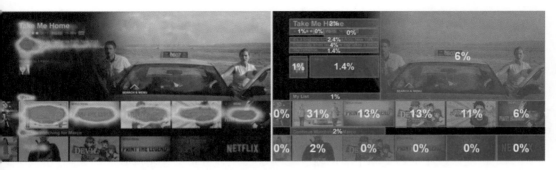

图 11.3　在 Netflix 上发现内容期间注视时间的比例，快思考情形

图 11.4　在 Netflix 上发现内容期间注视时间的比例，慢思考情形

11.1.4　讨论

　　将定性层次模型与通过眼动追踪获得的注视度量结果结合，可以得出以下结论：电视用户界面的不同区域服务于两个不同的用户决策系统，这与 *Thinking Fast and Thinking Slow*（《思考，快与慢》）（Kahneman，2011）一书中所讨论的快思考和慢思考是一致的。

快思考

　　系统或"快思考"决策是即时的、懒惰的、本能的反应。这些决策对应会员快速浏览封面的过程。通过图像而不是文本，封面可以快速传达高阶关键信息。只用瞥一眼，就可以猜出片子的类型和基调，有时还能看出主演是谁。系统 1 更多地依赖于"关联激活"，可以使用户在图像（男人 + 女人互相微笑）和概念（浪漫）之间形成快速而紧密的联系。然而，系统 1 容易出现判断错误。当封面和标题不能快速传达关键信息时，会员本该喜欢的封面或标题会被忽略。例如，一个看起来像一部古装剧（你喜欢的题材）

的封面，实际上是一部与封面毫不相关的历史喜剧（你讨厌的题材）。如下文将要讨论的，这项研究的主要影响是强调了选择正确的封面艺术元素的重要性。

慢思考

在 Netflix 上，系统 1 的决策行动是系统 2 评估的主要途径。系统 2 或"慢思考"决策与系统 1 非常不同，需要较多时间，是深思熟虑后的决策。此外，它们还可以作为容易出错的系统 1 的检查和平衡机制。在 Netflix 上，会员们使用屏幕上部三分之二处的概要、星级评分和其他文本信息作为标题的二级过滤器，这些标题已经通过了系统 1 对封面的筛选。例如，会员可以查找并更深入地阅读"古装剧"的相关信息，并发现它实际上是一部喜剧。他们还可以查找其他文本信息数据，以确认图像里的人实际上是 Keanu Reeves。由于能进入这个阶段的标题或作品太少，所以研究得出的结论是，在优化封面后，封面上方的循证信息才是第二个创新点。

11.1.5　影响

图像个性化是 Netflix 最近采用的创新方式，用这样一种设计可以对系统 1 场景（如封面）与重要循证信息（如流派和演员表等）之间的关联激活进行调节。作为一系列 A/B 测试（Chandrashekar，2016）的结果，Netflix 不再假定单个图像足以促成优质的内容发现过程（Nelson，2016）。因此，要为每个标题创建多个图像，以帮助所有会员快速明智地做出观看决策。如图 11.5 所示，有影响力的图像集强调多样性——流派、演员、色调和风格的多样性。《怪奇物语》是奇幻、科幻和恐怖片，讲述了 20 世纪 80 年代孩子们之间如何建立牢固的关系。

我们从这些图像集合中为每个会员选择一张个性化图像，根据他们的观看历史，采用算法将最有可能带来高质量体验的图像与他们匹配（Chandrashekar et.al，2017）。例如，常观看浪漫电影的人可能会收到图 11.6 中的 *Good Will Hunting* 图像，该图像强调了 Matt Damon 和 Minnie Driver 之间的浪漫情节，而常观看喜剧的会员看到的则是 Robin Williams。这些算法试图删除可能会导致"封面党"和"标题党"的虚假图像。这样做的目的是在图像中为会员提供尽可能多的循证信息，以便他们做出正确的观看决策。这样，随着遗漏和误判的减少，内容发现过程将更加高效和愉快。

图 11.5　《怪奇物语》的示例封面选项

图 11.6　不同的观看历史如何导致封面个性化的示例

作者简介

Zach Schendel 是 Netflix 的用户体验研究总监。他领导的产品消费者洞察专家团队力求让 Netflix 产品走在创新前列，通过精心设置的用户界面、完善的功能和不断优化的算法，为会员带来愉悦的体验，并帮助全球 100 多万名不同年龄段的用户找到值得观看的精彩内容。在从俄亥俄州立大学获得认知心理学博士学位后，Zach 曾领导了联合利华和奥驰亚两大集团旗下多个价值数十亿美元的品牌的所有用户体验的洞察工作。

11.2 参与/竞争/胜出（PCW）框架：评估市场上的产品与特征

作者：Sandra Teare，Linda Borghesani，Stuart Martinez；Constant Contact 公司。

11.2.1 简介

2018 年，我们公司的高管层（Sue Mildrum、Damon Dimmick 和 Sherrie Fernandez）提出了一个想法，即为每个新产品开发计划指定一个目标，要么仅是简单地参与市场，要么是与其他产品竞争，要么是在竞争中获胜（PCW）（见图 11.7）。通过为每个新方案指定一个标准，他们希望在沟通方面获得更默契的团队协作，以便更好地了解所需要的功能设置及其鲁棒性，以及应该在每个计划上分配的资源和时间。对于用户体验研究来说，如何定义和衡量这些新方案是一项挑战。

图 11.7 PCW 的定义

作为流程的一部分，我们要求每个项目团队为他们的新方案写一份发现简报，要提炼出业务和用户目标，并定义清楚成功的度量指标（这些度量指标中有很大一部分在产品发布之前是无法度量的）。我们要求用户体验研究团队提出客观的标准，以让团队初步了解他们是否接近实现 PCW 目标。由于用户体验和功能差异化对提升产品的竞争力都很重要（Porter，1985），所以我们定义的标准包括与用户体验和功用性相关的度量指标。

2018 年，我们对多个新方案进行了功能分析和总结性测试，同时提供了定量和定性的反馈，以帮助项目团队决定他们的新产品是否需要以及哪些方面改进。我们的 PCW 测试是众多关键 KPI 之一，也是在开发过程中早期便可度量的指标之一。

11.2.2 提出客观标准

在提炼和定义客观标准时，我们参考了一些行业专家的观点来确定我们所期望的任务成功率和样本量（见图 11.8）。

PCW 质量标准	可用性			实用性
	任务成功率	客户评分	参与者 / 原型	功能
参与 （最小可行性产品）	至少 80% 任务成功率 *	5 分评级中平均有 3 分或者更好	10 个参与者 / 1 个原型	具有最小的功能设置
竞争 （所有参与标准）	~ 与竞品相同	~ 与竞品相同	15~20 个参与者 / 2 个原型 / 网站 （我们的产品及竞品）	与竞品相同的功能设置
获胜	统计上明显优于竞品	统计上明显优于竞品	30 个参与者 / 2 个原型 / 网站 （我们的产品及竞品）	包括更多或更好功能的设置

图 11.8 基于可用性和实用性的 PCW 目质量标准

参与

对于旨在交付最小可行性产品（Minimum Viable Product，MVP）的参与级别标准，我们希望确保没有关键的用户体验问题，所以选择了 80% 的任务成功率，这与 MeasuringU 发现的 78% 的行业平均水平大致相同（Sauro，2011）。我们还希望在可用性、信任度和可学习性方面至少达到客户评分的平均分（五分之三）。通过对 10 名参与者进行测试，我们发现了 97% 的中等频率问题（检测出来的可能性为 30%）和 63% 的低频问题（检测出来的可能性为 10%），并提供了一个任务成功率的基线值（Sauro，2010）。

竞争

对于竞争级别标准，我们希望获得与竞品大致相同的任务成功率和客户评分。通过对竞品的特定功能进行测试，我们可以更好地了解我们产品的优势和劣势，以此确定这些竞品在哪些方面表现出色，从而为不断迭代的设计提供帮助。如果进行组内设计，则建议找 15~20 名参与者；如果进行组间设计，则建议参与者的数量稍微多一些，约 25 名。为了使结果比较有效，筛选参与者是非常重要的。在进行比较时，重要的是，要保证参与者要么对两种产品中的功能都不熟悉，要么对两种产品中的功能都有类似的使用经验，并对该功能进行评估。

获胜

对于获胜级别标准，我们希望在任务成功率和客户评分方面实现有意义的、显著的差异。为了确认所选功能比竞品的能提供更多的价值，我们选择了 30% 作为有意义和显著统计的差异标准。为了能够检测出这种程度的差异，我们在组内设计中至少需要大约 30 名参与者，或在组间设计中至少需要 64 名参与者（Sauro，2015）。实践中，由于各种各样的条件限制，参与者对产品的了解程度是一个重要因素，所以我们经常采用组间而非组内设计进行研究。

11.2.3 功能分析

生成功能列表

我们与产品团队和用户体验团队一起确定直接和间接的竞品，以便为每个新产品方案生成具有竞争力的功能核验表（见图 11.9）。此外，我们还通过研究竞品（包括分析他们的网站、评论 / 博客、来自第三方的比较和营销材料）和开展产品评估收集、整理重要的功能。

计算功能重要性评分

设置更多的功能并不一定会使产品更好或对客户更有用。我们使用功能分析中的功能列表开展功能优先级的研究，以确定哪些功能对我们的客户和潜在客户来说是最重要的。通过使用最优排序，要求参与者将功能区分为三个类别："必须拥有（Must have）"、"很高兴拥有（Nice to have）"和"不重要（Not important）"，以帮助我们专注于对客户最有价值 / 最重要的功能（见图 11.10）。

功能	主要竞品											
	A	B	C	D	E	F	G	H	I	J	K	L
种类 1												
功能 1	Y	Y	Y	Y	Y	Y	Y	Y	Y	Y	Y	Y
功能 2	N	N	Y	N	N	N	?	N	N	N	N	N
功能 3	N	N	N	N	N	N	Y	N	N	N	N	N
种类 2												
功能 4（已支持的数量）	Y(15)	Y(15)	Y	Y(10+)	Y(10+)	Y	Y	Y(10)	Y(30)	Y(5)	Y(unl)	Y
功能 5	N	N	N	N	N	Y	N	N	N	N	N	N
种类 3												
功能 6	Y	Y	Y	Y	Y	Y	Y	Y	Y	Y	Y	Y
功能 7	N	N	N	N	N	N	N	?	N	?	?	N
功能 8	N	N	N	N	N	N	N	N	N	N	N	N
功能 9	Y	Y	?	Y	Y	N	?	Y	N	N		
功能 10	Y	Y	Y	Y	Y	Y	Y	Y	Y	Y	Y	Y
功能 11	Y	Y	Y	Y	Y	Y	Y	Y	Y	Y	Y	Y

图 11.9 按种类和竞品进行功能核验

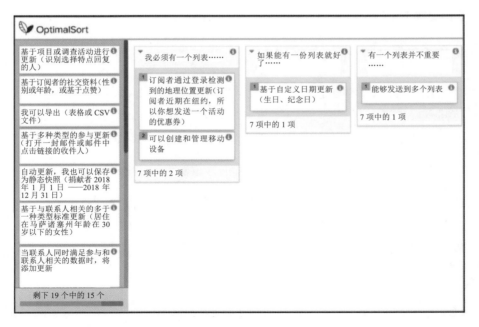

图 11.10 功能优先级排序卡（摘自 OptimalSort 工具）

根据以下公式计算功能重要性评分（见图 11.11）：

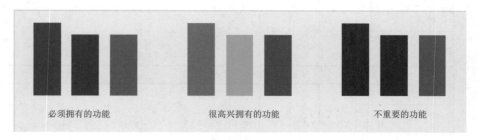

必须拥有的功能　　　　　　很高兴拥有的功能　　　　　　不重要的功能

图 11.11　功能重要性评分 =（3× **必须拥有**）+（2× **很高兴拥有**）-（1× **不重要**）

"必须拥有"和"很高兴拥有"的权重要大于"不重要"的权重。然后，我们将最重要的功能作为可用性测试的主要任务。

选择竞品

在确定了所需的功能并算得功能重要性评分之后，产品团队和用户体验研究团队将共同确定一个主要竞争对手用于功能测试。一旦选出一个头部的竞品，就可以进行对决式的正面比较了。

计算功能可用性 / 价值评分

接下来，需要计算"功能可用性/价值评分"。通过功能优先级步骤确定最重要的功能，然后将其重要性评分相加，计算出"功能可用性 / 价值评分"。例如，对于 Constant Contact 公司这类产品来说：

功能可用性 / 价值评分 = 功能 2 重要性 + 功能 3 重要性 + 功能 4 重要性 + 功能 5 重要性

这个评分能让我们了解到：我们产品与竞品在所提供的功能方面有多接近。这种计算可以确保：与功能数量多但价值低的产品相比，功能数量少但价值高的产品能获得更高的功能可用性 / 价值评分。这个计算向我们展示了我们产品的功能是如何与竞品功能相比较的（见图 11.12）。

必须拥有的功能 （按用户优先级排序）	功能重要性	Constant Contact	*Competitor*
功能 1	76	✗	✓
功能 2	64	✓	✗
功能 3	63	✓	✓
功能 4	63	✓	✓
功能 5	60	✓	✗
功能可用性 / 价值评分		250	202

图 11.12　计算功能可用性 / 价值评分

11.2.4　PCW（总结性）可用性测试

　　如上所述，功能优先级研究有助于确定哪些功能对用户最有价值。根据这个列表，我们为总结性测试创建相关任务，即参与者被要求使用最有价值 / 最重要的功能。在总结性测试中，我们测量了两个任务成功率，并收集了客户易用性评分（参见图 11.13）。此外，我们还收集定性反馈，帮助项目团队了解可用性测试结果所确定的任何用户体验改进。请注意，在某些情况下，并非所有任务都在两个产品上进行了测试，因为我们只能测试每个产品所提供的功能。如果涉及产品中没有的高价值功能，那么可以从竞品测试中对此加以了解。在这个案例中，我们使用竞争对手的实际产品与我们设计的高保真的原型进行测试，以便尽早获得反馈。

功能 / 任务	Constant Contact		*Competitor*	
	原型的任务成功率	易用性评分	实际产品的任务成功率	易用性评分
任务 1	—		65%	4.0
任务 2	59%	3.4	—	
任务 3	30%	4.1	48%	3.7
任务 4	67%	3.3	57%	2.9
任务 5	64%	4.1	—	
总的任务成功率 （平均）	55%	3.7	57%	3.5

图 11.13　比较任务成功率和易用性评分

总体任务成功率与工作流任务成功率

就工作流的情况来说，每一步都依赖前一步的成功，所以工作流的任务成功率只能与最不成功的步骤的任务成功率一样高。

在现实生活中，当用户在流程中的某个环节失败时，他们将没有能力跳过该任务/步骤。因此，除了报告平均任务成功率，还应报告工作流任务成功率（参见图11.14）。

工作流任务	Constant Contact 原型的任务成功率	Competitor 竞品的任务成功率
任务/步骤1	76%	70%
任务/步骤2	59%	52%
任务/步骤3	47%	30%
任务/步骤4	57%	67%
任务/步骤5	64%	47%
工作流任务成功率	47%	30%

图 11.14　比较工作流任务成功率

测试原型与实际产品

在产品发布之前，我们一直在将我们的原型与竞争对手的实际产品进行比较。为了了解使用原型（而非实际产品）测试可能引起的任何虚假效应（artifact effect），在功能发布后我们又进行了针对发布后实际产品的跟进测试（任务与原型测试中使用的任务相同）。对我们的初始原型进行测试会带来设计上的改进，而其后的实际产品测试也验证了其任务成功率要高于原型测试中的任务成功率。这证明我们的原型测试至少可以在大方向上预测功能发布后实际产品的任务成功率。

项目整体的成功

我们进行了17次PCW测试（仅占团队在这一年中所做的所有用户体验研究的一小部分）。在第一轮测试中，有几个项目达到了既定的PCW质量标准。一些项目未能达到PCW质量标准，这些项目主要是那些需要将我们的工作流程与第三方工具集成的项目，而第三方工具是我们无法控制的。经过设计和测试迭代后，有几个项目也提高了它们的任务成功率。早期几轮PCW测试为团队提供了有助于设计改进的定性反馈，进而在以后的迭代中提高任务成功率（用户体验度量的梦想成真）。

PCW 框架能成功地激发高管们就下列内容进行讨论，即确定每个新方案所要达到的鲁棒性水平。通过提炼出一致的、可量化的客观标准，并提供总结性可用性测试，我们让产品管理层和高管层对 PCW 质量标准有了初步的想法和依据。PCW 流程也是对我们现有用户体验研究的补充，并没有干扰我们已经在做的提供早期反馈和可用性改进的工作。此外，它有助于提高责任感、改进产品开发流程并激励团队。通过开展初始功能分析和优先级排序，我们确定了高价值的产品功能，以推动产品设计。

作者简介

Sandra Teare、Linda Borghesani 和 Stuart Martinez 同在 Constant Contact 公司（一家数字营销公司）担任用户体验研究员。该公司的产品旨在帮助小型企业在其业务生命周期内更智能地工作。

Sandra 管理着用户体验研究小组，该小组的主要目标是了解小型企业用户的需求，并提供数据和洞察，以帮助产品团队快速自信地前进。她拥有在多个行业的多年工作经验，包括电信、金融、求职和医疗保健。

Linda 是一名高级用户体验研究员和战略家，也在塔夫茨大学任教。她坚信，若你能了解你的用户，你就可以使用有目的的设计来确保产品既可用又令人愉快。

Stuart 是一位充满激情的用户体验研究者和设计思维推动者，其目标是了解用户并在设计过程的每一步为他们代言。他目前在 Chewy 公司担任用户体验研究员。

11.3　企业用户体验案例研究：发现"用户体验–收益链"

作者：JD Buckley，JD Usability 公司。

几年前，一家大型的人力资本管理公司与其他几家大公司一起，决定建立内部用户体验设计专业知识库。虽然高管们认为以人为本的设计对公司未来的成功至关重要，但许多人对设计过程并不熟悉，他们更不熟悉如何最好地量化设计投资的收益和设计团队的努力。本案例研究详细介绍了一家财富 500 强企业用户体验设计团队的工作，他们的任务不仅是要证明团队的价值，还要在以人为本的设计过程与同公司的利润之间建立定量联系。

企业用户体验设计团队重点关注的是人力资本管理的合规产品，也就是说，例如，确保公司为其员工的工资支付适当的税款，或者可以准确地从员工的工资支票中扣除被扣押的工资。我们的目标是制订一个用户体验度量计划，最终在用户体验质量与公司绩效指标之间建立定量联系。为此，我们分解了以下小目标：

- 确定具有丰富信息含量的度量指标，以持续有效地度量用户的态度和行为。
- 确定最终用户的关键活动。
- 收集定量且统计上的态度和行为指标以建立度量基准。
- 确定可用性、效率、有效性和满意度的关键驱动因素。
- 确定一组新指标，以度量企业用户体验团队的价值和影响力。

我们开发用户体验度量计划包括几个关键阶段：

1. 度量指标的识别与选择；

2. 首要任务的确定；

3. 首要任务的强制排序调查；

4. 任务型定性与定量基准研究。

11.3.1　度量指标的识别与选择

为我们的用户体验度量计划选择最具信息含量的用户体验度量指标，需要解决下述三个关键问题：

1. 哪些用户体验度量指标最能体现团队对产品的影响？

2. 哪些用户体验度量指标能最好地反映我们想看到的产品中随时间实现的变化？

3. 对管理者而言，哪些用户体验度量指标最有意义？

我们决定使用国际标准化组织（技术委员会 ISO/TC 159 Ergonomics，ISO 9241-11：2018）的用户体验度量指标。这些指标包括效率、有效性和自我报告的满意度。出于我们的目的，我们将这些任务层面的度量指标转换为任务时间、任务成功或失败，以及自我报告的任务满意度等度量数据。

我们将这些 ISO 标准与其他任务级度量指标相结合，以度量用户对任务时间和难度的感知。我们专门将用户对时间的"感知"作为一个重要度量指标。我们认为，仅看任务完成时间的波动可能很难理解用户对时间的感知。但是，将实际任务的完成时间和任务完成情况与用户对时间和难度的感知进行比较，或许有助于解读那些旨在提升用户体验的增强功能，是否真的能被用户感知。

此外，我们还囊括了度量可用性、可学习性、信任、可信度和网站性能的度量指标。我们也将净推荐值（Net Promoter Score，NPS）有所保留地纳入用户体验度量计划，因为即使净推荐值这一指标可能存在一些固有的缺陷（例如波动性，因为该指标的计算只强调用户态度中的极端值），但是我们知道越来越多的公司高管将净推荐值视为与收入和利润有关的企业级关键度量指标。此外，我们团队收集了有关用户服务体验的净推荐值数据。我们认为这将为我们更好地比较和分析这两种净推荐值的差异提供坚实的基础：一种是与客户服务相关的净推荐值，另一种是我们在用户体验研究中收集的净推荐值。

假设可以使用这些用户体验度量指标作为数字代理来反映用户体验的质量，我们希望通过比较这些度量指标在基准测试和随后的重新设计版本之间的变化，确定我们的用户在态度、行为和满意度方面出现的哪些变化会对公司特定的 KPI 产生大的影响，从而帮助我们将公司的投资收益与用户体验团队的努力联系起来。

为了使我们的首要任务（top task）调查达到 90 % 的置信区间，我们采用组间设计共招募了 543 名参与者（具有统计学意义的目标受众样本量）。

对于无引导的（unmoderated）远程基准研究，我们采用 90%~95% 的置信区间。为了达到这个置信区间，我们采用组间设计，要为三种产品分别招募至少 25 名参与者，共计需要收集 75 名参与者的数据。但是每次很难招募到这么多参与者。因此，这一数字在我们的 4 次研究中都有所波动。有时，我们能幸运地超额招募。而其他时候，我们只能达到 75 名参与者的最低要求（研究设计体现在图 11.15 中）。

调查类型	样本量	置信区间	研究设计	产品数
首要任务	543 名参与者	90%	组间设计	3 种不同的合规产品
无引导的远程基准研究（研究 #1~4）	75~130 名参与者	90%~95%	组间设计	3 种不同的合规产品
有引导的远程基准研究（研究 #1~4）	9~12 名参与者	N/A	组间设计	3 种不同的合规产品

图 11.15 研究设计（调查类型、样本量、置信区间、不同产品的研究设计）

我们还仔细检查了每项基准研究的完成率，确保参与者在重要的招募标准上分布相对均匀，例如，公司规模、合规模块类型，以及是使用了我们的薪资合规产品和其他薪资产品的组合，还是只使用了我们的薪资合规产品。

11.3.2 方法

首要任务的确定

我们首先确定了我们的最终用户和首要任务，以此开始我们的计划。

首要任务管理方法（McGovern，2015）帮助我们识别和关注用户的最高优先级任务，从而减少对不太主要的任务的关注。由于它是所有后续步骤的基础，所以确定首要任务是我们用户体验度量计划中的一个重要阶段。如果无法清楚地确定首要任务，就很难将设计的贡献与提升用户体验及公司绩效指标联系起来。

作为从最终用户收集"首要任务"数据的第一步，我们使用"自由列表"方法调查了 20 名内部主题专家和利益相关者。自由列表是一种简单的定性研究技术，要求个体或群体"尽可能多地列举 [主题 X] 上的条目"。使用这种方法，我们收集了用户最重要或高优先级的端到端任务的初步列表（图 11.16 是我们的自由列表调查的一个例子）。

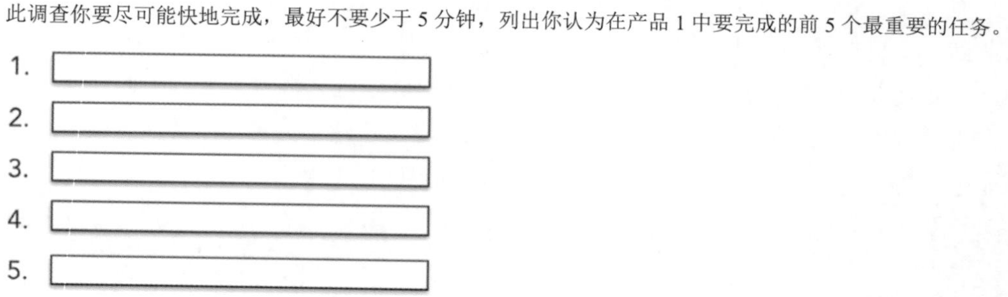

此调查你要尽可能快地完成，最好不要少于 5 分钟，列出你认为在产品 1 中要完成的前 5 个最重要的任务。

1.
2.
3.
4.
5.

图 11.16　自由列表调查用于确定首要任务

首先，对首要任务受访者进行筛选，以确定工资制度类型、主要产品使用情况、使用频率和强度等因素，以及与性别、年龄、职称、行业、工作年限、职位级别等相关问题的人口统计学数据。

然后，我们通过分析和观察研究，以及与利益相关者的访谈，甚至是分析销售和商业数据，对这个列表进行交叉核对和补充。作为对最终清单的检查，我们在启动实际调查之前与一小部分最终用户进行了有引导的远程预测试，以收集反馈。

首要任务的强制排序调查

采用拖放式调查设计，首先，要求参与者对流程中的步骤进行排序，将最重要的步骤放在列表的顶部，最不重要的放在底部。然后，要求参与者在五点李克特量表（5-Point Likert-type）上对这些流程步骤的重要性和满意度进行排序。采用"强制排序（forced ranking）"的调查方法，指导参与者确定构成每个步骤的子任务并对其进行优先级排序。"强制排序"的调查限制了用户的选择，目的是要求用户从总选择集中挑选出最重要的任务。当我们为参与者提供三种产品中的每一种可能包含的完整任务列表（这可能意味着多达51项任务）时，参与者被允许从所有任务选择中挑选有限的数量（3～5项任务）。

对于我们的后测问卷，我们收集了几个量化指标，采用五点李克特量表来评估被调查者对产品的总体满意度。标准化用户体验百分位数等级问卷（SUPR-Q）（Sauro，2018）的改编版使用了两个独立问题，用于评估用户对产品及其所呈现信息的可信度水平。最后，我们采用系统可用性量表（SUS），帮助我们了解用户对我们产品可用性和可学习性的感知，同时收集了11点标度的NPS数据。此外，我们还要求参与者对自己的NPS打分进行简要说明。

首要任务调查最重要的结果是一个经过排序的、有优先级的流程步骤和任务清单（见图11.17）。我们的研究结果不仅能够让我们看到不同产品中排名靠前的任务，还能识别出排名靠后的任务。此外，我们还可以看到每项任务相对于其他任务的排名情况。

任务型定性与定量基准研究

我们还可以按20%~75%的参与者的任务排序投票（通过我们调查结果来的），确定相应的首要任务子集（见图11.18和图11.19）。针对这样的首要任务子集，我们可以使用远程有引导和无引导两种方法，进行任务型定性和定量基准研究。

在我们的有引导和无引导的基准研究中，我们收集了测试前、任务后和测试后的度量指标。我们在筛选参与者的人口统计数据时，再次使用了与首要任务调查相同的类别，以便后续在首要任务调查和基准数据之间进行统计比较。

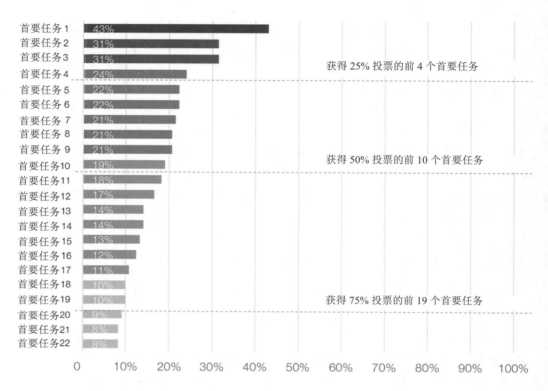

图 11.17　按参与者投票排序的首要任务调查

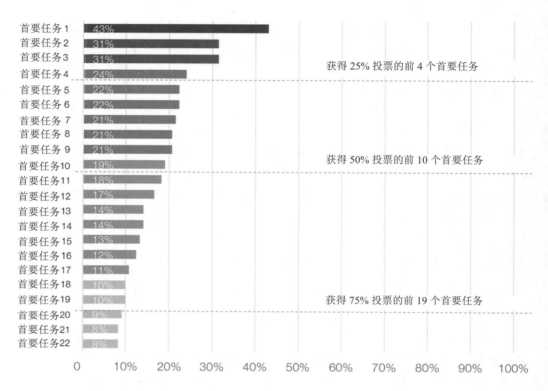

图 11.18　通过强制排序法确定首要任务调查的过程

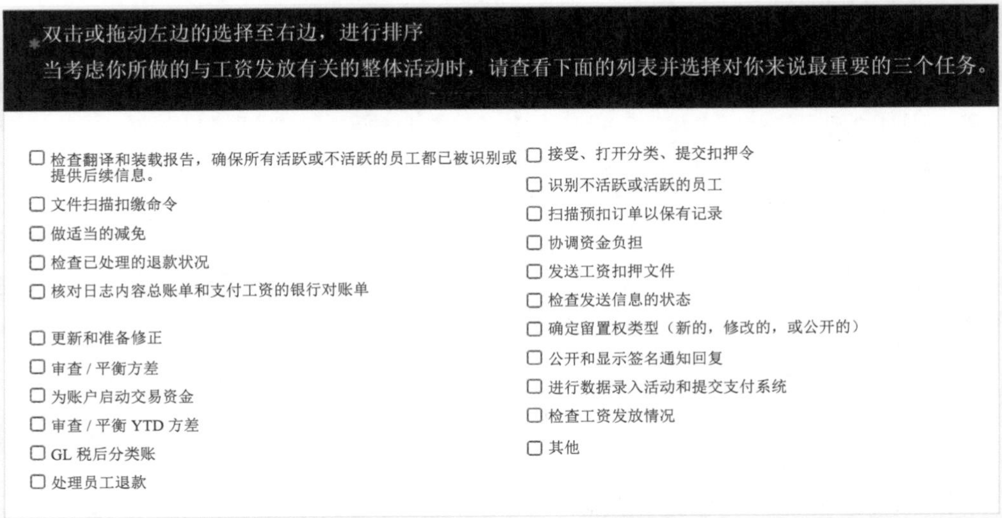

*双击或拖动左边的选择至右边，进行排序
当考虑你所做的与工资发放有关的整体活动时，请查看下面的列表并选择对你来说最重要的三个任务。

- ☐ 检查翻译和装载报告，确保所有活跃或不活跃的员工都已被识别或提供后续信息。
- ☐ 文件扫描扣缴命令
- ☐ 做适当的减免
- ☐ 检查已处理的退款状况
- ☐ 核对日志内容总账单和支付工资的银行对账单
- ☐ 更新和准备修正
- ☐ 审查 / 平衡方差
- ☐ 为账户启动交易资金
- ☐ 审查 / 平衡 YTD 方差
- ☐ GL 税后分类账
- ☐ 处理员工退款
- ☐ 接受、打开分类、提交扣押令
- ☐ 识别不活跃或活跃的员工
- ☐ 扫描预扣订单以保有记录
- ☐ 协调资金负担
- ☐ 发送工资扣押文件
- ☐ 检查发送信息的状态
- ☐ 确定留置权类型（新的，修改的，或公开的）
- ☐ 公开和显示签名通知回复
- ☐ 进行数据录入活动和提交支付系统
- ☐ 检查工资发放情况
- ☐ 其他

图 11.19　首要任务调查，通过强制排序来确定用户任务的优先级。至少勾选三个最重要的任务

接下来，我们的研究设计要求每名参与者完成一系列随机呈现的核心任务。任务度量包括任务成功及任务时间。每个任务后的问卷可以用来评估参与者的感知任务时间和感知难度（例如，单个易用性问题），并要求被测试者对自己的任务难度评分进行简要说明。

对于基准后测问卷，我们在首要任务调查中收集的后测数据的基础上进行了扩展，增加了 UX - MUX - Lite（Lewis et at, 2013）。UX - MUX - Lite 是一份由两个题项组成的调查问卷，我们希望它能提供更多关于用户对网站性能方面的见解。我们还增加了一个自由回答的问题，无论他们是否使用我们的软件，都要求参与者提供他们认为的首要任务的信息。我们希望这个问题能够对我们最初的首要任务数据有所扩充，并能帮助我们弄清楚这些最重要的任务在参与者中可能会发生的变化，这样最重要的任务就可以被反复研究。

对于有引导的远程基准研究，我们遵循了与无引导的远程基准研究相同的研究设计，但采用了回顾式出声思维的方法，要求参与者在完成每项任务后解释他们的思考过程，以及他们在测试前筛选、任务后和测试后问卷上的回答。我们将参与者数量限制在 9~12 名，并留出足够的时间收集每名参与者的过程流，以及对各问题自由发挥的丰富见解。这个在重新设计版本发布之前进行的基于任务的基准研究，可以帮助我们建立一个基准，从而与初始版本及未来的迭代版本进行比较。

11.3.3 分析

当试图将设计的影响与公司关键绩效指标联系起来时，一个绕不开的问题是："与公司内外部的所有其他因素相比，设计在多大程度上有助于提高公司的利润？"为了更好地回答如何量化设计对利润的影响的问题，我们开始研究一个多维模型。

这个模型建立在"服务利润链"的基础上（Heskett et at，1997；图 11.20），帮助我们综合考虑了公司中各种指标的影响（包括我们的用户体验度量指标），并有助于我们考察这些指标与公司关键绩效指标（例如，收益增长和赢利能力）的关联。

服务利润链中的连接

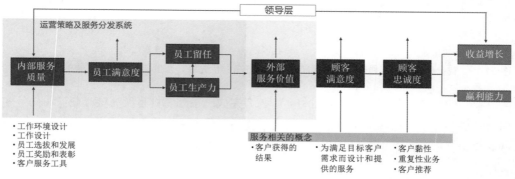

由 J. Heskett、W. E. Sasser Jr 和 L. Schiesinger 提供。

图 11.20 "服务利润链"模型

11.3.4 结果

在进行重新设计前的初始基准研究之后，随着在一年半的时间内对平台进行的迭代设计发布，我们另外开展了三次同样的研究。我们还谨慎地在每年的同一时间收集相同的度量指标，以规避季节性的影响。

我们努力收集了若干个度量指标（在每个基准研究中，测试前、任务后和测试后所收集的度量指标），这使我们有了更丰富的认识。图 11.21 描述了我们在这个多度量方法中使用的一个度量样本示例，这使我们对任务层级的和总体的用户体验度量进行检验，并可以衡量后续设计迭代及发布对用户体验的影响。

最初，我们假设用户体验团队的努力与公司的关键绩效指标（KPI）之间的量化联系将反映相关用户体验指标之间的联系。例如，我们认为国际标准化度量指标（例如，任务时间和满意度）的改进将对客户关键绩效指标（如净推荐值）及客户支持服务产生最大的影响。然而，虽然用户体验的改善看似确实会影响公司的绩效指标，但我们发现这种联系比我们预期的更复杂。

用户体验度量指标： 态度和任务度量指标	假设：基准研究和重新设计	企业指标
🕐 效率	⬆ 效率提高会带来任务时间的改善	• 销量上涨
👤☑ 有效性	⬆ 完成率增加会带来有效性的提升	• 客服联系量下降
🧠 感知难度	⬇ 感知难度降低会带来易用性的改善	• 客服联系量下降
👤🕐 感知时间	⬇ 感知时间会提高易用性	• 客服联系量下降
👍 满意度	⬆ 可用性的改善会带来客户满意度的提高	• 客户体验净推荐值提高
👓 净推荐值	⬆ 净推荐值得分会提高	• 客户体验净推荐值提高
📈 系统有用性得分	⬆ 系统有用性得分（SVS）会提高	• 客户体验净推荐值提高
🤝 产品信任、产品可靠性	⬆ 产品的信任及可靠性会提升	• 客户黏性增加
📋 产品信息信任、产品信息可靠性	⬆ 产品信息的信任及可靠性会提升	• 客服联系量上升

图 11.21　我们用户体验设计团队的多度量指标

当我们在各项研究中收集数据时，我们对研究数据进行了比较，试图发现变量之间是否存在统计上的显著相关（包括任务行为、任务后态度和感知指标之间的关系），以及测试后的度量指标（如系统可用性量表、净推荐值、UX-MUX-Lite、满意度、信任和可信度）与信息质量（如信任与可信度）之间的关系。

此外，在定性分析中，我们不断探寻三个自由回答问题（SEQ 或任务后难度、净推荐值和完成工作过程中最重要的活动）在内容上是否有差异，并查验不同净推荐值得分者的反馈记录（可比较贬损者、被动者和推荐者）在主题上有无差异。

我们发现定性数据提供了丰富的洞察，这往往能够丰富我们对参与者定量应答的理解。

在进行一系列统计分析（包括线性回归、逻辑回归和方差分析）时，一个令人惊讶的模型出现了。怎么回事呢？原来是高质量的用户体验和客户推荐之间存在显著的相关性。团队兴奋地发现，任务层级的度量指标（如任务成功和任务易用性）与用户体验度量指标（如系统可用性量表和整体满意度），以及产品的净推荐值之间的相关性极强。

随着团队继续探索数据，不断查验用户体验度量指标（任务层级和总的用户体验）与公司 KPI 之间在统计学上的重要联系，通过几轮比较研究，他们开始从图 11.22 所示的模型角度考虑这些联系。

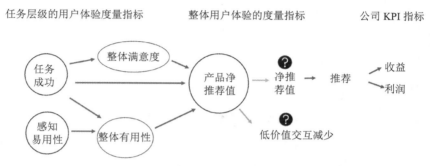

图 11.22　用户体验度量指标和公司 KPI 指标相关联的概念模型

综上所述，用户体验的新版本首先要能更好地支持用户顺利完成端到端的首要任务。其次，首要任务越容易完成，用户对体验的满意度和易学习性的评价会越高（见图 11.23）。最后，如果用户体验满足前两个条件，用户就更有可能给予产品较高的净推荐值评分。

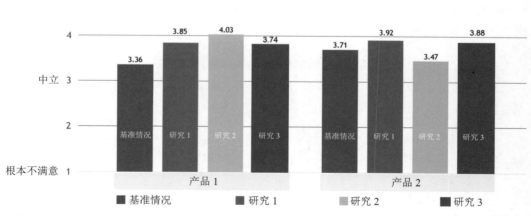

图 11.23　四个研究中满意度指标的变化

研究表明（Derfuss et al，2017）净推荐值与收入和利润之间存在密切联系。然而，服务质量会极大地影响净推荐值，尤其是在有些企业中，客户服务质量对端到端的用户体验影响更为明显。虽然用户体验设计团队在研究中发现了任务用户体验和净推荐值结果之间在统计上存在显著相关性，但有必要进行另外的研究来验证用户体验的净推荐值与整个公司的净推荐值之间的相关性，进而验证用户体验净推荐值与收入和利润之间的关联。

11.3.5 结论

在我们的 HCM 企业用户体验设计和研究团队执行方案期间，我们与其他公司员工有些交谈和讨论，发现许多人都在相同的用户体验度量道路上不断探索。他们偶然（有时会有更明确的结果）发现一些变量之间的关联性，与我们在这一年半的研究过程中发现的结果相同。总的来说，我们决定称这种模式为"用户体验 – 收益链"（UX-Revenue Chain）。这个探索性的模型将用户思考和决策的方式分解为四个关键领域的度量，并允许使用统计建模来解释用户体验如何影响商业指标（Buckley和Powers，2019）。

对于我们中的许多人来说，这个不断发展的模型激发了跨组织的讨论，强调弄清楚"谁是产品的主要用户"，以及"他们的首要任务和工作流程是什么"，并以此构建一种设计本质论和商业战略的方法。

作者简介

JonDelina"JD"Buckley

15 年来，JD 成功地引领了以人为本的、全面的和数据驱动的用户体验的引入。JD 是一位充满激情的用户体验研究和设计战略的负责人，曾与包括 Yahoo！、Kelley Blue Book、Disney、Daqri、Kaiser Permanente 和 ADP 在内的多家公司合作过。她的工作启示并激励企业不断创新用户体验。JD 目前是 ServiceTitan 的服务设计总监，主要通过 JD Usability 公司提供咨询服务，并担任艺术中心设计学院的兼职助理教授。

11.4 四个医疗保健网站的竞争性用户体验基准测试

作者：Kuldeep Kalkar，UserZoom 公司的全球研究高级副总裁。

在高管和商业利益相关者的眼中，无法度量的东西是无法管理的。用户体验也不例外。在商业环境中，通常会将公司与其竞争对手在关键任务和关键客户体验方面进行比较。

在 UserZoom，我们对美国多个州的四个医疗保健网站进行了基准测试和比较。在美国，医疗保健供应商由州级单位进行监管，这导致了该数字业务的碎片化。作为竞争性用户体验基准测试的一部分，我们比较了得克萨斯州、新泽西州、加利福尼亚州和马萨诸塞州的蓝十字蓝盾（Blue Cross Blue Shield，BCBS）网站（见图 11.24）。

图 11.24　得克萨斯州、新泽西州、加利福尼亚州和马萨诸塞州的蓝十字蓝盾网站的截图

11.4.1　方法

我们进行了两项研究：一项是定量的，另一项是定性的。定量研究的样本量为 200 人，定性研究的样本量为 20 人。所有参与者必须符合以下标准：

- 年龄在 26 岁以上。
- 居住在特定的州（得克萨斯州、加利福尼亚州、新泽西州和马萨诸塞州）。
- 负责制订医疗保健决策。

我们结合了多种方法对这些网站进行评价，同时收集行为数据（如任务成功率、任务时间和页面浏览量）和态度数据（SUPR-Q），为每个网站计算单一分数（qxScore）。

两项研究数据均通过 UserZoom 进行收集

被邀请的参与者首先要通过筛选。筛选后的参与者按照研究指导语和任务指导语浏览网站。对参与者的浏览过程，我们进行了屏幕录制，并记录了参与者点击行为、浏览的页面、点击次数、任务时间和行为数据。参与者任务前和任务后的态度数据也被记录：[单个使用问题（single use question）、品牌感知和 SUPR-Q 问卷]。

第二项研究（$n = 20$）的设置与第一项研究类似，但有一点不同：参与者被要求在浏览网站时以出声思维的方式说出他们的想法，屏幕和声音被记录下来。出声思维的数据，再结合用于方向观测的屏幕记录，能为找出"为什么"背后的问题提供更丰富的洞察。

量化研究（$n=200$）的实验设计

在 UserZoom，我们通常建议采用组内实验设计（一名参与者浏览所有的网站）。这种设计只适合任务数量有限的情况，并且无引导的总研究时长要控制在 20 分钟以内。而在本实验的情况中，由于医疗保险产品是针对州的，主要适用于某一州的居民，因此研究必须是组间的（每名参与者只在一个州的特定网站上完成三个任务）。即，得克萨斯州的 50 名参与者将在 BCBS 得克萨斯州网站上操作三项任务，其他三个州也是如此。图 11.25 表示定量和定性研究的流程。

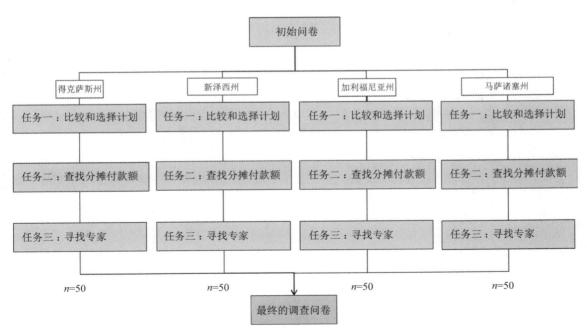

图 11.25　定量研究的实验设计和任务流程，以及出声思维的定性研究流程

行为和态度的度量指标

我们收集了任务前、任务中、任务后和系统层面关键绩效（KPI，通常在研究结束时）相关的几个度量指标。这些都是行为和态度方面的度量指标。表 11.1 中列出了所收集的度量指标。

表 11.1　任务级和系统级的度量：基于行为和态度的度量指标

项目	行为度量指标	态度度量指标
任务级的度量	• 任务成功率 • 平均任务时间 • 平均页面浏览量	• 没有遇到问题或挫折 • 提供了恰到好处的信息量
系统级的度量		• 品牌认知（任务前） • 品牌认知（任务后） • SURP-Q • 外观 • 易用性 • 净推荐值和忠诚度 • 信任度

11.4.2　结果

qxScore

在了解细节和细节背后的"原因"之前，管理者们往往想知道"谁赢了"。在 UserZoom，我们一直在使用一种叫作 qxScore 的单一度量指标（见图 11.26）。这是一个综合了多种度量数据的体验评分，同时收集了行为数据（如任务成功率）和态度数据（如易用性、信任和外观）。qxScore 的分值中，有 50% 的权重用于系统级的态度度量（来自 SUPR-Q 的八个问题），50% 的权重用于任务成功率（行为度量指标）。

总的结果

得克萨斯州的蓝十字蓝盾网站获得总冠军，得分为 76 分（qxScore）。根据我们的基准得分，得克萨斯州的蓝十字蓝盾网站提供了最佳的整体体验，击败了加利福尼亚州（63 分）、新泽西州（56 分）和马萨诸塞州（48 分）（见图 11.27）。

图 11.26　综合行为和态度度量数据的 qxScore 可视化

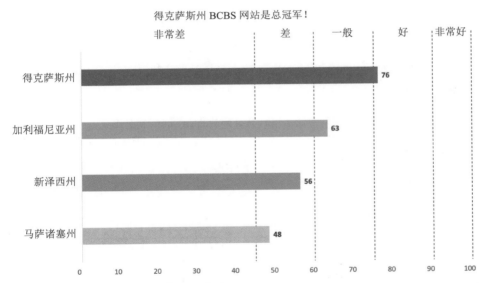

图 11.27　四个州 BCBS 网站的 qxScores 得分

　　这四家网站在任务 3（查找能接收新病人的专家）上都有改进的空间。得克萨斯州的 BCBS 网站在这次竞争性评估中获胜的主要原因是任务 1 和任务 2 的成功率很高（表 11.2）。

表 11.2　三个任务（完成率）和态度（前 2 项）的 qxScore 得分卡

项目	得克萨斯州 BCBS 网站	新泽西州 BCBS 网站	加利福尼亚州 BCBS 网站	马萨诸塞州 BCBS 网站
任务 1：比较和选择健康保险计划	94	88	56	64
任务 2：查找所选计划的分摊付款额	94	82	64	60
任务 3：查找能接收新病人的专家	70	52	58	40
可用性（易用性）	65	49	52	33
信任度	85	68	72	69
外观	62	56	53	45
忠诚度 NPS	49	38	31	20
qxScore	76	56	63	48

　　这个记分卡可以帮助直观地看到一个特定站点的具体细节（表 11.3）。作为一个例子，我们呈现了马萨诸塞州 BCBS 网站的得分卡，得分卡以 0 到 100 的比例来表示任务成功百分比，以及以此表示 SUPR-Q 的四个关键态度上选择前 2 项的百分比。qxScore 是行为（完成任务）和态度（前 2 项）的平均值。

表 11.3　马萨诸塞州 BCBS 网站的 qxScore 得分卡

项目	非常差（≥ 45 分）	差（45~60 分）	一般（61~75 分）	好（76~90 分）	非常好（91~100 分）
任务 1：比较和选择健康保险计划			64		
任务 2：查找所选计划的分摊付款额			60		
任务 3：查找能接收新病人的专家	40				
可用性（易用性）	33				
信任度			69		
外观		45			
忠诚度净推荐值	20				
qxScore		48			

任务细节

　　这项研究在四个竞争网站上都测了三个相同的任务。任务选择对于任何用户体验研究都至关重要。对于竞争性基准测试说，选择最具代表性的任务尤为关键。

在四个 BCBS 网站中，得克萨斯州 BCBS 网站的参与者最能成功地达成目标（任务成功率），也最有效率（平均任务时间）（表 11.4）。

表 11.4 四个州 BCBS 网站的关键绩效指标（KPI）

（TX= 得克萨斯州；NJ= 新泽西州；CA= 加利福尼亚州；MA= 马萨诸塞州）

关键绩效指标（KPI）	TX n=50	NJ n=50	CA n=50	MA n=50
任务完成率 /%	94	56	88	64
平均任务时间 / 分钟	3.3	3.8	5.8	4.2
平均页面 # 浏览量	4.9	6.7	9.0	9.0
没有遇到问题或挫折 /%	38	24	22	20
提供了恰到好处的信息量 /%	58	46	48	44

对于使用得克萨斯州（TX）BCBS 网站，38% 的人说他们没有遇到问题，这意味着 62% 的人在这过程中遇到了问题。因此，我们有理由说，即使得克萨斯州的 BCBS 网站是这批网站中表现最好的，也仍有很大的改进空间。对于马萨诸塞州（MA）的 BCBS 网站，接近 80% 的参与者在查找和比较健康保险计划时遇到了问题和挫折。图 11.28 中列出了参与者们所遇到的问题。

具体而言，在这项任务中，你遇到了以下哪些问题或挫折（如果有）？

[请勾选所有适用的选项]

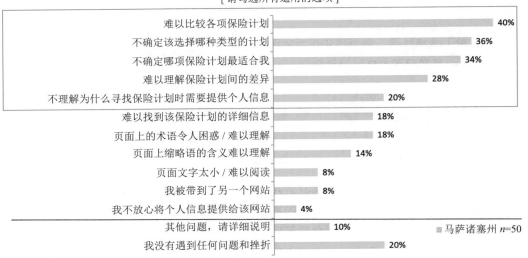

图 11.28 参与者在马萨诸塞州 BCBS 网站上遇到的问题

在四个 BCBS 网站中，参与者在得克萨斯州 BCBS 网站上操作的任务成功率最高，为 94%（高于平均水平），而且查找分摊付款金额的速度最快。更好的交互设计、布局、视觉设计和清晰易懂的文案都有助于人们更好地完成任务（表 11.5）。

表 11.5　四个州网站的总体关键绩效指标（KPI）

关键绩效指标（KPI）	得克萨斯州 （TX）n=50	新泽西州 （NJ）n=50	加利福尼亚州 （CA）n=50	马萨诸塞州 （MA）n=50
任务完成率 /%	94	64	82	60
平均任务时间 / 分钟	0.7	0.9	1.4	0.8
平均页面 # 浏览量	1.5	2.3	2.1	2.8
易于找到分摊付款金额 /%	66 均值 5.7	44 均值 4.3	48 均值 4.7	50 均值 4.5
没有遇到问题或挫折 /%	64	48	42	30

对于新泽西州 BCBS 网站，48% 的人在使用过程没有遇到问题，但这意味着所有参与者中有 52% 的人遇到了问题或挫折，下面按优先顺序列出（见图 11.29）。参与者使用新泽西州（NJ）BCBS 网站时最大的障碍是不清楚去哪里找支付信息。

具体而言，在这项任务中，你遇到了以下哪些问题或挫折（如果有）？

[请勾选所有适用的选项]

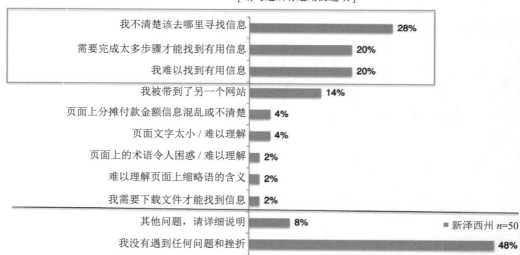

图 11.29　参与者在新泽西州 BCBS 网站上查找能接收新病人的专家（任务 3）时遇到的问题

任务前后的体验感知

我们建议在参与者执行任何任务之前设置一个感知问题："你觉得这个[网站]怎么样？"并在所有任务完成后同样设置该问题。该问题通常是七分或五分量表。该问题可比较参与者在任务完成前后对该网站或品牌的印象是积极的、中性的还是负面的，有没有改变。可以查看参与者选择量表前2项（七分量表中的6或7分）或前3项（七分量表中的5、6或7分）的比例是否有显著提升。

图11.30展示了任务前后的感知度（七分量表的前2项）。在90%的置信区间中，马萨诸塞州BCBS网站在前2项中出现了明显的下降，这使我们相信，网站的实际使用体验使那些最初有积极印象的参与者对网站的印象显著下滑（使用校正的Wald方法进行显著性检验）。

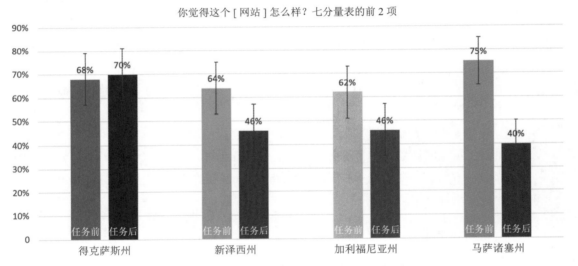

图11.30 BCBS网站使用前后的体验感知（七分量表的前2项）

11.4.3 总结和建议

在UserZoom，我们通过持续的客户反馈来帮助500强企业推动更好的用户体验。我们可以查看零售/电子商务、银行业、航空业、保险业、医疗保健等行业的基准数据。例如，我们的数据显示，在垂直电子商务领域的基准数据要高于一般医疗保健行业的基准数据。有一些经过时间考验的设计原则和关键建议，可以使医疗行业的所有企业受益。

对于专注于改善用户体验的数字化团队来说，关键建议如下。

1. 进行基准测试：每个季度、每半年，或至少每年对你产品的数字体验进行一次竞争性基准测试。所有高管都相信：你无法管理你无法度量的东西。用户体验也是如此。用户体验研究者用本书概述的度量，度量它们，呈现发现结果，用商业语言讲出来。

2. 寻找其他行业的最佳实践：只看你的直接竞争对手在做什么是不够的。消费者的期望是由他们在所有行业网站和应用程序中的体验所驱动的。根据四个BCBS网站的反馈（即我们这次测试基准研究中所测的网站），很明显，有很多易于改进的方向可用来显著改善网站的设计和整体的用户体验。

3. 使用定性和定量数据：对于任何用户体验基准测试，提供定性（发生了什么，为什么会发生）和定量（多少）结果是必备的。

4. 简化健康计划比较的设计和内容：在一个长长的网页上列出各种健康保险选择是不够的。要注意到关键的内容要素，使消费者在一个简单易读的表格中能轻轻松松地比较多种计划。正如本节所示，这四个BCBS网站都未能让参与者理解清楚所有的选项，那么对选项进行比较无疑是一个挑战。如果客户不能找到合适的选项，他们就不可能购买。

5. 寻找医生时设置"搜索和过滤"：找到合适的医生或知道某医生是否接受某个特定的计划或接受新病人，这是至关重要的。但这几个网站经常不能满足搜索和过滤的要求。这不是一个非此即彼的问题，客户期望搜索和过滤应该同步进行。

致谢和贡献

UserZoom 的首席用户体验研究员 Ann Rochanayon 设计、执行和分析了这项研究。如果没有 UserZoom 用户体验总监 Dana Bishop 的关键贡献：数据分析和可视化，本节是不可能完成的。

数十年间，Ann 和 Dana 在他们的职业生涯中已开展过几项用户体验基准研究工作，跨越了几个行业的垂直领域。他们经常参加一些用户体验峰会、客户研讨会和网络研讨会，就一般的用户体验研究最佳实践和具体的用户体验基准研究进行发言。我们向 Ann 和 Dana 致以感谢。

作者简介

Kuldeep Kelkar 是 UserZoom 的全球研究服务高级副总裁，也是一位用户体验负责人，在将商业战略和用户需求转化为解决方案方面有 20 多年的经验。他曾在大大小小的组织中担任研究员和设计师，包括在 PayPal 领导用户体验团队长达 10 年。他是设计负责人和顾问，管理分布在各地的用户体验团队，并实现产品（基于不同平台和终端）愿景。Kuldeep 热衷于用户体验优秀人才的发现和培养，是一位度量导向的管理者，具有执行力（C 级），善于与产品、市场、工程、质量和体验专业人员建立好的合作。

11.5　缩小补充营养援助计划（SNAP）鸿沟

作者：Eric Benoit、Sharon Lee 和 Juhan Sonin，GoInvo 公司。

粮食不安全对全美各地的公共卫生造成了重大损失。可悲的是，马萨诸塞州十分之一的家庭"粮食不安全"（Project Bread，2019）。马萨诸塞州过渡援助部（DTA）正在努力通过补充营养援助计划（SNAP）为马萨诸塞州居民提供支持，这是一项购买营养食品的月度福利计划。

之前发布的补充营养援助计划数字体验，使马萨诸塞州居民难以完成在线申请领取福利的作品。这项在线申请的前提假设是：有一台能够连接互联网的电脑，申请的居民能够理解所设置的问题（只有高中或大学教育水平的人才能理解这些的问题），以及有足够的耐心通过一个晦涩难懂的表格（见图 11.31）回答 90 多个问题。正因为如此，大多数人选择亲自到过渡援助部办公室申请。在某些情况下，这意味着会错失工作和收入。

在与马萨诸塞州过渡援助部、马萨诸塞州卫生与公众服务执行办公室（EOHHS）IT部门、GoInvo 以及我们的开发伙伴通力合作后，我们为补充营养援助计划推出了新的数字体验。项目团队聚焦移动优先、非令人生畏、可及的和具有多语言选项的快速服务。虽然该申请只是整个环节中的一部分，但对有需要的人来说，它是一个关键切入点。我们的最终目标是：通过设计所有人都可及可达的补充营养援助计划申请流程，来提高马萨诸塞州居民的粮食安全。

图 11.31 以前的在线申请很难完成，只有 7.5% 的人完成了整个申请过程

11.5.1 实地调查

我们实地走访了当地马萨诸塞州过渡援助部的一个办公室，从工作人员和居民那里了解补充营养援助计划的流程。我们的目标是研究和观察人们在试图申请或管理他们补充营养援助计划福利时的互动情况。为此，我们通过四次直接观察现场申请和三次电话交谈（见图 11.32），展开了这次的现场调研。

我们很容易就能看到，申请人在整个过程中的压力、语言障碍和困惑，这促使我们要使申请流程设计得尽可能友好和简洁。

在整个沟通过程中，我们持续听到居民对文件验证这一过程的不解，是一个令人特别困惑的地方。对于居民来说，他们不清楚当前的状态是什么，是只需要耐心等待还是要提交其他文件。因此，居民会打电话或到马萨诸塞州过渡援助部办公室寻求帮助。如果没有提供正确的文件材料，就会延迟获得福利，因此，必须确保人们知道他们需要提供什么文件，来加快获得福利的进程。

图 11.32 马萨诸塞州过渡援助部工作人员接听希望申请补充营养援助计划的居民的电话

对此，我们重新设计了两个部分，以更好地指导居民提交正确的文件并尽可能快地获得他们的福利。

第一个重新设计是在申请过程中，我们设计了一个逻辑，即只要求申请人根据其回答提供相应的验证文件。居民现在有一个清晰的清单，告知他们需要提供的文件。

第二个重新设计是在账户管理中，他们可以随时随地查询申请状态。文件部分会列出他们需要提供的文件及其状态（缺失、处理中、批准、拒绝），这样他们就不需要联系当地的马萨诸塞州过渡援助部办公室进行查询。

11.5.2 每周检视

在我们的合作过程中，我们每周都会和所有利益相关者进行设计检视（review）（见图 11.33）。在这些环节中，我们会对最新的设计概念和研究进行检视，以迭代更新设计。

图 11.33　与马萨诸塞州过渡援助部和补充营养援助计划政策专家一起检视关于修订补充营养援助计划申请问题的草案

11.5.3　申请问题

当我们开始这个项目时，我们并不打算重新编写"申请问题"。然而，根据与行业专家几次会议的反馈和我们的评估，很明显这些问题没有以用户友好的方式写出来，给用户造成了很多困惑，更糟糕的是，阻碍了人们的申请（见图 11.34）。

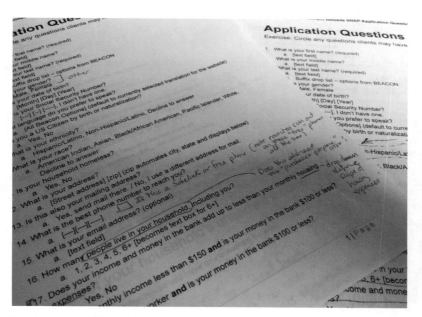

图 11.34　行业专家对一套新编写的申请问题进行检视的反馈手稿

为了用数字来说明这一点，我们发现在所有已经开始的在线申请中，只有 7.5% 的人完成了最终在线提交。我们永远不会知道有多少人通过其他方式（传真、邮件、到访办公室）重新尝试申请或干脆停止了申请。但显而易见的是，在线申请流程是失效的，没有满足马萨诸塞州居民的申请需求。

由于目前用于跟踪在线数字体验的度量指标有限，难以更好地为设计提供参考，所以我们必须建立自己的度量标准。我们与行业专家组织了一个研讨会，根据专家们的经验，确定了最为困难的"申请问题"。我们把整个"申请问题"的打印稿发放给了七名参与者，请他们指出那些困难的问题，同时提出更好的问题表达建议。

基于以上结果，我们得到了一个热点图，据此可以知道哪些问题是我们应该关注的，以及从中发现潜在的解决方案。我们发现有五个关键因素会持续在造成困惑。

- 使用人们不熟悉的语言。
- 问一些不相关的问题（例如，向没有小孩的人询问育儿费用的问题）。
- 在单个问题中询问多个问题。
- 没有对"家庭"定义，导致需要申请福利的人数不正确。
- 为家庭成员添加收入很麻烦，导致申请不完整。

根据研讨会的结果，我们起草了一个新版本的"申请问题"（见图 11.35）。这个草案经历了大约 10 轮迭代，才有了现在的结果。有些建议由于政策衔接等原因而没有被采纳，这是我们在项目

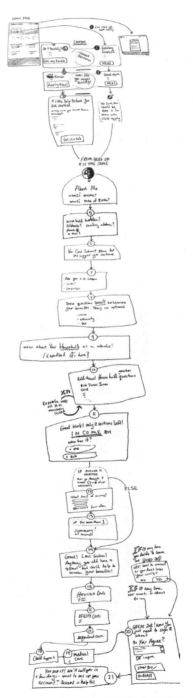

图 11.35　申请程序修订工作流程草图

范围内无法改变的。

虽然仍有改进的空间，但已调研收集的反馈对申请设计带来了显著的影响。对于两人的家庭来说，"申请问题"从 90 多个减少到约 40 个，这意味着在申请上花的时间大大减少了。

11.5.4　调查

通常，我们采用调查来为产品设计提供信息。调查在设计项目的任何一个阶段（从设计草稿到产品落地）都是有用的。对于补充营养援助计划项目，在设计福利申请网站（在提交申请之后人们用于管理他们的补充营养援助计划福利）之前，我们进行了一次调查（见图 11.36）。虽然我们清楚用户在这网站中会做哪些核心操作，但由于我们没有任何数据可用，所以我们并不清楚这些核心操作被使用的频率。调查是一个有用的工具，让我们对人们在福利申请网站上花费的时间有了一个基本的了解。

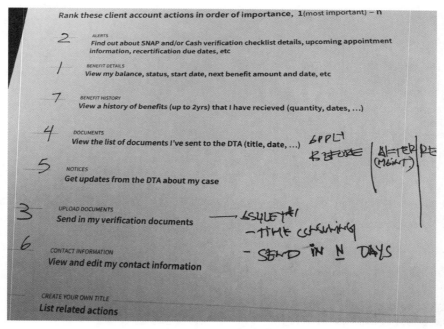

图 11.36　某参与者的调查结果：对福利申请网站中核心操作的重要性进行了排序

当我们进行调查时，给每名参与者一份纸质问卷，里面列出了福利申请网站中用户可能会采取的一些重要操作。指导语较为简单，仅要求参与者根据这些核心操作对使用福利申请网站的重要程度进行排序（图 11.37）。

										平均值	最终排名
福利细节	1	4	2	1	1	1	1	1	1	1.44	1
警告	4	3	1	2	5	4	2	2	3	2.89	2
上传文件	2	1	3	4	7	3	3	3	5	3.44	3
通知	5	2	5	3	3	5	4	5	2	3.78	4
文档	3	6	7	5	2	2	6	6	4	4.56	5
联系信息	6	5	4	6	4	7	5	4	6	5.22	6
福利收到历史	7	7	6	7	6	6	7	7	7	6.67	7

图 11.37　调查结果表明，最重要的设计行动是让用户看到福利细节

　　我们把对参与者的调查结果汇总到一个电子表格中，以了解大家的普遍共识。我们开始设计福利申请网站，以符合调查发现的结果。例如，"福利细节"是最重要的，我们确保这是我们第一个要显示的信息（见图 11.38）。

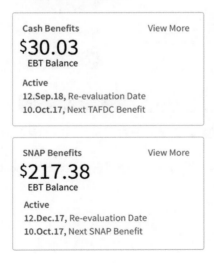

图 11.38　调查结果直接用于设计：显示的第一个条目便是福利细节

11.5.5　测试原型

为了真正了解我们的设计将如何运作，并获得最好的用户反馈，我们需要把我们的设计以我们对其所预期的形式实现出来。这意味着要把设计放到代码中，通过桌面或手机便可在浏览器上查阅和访问（见图 11.39）。

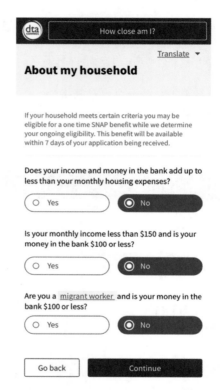

图 11.39　补充营养援助计划的移动端 App。现在，马萨诸塞州居民可以随时随地从手机上申请

有了可以模拟真实体验的设计原型，我们就可以在发布前对新设计的表现进行度量。主要度量以下几个方面：

- 完成申请程序的时间。
- 输入家庭收入的备选方法。
- 主题内容和问题的流程均需合乎逻辑。
- 可及性问题。

11.5.6　成功的度量指标

在项目开始时，我们确定了一个项目成功的度量指标——消除补充营养援助计划鸿沟。消除补充营养援助计划鸿沟指的是：在全美符合条件的人中只有 75% 的人申请，这意味着有 25% 的符合条件的人口没有获得合理的补充营养援助。我们的任务是通过重新设计申请数字体验，减少没有获得合理的营养援助的人口，将食物送到更多符合条件的马萨诸塞州居民手中。

自新推出以来，我们看到在线申请量同比增长了 76%，其他渠道的申请也都在明显下降（其中传真减少 32%，邮寄减少 40%，上门减少 13%，投递减少 40%）。从这些表面数字来看，新的在线申请流程似乎正在并入其他渠道的申请。

关于消除补充营养援助计划鸿沟，重新设计的申请数字体验流程似乎正在起作用，总体申请量同比增长了 10%。

11.5.7　组织

GoInvo

GoInvo 的设计实践致力于在医疗保健领域中的创新。在过去十年中，GoInvo 与阿斯利康、Becton Dickinson、强生公司、3M 健康信息服务、美国卫生与公众服务部和沃尔格林公司等机构开展影响深远的合作，为病人、临床医生、研究人员和管理人员创造了体验出色的应用软件。由 GoInvo 设计的软件每天有超过 1.5 亿人在使用。GoInvo 成立于 2004 年，是一个由专家级的设计师、工程师和研究人员组成的任务驱动型组织，在健康信息技术、基因组学和开源健康方面有着深厚的专业知识，致力于为世界带来切实和积极的变化。

马萨诸塞州过渡援助部

过渡援助部（DTA）旨在协助和促进低收入个人和家庭满足他们的基本需求，提高他们的生活质量，进而促进他们有能力实现长期的经济自足。过渡援助部为联邦八分之一的居民提供直接经济援助（现金福利）、食品援助（补充营养援助计划福利），以及劳动培训机会。

作者简介

Eric Benoit 是 GoInvo 工作室的创意总监，领导工作室从概念到设计的整个用户体验创设过程。Eric 在人类体验方面的知识背景及其对设计的热爱，帮助他将医疗和企业中复杂的信息系统转变为响应灵敏和适应性强的以人为中心的设计。

Sharon Lee 是一位设计师，兼具工程、医学和艺术方面的知识背景。她对医疗保健充满热情，其关注重心是以人为中心的软件设计。她于 2016 年加入 GoInvo 工作室，拥有弗吉尼亚大学的生物医学工程学士学位。

Juhan Sonin 以医疗设计和系统工程方面的专长领导 GoInvo 工作室。他曾在苹果公司、国家超级计算应用中心（NCSA）和 MITRE 就职。他的工作成果得到了《纽约时报》、英国广播公司（BBC）和国家公共广播电台（NPR）的报道，并在 The Journal of Participatory Medicine 和《柳叶刀》上发表。他目前在美国麻省理工学院（MIT）教授设计和工程相关的课程。

第12章
通向成功的10个关键点

本书所介绍的有些概念和方法对有的读者来说可能是第一次接触，甚至初看起来还有一些困惑，因此，我们打算把本书的重要内容提炼成 10 个有助于读者获得成功的关键点。这些都是我们汲取多年教训而总结出来的，有时为此付出了代价。

12.1 让数据活起来

让用户体验研究产生更大影响的一个重要方面就是让数据变得（对项目相关方而言）有趣且形象一些。人注视着一长串数字时很容易迷茫。然而，一旦把数据变成用户对某个产品或服务的实际体验和感受，就大不相同。尽管这听起来有些夸张，但是很容易让他人明白研究的意义。本质上就是给数据塑造一种生活化的形象。一旦人们对数据有了更深层次的理解，甚至产生了情感上的共鸣，就不会轻易忽视数据。Tomer Sharon 在他的著作 *It's Our Research：Getting Buy-in for User Experience Research Projects*（2012）中对用户体验专业人士将数据鲜活化的重要性做了精彩的阐述。

有几个技巧对实现数据鲜活化非常有用。第一，我们建议当用户体验研究者进行用户体验研究时，尽量想办法让关键决策者"直面"数据的收集。可以请他们来实验室或通过屏幕共享软件观察可用性测试，或者邀请他们跟着实地参加研究环节中的一些家庭拜访。让关键决策者们实地观察用户的体验过程要远胜于大声地向他们介绍。

一旦关键决策者开始看到一系列形式一致的结果，就无须再花太大的努力让他们确认是否有必要改变设计方案。但是要注意的是，如果关键决策者只观察了一个访问或可用性研究单元，尤其观察到参与者在"苦苦挣扎"，会很容易觉得"我们的用户比那个人要聪明得多"。相反，如果看到参与者能轻松地完成任务，则能够造成虚假的安全感，即"我们的设计没有可用性问题"。因此，关键决策者参与了一次观察后，可邀请他们来"至少再观察一次"，以对结果形成一个整体的印象。事实上，我们甚至可以认为，只参加一个测试单元观察，还不如不参加效果好。

另一个推动用户体验研究的极好技巧是善用短小的视频片段。在汇报中穿插一些小的视频片段可以起到完全不同的效果。通过播放视频片段，展示两三个不同的参与者碰到了同样问题或表达了类似程度的沮丧情绪，向受众说明研究结果是很有效的。以我们的经验来看，更为活跃的参与者参与研究的视频片段更加适合被用来剪辑成好的片段，但是要避免呈现那些缺少数据支持的戏剧化或滑稽式的片段。我们要确保每个视频片段都简明扼要，少于 1 分钟最为理想，或者只有 30 秒，要避免因为视频片段拖延得太长而失去了视频片段本来的作用。在呈现视频片段前，应适当提供一些有关该参与者及其正准备做什么事情等方面的背景情况（不要展示任何隐私信息）。

如果让关键决策者直接观察或为他们播放视频剪辑也不奏效，那么可以尝试给他们看几个关键的体验指标。一般情况下，仅任务成功、效率和满意度这几个基本指标就能起到很好的作用。最理想的是将这些指标与投资收益率（ROI）关联起来。比如，如果能说明新的设计方案会提高投资收益率，或与竞品相比，用户弃用率为何更高，就能吸引更高管理层的注意力。

团队投入度评分

Bill Albert 和 Josh Rosenberg（2017）引入了一个新的度量指标来评价可用性测试中团队成员的投入程度，即团队投入度评分（Team Engagement Score，TES）。团队投入度评分是基于团队成员（包括产品经理、设计师、开发人员和高级管理人员）在可用性测试过程中观察的重要作用而形成的。

团队投入度评分的计算用到了三个与观察可用性测试中有关的内容，即团队承诺度、团队优先度和团队参与度。团队承诺度是指实际被观察的可用性测试单元数量与可供观察的所有测试单元数量的比值。团队优先度是被直接或实地（in-person）观察的可用性测试单元数量与适合直接观察的所有测试单元数量的比值。团队参与度包括由可用性领导或主持人对产品团队在观察期间和观察后对问题和反馈的参与程度进行评分。

上述三个部分构成了团队投入度评分，得分范围为 0 到 1.0。团队投入度得分为 0 表示团队投入度最低，而分值为 1.0 的团队投入度得分则表示在可用性测试观察方面团队投入度最高。虽然肯定还有其他的变量可以表明一个团队的投入程度，但团队投入度评分有助于团队度量和跟踪利益相关人在可用性测试中的参与程度。

12.2　主动去度量

许多年以前，我们所做过的最棒的事情之一就是在没有被直接要求的情况下，收集了用户体验度量。在那时，我们开始对纯粹的定性发现产生了一定犹豫甚至是怀疑。同样，项目组也开始有更多的疑问，尤其是那些关于设计喜好及竞争格局（competitive landscape）等只能通过量化数据才能回答的问题。因此，为了确保我们正在进行的设计能成功，我们主动承担了收集用户体验度量的任务。

那么什么才是收集度量的最好方法呢？我们推荐首先从小的容易控制的事情着手。首次使用度量方法就能成功是至关重要的。如果试图在常规的形成性用户体验研究中使用度量，则可以从问题分类和严重性等级评估着手。通过记录所有的问题来获得大量可用的数据。例如，每个可用性测试结束时，收集系统可用性量表（System Usability Scale，SUS）数据，或者将净推荐值度量作为在线测试的一部分，这些都是很容易做到的。做这种调查只需要几分钟的时间，但如果长期坚持就可以获得大量有价值的数据。通过这种方式，可以用一个定量的指标来度量所有的测试，继而能描述长期的变化趋势。随着更能得心应手地使用类似一些更为基础的度量，用户体验研究者就可以在用户体验度量的阶梯上进一步提升了。

然后可以包括一些效率方面的度量，比如任务时间和迷失度（lostness）。同时，也可以考虑一些其他类型的自我报告度量，比如，有用性—知晓度差距（usefulness-awareness gap）或期望度量。还可以探索一些表示任务成功的其他方法，比如，通过完成任务的水平来定义任务成功。最后，可以着手把多个度量整合成一个总体性的用户体验度量，甚至构建自己的用户体验积分卡。

随着时间的推移，用户体验研究者会逐步掌握全部的度量方法。从小事开始，会了解到哪些度量适合用于具体的项目情况，哪些不适合。用户体验研究者会认识到每种度量的优点和缺点，从而可以开始尝试减少数据收集过程中的噪声。以我们的工作来看，我们用了很多年的时间才使度量工具包完善到现在这种状况。所以，一开始不要担心是否收集了所有想要的度量，最终你是会得到它们的。同时也要清楚受众需要有个调整或适应的过程。如果受众只习惯于看到定性的结果，则他们需要时间去适应与理解用户体验度量。如果给他们灌输得太多太快，那么他们可能会抵制，或者认为这些研究人员刚从数学训练营回来。

12.3　度量比想的便宜

度量数据不需要太长的时间来收集，也不太昂贵。换在十年前这可能既费时又费力，但现如今已经不再是了。对用户体验研究者而言，有太多的新工具可以使数据的收集与分析变得容易与便捷，而且花费也不会超出预算。事实上，在许多情况下，进行一个定量的用户体验研究所需费用要远远少于传统的定性用户体验研究。

诸如 UserZoom 和 Loop11 这类在线工具，都是收集定量数据的极好途径，例如，可以收集用户如何与网站或原型进行交互等方面的定量数据。研究可以在几分钟或几小时内就可以安排好，而且花费也相当低，尤其是与花在传统可用性评估上的时间相比，更是如此。这些工具也为我们提供了许多方法来分析点击路径、弃用率、自我报告度量和很多其他类型的度量。在 *Beyond the Usability Lab*（Albert，Tullis & Tedesco，2010）一书中，我们列出了许多这类工具的介绍或特点，并且针对如何使用这些在线工具进行可用性测试给出了详细的指导。

有时读者可能会更多地关注用户对不同设计的反应，而不太关注用户与设计的实际交互行为。在这种情况下，我们推荐读者利用许多在线调查工具，这些工具允许嵌入图像，并设置与之相关的问题。类似于 Qualtrics、Survey Gizmo 和 Survey Monkey 这类在线工具都有可以嵌入图像的功能。另外，还有一些交互式的功能，例如，可以基于用户体验研究者所提供的问题，允许参与者在图像的不同部分进行点击。尤其是按年注册了使用权限后，这些在线调查工具的价格都非常合理。

还有许多其他既价格合理又能十分有效地收集用户体验数据的工具，例如，Optimal Workshop 就提供了非常强大的工具套装，可以构建和测试任何信息架构。代替传统的可用性测试，我们建议读者可以考虑把 Usertesting.com 作为快速获得产品反馈的方式，它可以在大约几小时之内就得到反馈。这个工具同样还能让用户将自己的问题嵌入现成的脚本文件,并根据人口统计资料分析录像。虽然必定还有一定的工作要由用户体验研究者去做,但是成本上的优势是无法否认的。

12.4　早计划

要在收集任何度量之前做计划,这是本书所要传递的重要信息之一。我们强调这一点的原因是它很容易被忽略,而且忽略它通常会带来负面的结果。如果着手一项用户体验研究而不知道自己想收集哪些度量,以及为什么要收集这些度量,可以肯定这项研究基本上将不会有所成效。

在研究前,要尽己所能地彻底想清楚更多的细节。想得越具体,结果就越好。例如,如果准备收集任务成功和任务时间方面的度量,那么一定要定义成功标准及结束测试的精确时间。此外,还要考虑一下,如何记录和分析这些数据。但比较遗憾,我们不能提供一个单独而又全面的检查表以提前为每个细节做好准备。每种度量和评估方法都需要有自己独特的一组计划。开发检查表的最好途径是通过经验来总结。

"逆向工程"(reverse engineering)式地进行数据分析是一个很适合用于用户体验研究的方法。这就意味着在执行研究前就要概略地描述出数据的形式。我们通常在报告中把它作为重要的幻灯片(slide)予以呈现。于是据此从后往前开始工作,规划出数据应以什么形式表现在图表中。接下来,我们开始进行研究设计并使之以期望的形式产生数据,这不是伪造结果,而是可视化数据。另一个简单的方法是创建一组虚拟的数据并对其进行分析,以确保可以进行用户体验研究者所期望的分析。这可能会占用一点额外的时间,但是一旦有真实数据,这一方法就会有助于节省更多的时间。

当然,进行预研究也是非常有用的。请一两名参与者进行预研究,把研究走查一遍,将会发现一些突出的在正式研究中可能出现的问题。尽可能地使预研究真实,以及允许有足够多的时间来解决任何出现的问题,这两点都很重要。记住预研究不是先前计划的一个替代物。预研究最适合发现在数据收集开始之前就可以快速解决的问题。

12.5　给产品确定用户体验基线

用户体验度量是相对的。没有绝对的标准来判断什么是"好的用户体验"或"差的用户体验"。正因如此,给产品确定用户体验基线,或将产品的用户体验与竞争对手进行比较，是有必要的。这与市场研究中的做法是一致的。市场人员总在谈论"有所改变（moring the needle）"。但可惜的是，同样的事情在用户体验中不总是正确的。不过我们认为确立用户体验基线与市场研究中确立基线是同等重要的。

确定一系列基线不像听起来那么难。首先，需要确定随着时间的推移将要收集哪些度量。围绕用户体验的三个维度来收集数据是一种不错的做法：有效性（如任务成功）、效率（如任务时间）和满意度（如易用性等级评估）。其次，需要确定收集这些度量的策略或方式。这可以包括收集数据的频率及分析与呈现数据的方式。最后，需要确定在基线测试中参与者的类型（区分不同的组别、需要多少参与者及招募的方式）。可能最重要的事情是从这个基线测试到另一个基线测试中，这些方法层面的做法要保持一致。这对从一开始就能妥当地制订基线计划（benchmarking plan）更为重要。

确立基线并不总是需要做专门的活动才能做到。可以收集小规模的基线数据（任何可以在多个研究之间进行比较的数据）。例如，例行性地在每个可用性研究单元后收集系统可用性量表数据，可以很容易地比较不同项目或产品设计的系统可用性量表得分。这不会直接奏效，但是至少可以提供一些参考信息，有助于判断从一个设计迭代到下一个设计的效果是否得到了提高，以及项目之间比较起来有什么不同。

进行竞争性用户体验研究可以使数据具有前瞻性。只看自己的产品时，一个很高的满意度分数可能会感觉很不错，但当与竞品比较后，会发现结果可能没有这么好。与商业目标相关的竞争性度量通常会很有意义。例如，如果产品弃用率（abandonment rate）远高于竞争对手的产品，这将有助于给未来的设计和用户体验工作取得预算支持。

12.6　挖掘数据

挖掘数据是用户体验研究者可以做的最有价值的事情之一。请卷起袖子投入原始数据中，对它们进行探索性统计分析。寻找那些不是很明显的模式或趋势。尝试以不同的方式整理和分割数据。让自己有足够多的时间并勇敢尝试新事物或方法，这对挖掘数据来说是很重要的。

当我们挖掘数据，特别是比较大的一组数据时，首先要做的是，确保我们正在处理的数据是整洁的。我们要检查是否有不一致的回答，并要剔除异常值。同时，我们应着手在原始数据的基础上设立一些新的变量。例如，我们可以计算自我报告式问题的前两个高分（如 top-2-box）和最后两个低分情况（bottom-2-box）。我们也经常计算多个任务的平均值，比如任务成功的总数。我们还可以计算达到专家绩效（expert performance）的参与者百分比，或者根据不同程度上的可接受的完成时间对任务时间数据进行分类。这样，可以形成许多新的变量。事实上，我们最有价值的度量中有许多都来源于数据的探索性分析。

不必总是要有创造性。我们经常做的一件事是进行基本的描述性和探索性统计（第2章有解释）。在统计工具，如 SPSS、R 甚至 Excel 中，这是很容易操作的。通过进行一些基本的统计，很快就能看到数据所呈现出来的大趋势。

也可以尝试用不同的方式呈现数据。例如，使用不同类型的散点图和回归线图，甚至还可以用不同类型的条形图。即使用户体验研究者从来没有用过这些图，也有助于他们对所发生的事情有一个感性的认识。

不要仅仅拘泥于数据。尝试融入一些其他来源的数据，这些数据无论与用户体验研究者的观点相互印证还是有冲突，都可以。从其他来源融入的数据越多，就越有助于增加用户体验研究者分享给利益相关者的数据的可信度。当多组数据表明同一件事情后，申报一个价值数百万美元的再设计项目，就要容易得多。可以把用户体验数据看作拼图游戏中的一片，片数越多，就越容易将其拼凑在一起，从而获得（可靠的）整个拼图。

我们无法充分强调获取或遍历一手数据的价值。如果用户体验研究者与供应商或"拥有数据"的商业资助者一起工作，就需要寻求原始数据。封装后的图表和统计很少能表明整个事情的情况。它们通常充满了问题。我们不会寻求任何只有表面数值的总结性数据，我们需要亲眼查验所发生的事情。

12.7 讲商业语言

用户体验专业人员必须说商业语言，只有这样才能发挥自己的作用。这不仅仅意味着只使用管理层可以理解和认同的术语及行话，而且更重要的是采用他们的视角。在商业世界里，这通常被聚焦在如何降低成本及 / 或提高收益这个中心点上。因此，如果用户体验研究者被要求向管理层汇报其发现，则就应该精减报告，集中报告该设计工作将会如何带来低成本投入或收益增加。用户体验研究者需要把用户体验研究塑造成为实现目标的有效途径，即需要传递用户体验是一种达成商业目标的高效方法这样的观点。如果报告的学术性太强或有过多的细节，那么可能不会产生所期望的效果。

尽己所能采取一切可能的办法把度量和降低成本或增加销售额联系起来。这可能不适用于所有的组织，但一定适用于绝大多数企业。拿着收集的数据，可以算算因为用户体验研究者在设计上的投入将会带来多少成本或收益上的变化。有时这种方式需要基于几个假设条件才可以计算投资收益率，但它依然是一个很重要的可执行的做法。如果用户体验研究者对假设条件不放心，那么可以同时基于保守的或冒进的假设进行计算，这样涵盖的可能性就更宽泛。

同时也要确认所用的度量应与用户体验研究者所在组织的大的商业目标相关。如果项目目标是减少呼叫中心的电话呼叫，则可以度量任务完成率和任务放弃率。而如果用户体验研究者的产品都是关于电子商务销售（e-commerce sale）的，则可以度量结算过程中的弃用率或再次使用的可能性。选择合适的度量将会带来更显著的效果。

12.8　呈现置信区间

在结果中标示置信区间，这将会有助于做出明智的决策和提高可信度。最理想的情况是，数据的置信区间非常高，容易使用户体验研究者做出正确的决策。遗憾的是，情况不总是这样的。有时样本量少或数据变异性相对较大，造成在结果中无法获得足够大的置信区间。通过计算和报告置信区间，再以足够的信心去处理或呈现数据，将会获得更好的结果。缺少置信区间时，要确定有些差异是否是真实的，几乎是不可能，甚至对大的差异也会出现这种情况。

不管数据表现出来是什么样子，只要有可能，都需要标示置信区间。这对相对较小的样本量（如小于 20）来说尤其重要。计算和报告置信区间的方法非常简单。唯一需要注意的是，所报告的数据是什么类型。如果数据是连续的（如任务时间）或二分式的（如二分式的任务成功），则计算置信区间的方法也是不同的。通过呈现置信区间，可以（有希望地）解释结果可以被推广到较大的群体中。

不要仅仅通过计算置信区间展示置信程度。我们推荐用户体验研究者计算 p 值以帮助其是接受还是拒绝。例如，当用户体验研究者比较两种设计的平均任务时间时，用 t 检验或方差分析（ANOVA）来判断二者之间是否存在显著统计差异，这是很重要的。不进行合适的统计，就不可能真正地了解所发生的事情。

当然，用户体验研究者不应该以一种不合理或误导的方式呈现数据。例如，如果用户体验研究者呈现了基于小样本量的任务成功率，则最好把数量表示为可与百分比进行比较的比例（如 $\frac{3}{4}$）。同时，可以用适当的精确程度表示数据。例如，如果用户体验研究者要呈现任务时间而这些任务多是几分钟才能完成的，那么就没有必要在呈现时保留小数点后三位数值。即便可以，也不应该这么做，因为这意味着暗示了一种不存在的精确水平。

12.9　不要误用度量

用户体验度量（的使用）有其自身的时间和场合。误用度量会有破坏整个用户体验研究项目的潜在危险。误用度量的表现形式可能是：在不需要度量的地方使用了度量、一次呈现了太多的数据、一次度量得太多或者过于依赖某个度量指标。

在有的情景中，不涉及用户体验度量指标可能会更好。如果用户体验研究者只是想在项目之初查看一些定性反馈，或者项目正在进行一系列快速的设计迭代，那么此时进行度量可能就不合适。因为这些情景下的度量可能只是一个干扰，而不能带来足够的价值。弄清楚用户体验度量何时何地适合何种目的，这是很重要的。如果度量不能带来价值，就不要去碰它们。

一次呈现过多的用户体验数据，这也是误用度量的表现之一。正如整理行装去度假的场景——整理想呈现的所有数据，然后砍掉一半，这种做法或许是明智的。不是所有数据都是均等的。有的度量比其他度量更令人信服。我们应抵制呈现所有事情的愿望，这也正是图书为什么会有附录的原因。在任何呈现或报告中，我们都应当设法聚焦在少数几个重要的度量上。呈现太多的数据则会失去最重要的信息。

不要试图一次度量所有的东西。用户体验的许多方面，都可以在任何一次度量中予以量化。如果产品或商业资助者希望用户体验研究者测量 100 个不同的度量指标，则需要请他们证明每个度量指标为什么是必要的。选择少数几个关键的度量指标，对任何一个研究来说都很重要。执行研究和分析所需的时间足以督促用户体验研究者对是否一次包括太多度量指标进行三思。

不要过分依赖一个度量指标。如果尝试用一个度量指标去表示整体的用户体验，可能会遗漏一些重要的事情。例如，如果只收集满意度数据，就会遗漏实际交互方面的数据。有时满意度数据会考虑到交互方面的情况，但通常同样还会遗漏很多。我们建议用户体验研究者捕获少数几个不同的度量指标，而每个度量指标要能体现用户体验某个不同方面的内容或属性。

12.10　简化报告

所有辛勤工作最后都要落于一点，即必须要报告结果。报告结果方式的好坏，可能成就或毁掉一个研究。有几个关键点应该予以特别注意。首先，也是最重要的，报告需要符合汇报对象的目标。

通常，用户体验研究者需要向不同类型的对象或受众报告用户体验研究结果。例如，需要向项目团队（包括信息架构师、设计主管、项目经理、编辑、开发人员、商业赞助者和产品经理）报告结果。项目团队最关心详细的用户体验问题和具体的设计建议。他们希望了解设计中的问题及如何修改它们，这是底线。

小提示：可用性结果的有效呈现

- 合理地确定阶段。根据受众的不同，有针对性地解释或演示产品、说明研究方法或提供一些其他的背景信息。这些归根结底都需要了解受众是谁。

- 不要对研究背景进行冗长的叙述，但是要有。至少，受众通常想知道调研过程中参与者的一些情况，以及他们被要求执行的任务。

- 把正面结果放在前面。几乎每个用户体验调研都能产生正面的结果。许多人都喜欢听到设计中那些表现好的方面。

- 使用截屏。在多数情况下，图片真的比文字更有效。附有可用性问题注解和说明的截屏会非常引人注目。

- 使用短的视频片段。以前，录制一段说明重要内容的视频片段需要经过一个复杂的制作过程，谢天谢地，这样的日子几乎一去不返了。有了计算机和各种移动设备，录制视频并把简短的片段直接插入报告中适当的位置，就容易得多，并且制作形式更加丰富多彩。

- 报告总结性的度量。设法整理出一张可以清楚地显示出重要可用性数据的幻灯片，这样可以一目了然。这可以是下列这些可用性数据的概要汇总：任务时间、与目标的比较、可以表示总体用户体验的综合性度量或用户体验记分卡。

用户体验研究者也可能需要向商业资助者或产品团队汇报，他们关心的则是：是否符合他们的商业目标、测试参与者对新设计的反应，以及设计修改方面的建议将会如何

影响项目进度和预算。用户体验研究者有可能还需要向高层管理者汇报，高层管理者们希望明确的关键点则是：在整体商业目标和用户体验方面，设计变化能否带来预期的改进效果。当用户体验研究者向高层管理者汇报时，一般要限定在整体用户体验度量上，并将使用的事例和视频片段集中在用户体验的整体概貌等方面。过于详细通常会适得其反。

大多数可用性测试会发现一大串问题。其中许多问题对用户体验并没有本质上的影响，例如，轻微违反企业标准或者屏幕上出现一个用户体验研究者认为是术语的条目。测试报告应该聚焦主要的问题（正如用户体验研究者所看到的那些问题），并且把它们解决好，而不是将所有的问题都予以修复。在汇报中呈现了一长串的问题，或许会使用户体验研究者看起来有点吹毛求疵且不切实际。因此，我们建议考虑只呈现前 5 个或前 10 个主要的问题，而将小问题留到会后私下讨论。

在呈现和报告结果时，要使传递的信息尽可能简洁，这很重要。避免行话、集中关注重要的信息并确保数据简洁和直接。不管做什么，不要只描述数据，因为这准会令听众睡觉。可以给每个主要的报告点设置一个特定的故事情节。可以给报告中所呈现的每个表或图都赋予一个由来或故事情节。如果报告中设置的情节是关乎任务难度的，则需要用度量、文字和视频片段解释这个任务为什么难，甚至还可以突出一下设计上的解决方案。向受众清晰地描绘出一幅图画，会使他们更容易关注到研究成果。在把所有的谜题碎片拼凑在一起后，用户体验研究者就可以推进听众做出相应的决策。

设计类好书分享

反侵权盗版声明

　　电子工业出版社依法对本作品享有专有出版权。任何未经权利人书面许可，复制、销售或通过信息网络传播本作品的行为；歪曲、篡改、剽窃本作品的行为，均违反《中华人民共和国著作权法》，其行为人应承担相应的民事责任和行政责任，构成犯罪的，将被依法追究刑事责任。

　　为了维护市场秩序，保护权利人的合法权益，我社将依法查处和打击侵权盗版的单位和个人。欢迎社会各界人士积极举报侵权盗版行为，本社将奖励举报有功人员，并保证举报人的信息不被泄露。

举报电话：（010）88254396；（010）88258888

传　　真：（010）88254397

E－mail：dbqq@phei.com.cn

通信地址：北京市万寿路173信箱　电子工业出版社总编办公室

邮　　编：100036